环境工程制图

金　适　主编

中国环境出版集团·北京

图书在版编目（CIP）数据

环境工程制图/金适主编．—北京：中国环境出版集团，2004.12（2022.7 重印）

ISBN 978-7-80163-975-2

Ⅰ.①环… Ⅱ.①金… Ⅲ.①环境工程—工程制图 Ⅳ.X5

中国版本图书馆 CIP 数据核字（2004）第 108211 号

出 版 人 武德凯
责任编辑 杨吉林

出版发行 中国环境出版集团
（100062 北京市东城区广渠门内大街 16 号）
网　　址：http://www.cesp.com.cn
电子邮箱：bjgl@cesp.com.cn
联系电话：010-67112765（编辑管理部）
010-67112736（第五分社）
发行热线：010-67125803，010-67113405（传真）

印　　刷：北京市联华印刷厂
经　　销：各地新华书店
版　　次：2004 年 11 月第 1 版
印　　次：2022 年 7 月第 10 次印刷
印　　数：30001—33000
开　　本：850×1168　1/16
印　　张：12
字　　数：300 千字
定　　价：40.00 元

前　言

教材建设是教学改革和创建新型教学体系的关键之一，作为环境工程专业学生必修的工程制图课，要求学生掌握的基础知识面要宽，专业知识面要广；以往教学中通常选用其他同类教材，都不能完全满足环境工程类制图教学的需求。正是在这种背景之下，根据教育部关于环境工程专业的培养目标、教学计划和基本教学要求编写了这本专业性强、内容精练的《环境工程制图》。

本教材遵循“简明，实用”的原则，侧重于制图的基本原理及本专业常见的工程图。

在教材内容上突出了非机械类制图的特点，以非机械类和特殊性为主，保证了基本理论的掌握和制图基本功的训练；又根据环境工程专业的特点，增加了建筑施工图，管道工程图和给水排水工程图的章节，可为后继专业课程的学习打下基础。本教材同时包括计算机绘图内容，完成课程后学生可以掌握一定的计算机绘图能力。

本教材把“基本体—组合体”的画法与阅读作为投影理论指导下的重点学习部分，在配套习题集的练习中自始至终围绕着组合体进行及深入。学生在学习过程中从始至终处在“形”的概念之中，从小的立体、组合体到建筑形体，再到建筑物、管道系统、给排水系统、施工环境，课程学完之后，学生对环境类工程所需的工程图样有了一个轮廓，在这条主线上掌握了绘图与读图的基本技能。

《环境工程制图》教材既体现了专业特色，又保持了制图学的完整性和系统性，突出重点，取舍得当。适宜教改之后 36 ~ 54 学时的教学课时安排。作为环境类工程制图教材，本书所体现的综合性、实用性和知识的广泛性是其特色。

本教材适用于环境工程专业和其他相近专业制图课程教学，也可作为环境工程专业技术人员的参考用书。

本教材由中国农业大学金适教授主编（第一章至第十章），参编的有宋瑞平（第十一章）。在成书过程中得到了朱卫东高工的帮助；中国环境科学出版社杨吉林编审的热情指导和细致审阅；并参考了国内多位专家的相关教材，在此均表示衷心的感谢。

编　者

2004. 10

目　录

第一章　制图的基本知识

工程图样是生产活动中重要的技术资料。要学会画图和看图，就需要熟悉和掌握有关制图的基本知识和技能。为了便于生产和技术交流，对工程图样的画法、尺寸标注等必须作出统一的规定。我国目前的这一规定就是 1998 年实行的国家标准和部分以前的标准。国家标准的代号为“GB”，是由“国标”二字的汉语拼音 guo biao 的第一个字母“G”与“B”组成，如 GB/T 17450—1998，即 1998 年制定的第 17450 号国家标准。绘制图样时，要严格遵守国标的规定。

§1－1　制图的基本规定

本节主要介绍国标中关于“图纸幅面和格式”（GB/T 14689—1993）、“比例”（GB/T 14690—1993）、“字体”（GB/T 14691—1993）、“图线”（GB/T 17450—1998）以及“尺寸注法”（GB/T 4458. 4—1984）等项目的主要内容。其他工程图样的有关标准内容，将在以后章节作简单介绍。

一、图纸幅面和格式（GB/T 14689—1993）

根据机件的大小和复杂程度，需采用不同尺寸的图纸幅面。为了便于图纸的装订、复制、管理和交流，国标对图纸的幅面大小作了如表 1-1 的规定。

表 1-1　图纸的幅面和格式　　单位：mm

幅面代号	A0	A1	A2	A3	A4
$B \times L$	841 × 1189	594 × 841	420 × 594	297 × 420	210 × 297
e	20		10		
c	10			5	
a	25				

图纸图框格式，根据是否需要装订，可分为两种：需要装订的图框格式如图 1-1 所示，a 为装订边尺寸。一般规定应要用 A3 幅面横装，如图 1-1（a）所示，或采用 A4 幅面竖装，如图 1-1（b）所示；不装订的图框格式如图 1-2（a）、（b）所示，不留装订边。无论图样装订与否，都必须画出图样边框。边框尺寸根据图幅大小及是否装订，选用表 1-1 规定的 a、c 或 e 值。

每张图纸都要画出标题栏。标题栏规定放置在图纸右下角，紧贴图纸的边框线，如图 1-1和图 1-2 所示。标题栏内的文字方向，规定为看图方向。

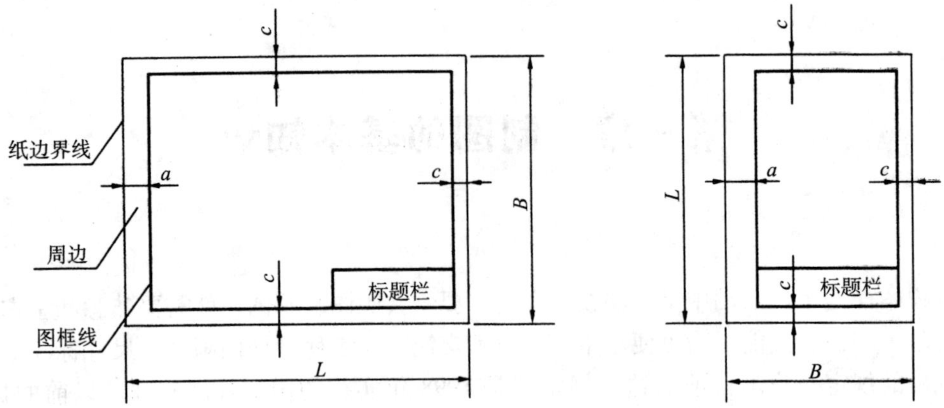

(a) (b)

图 1-1 留装订边的图框格式

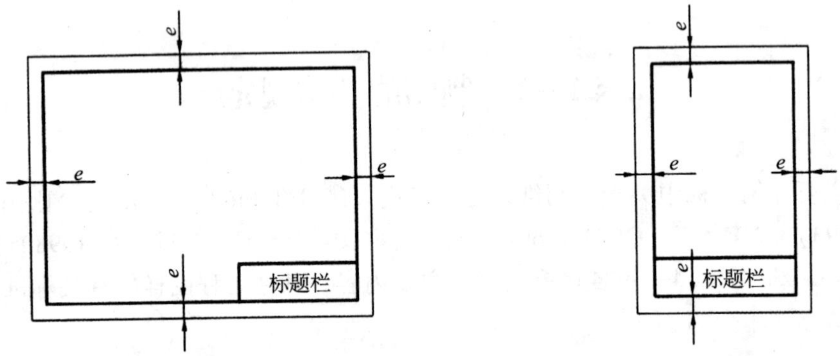

(a) (b)

图 1-2 不留装订边的图框格式

二、比例（GB/T 14690—1993）

图样的比例是指图中图形与其实物相应要素的线性尺寸之比。绘图时应采用表 1-2 所规定的优选比例，除这些比例外还有 4∶1、2.5∶1、4×10^n∶1、2.5×10^n∶1、1∶1.5、1∶2.5、1∶3、1∶4、1∶6、1∶6×10^n 等。图 1-3、图 1-4 为同一机件采用不同比例画出的图形。为了能从图样上得到实物大小的真实概念，应尽量采用 1∶1 画图。当实物不宜采用1∶1绘制时，也可以采用缩小或放大的比例画出。不论缩小或放大，在标注尺寸时必须标注实物的实际尺寸。

表 1-2 图样的比例

种　类	比　例
与实物相同（比值为 1 的比例）	1∶1
放大比例（比值 >1 的比例）	5∶1　2∶1　5×10^n∶1　2×10^n∶1　1×10^n∶1
缩小比例（比值 <1 的比例）	1∶2　1∶5　1∶10　1∶2×10^n　1∶5×10^n　1∶10×10^n

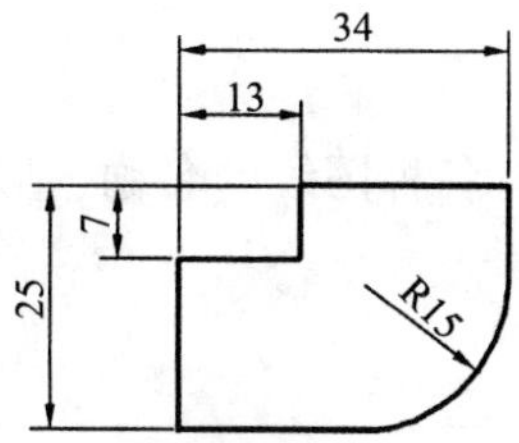

图 1-3　同一机件采用 1:1 比例画出的图形

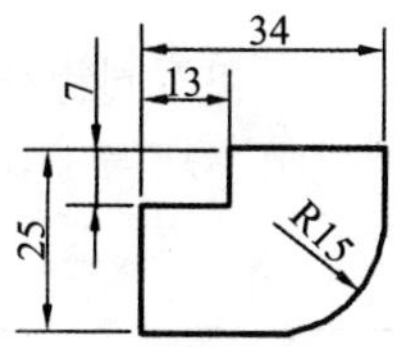

图 1-4　同一机件采用 1:2 比例画出的图形

在图样上标注比例，可写成 1∶1、1∶2、5∶1 等，一般写在标题栏的“比例”一栏内。当物体的某个视图或某部分要素采用不同比例绘制时，则必须另加标注。

三、字体（GB/T 14691—1993）

图样中书写的汉字、数字和字母，都要做到“字体端正、笔画清楚、间隔均匀、排列整齐”。

国标规定汉字用长仿宋体书写。长仿宋体的基本笔画如表 1-3 所示。同时要采用国家正式颁布的《汉字简化方案》中规定的简化字，不能使用不符合规定的简化字。

表 1-3　长仿宋体的基本笔画

名称	横	竖	撇	捺	挑	点	钩
形状							
笔法							

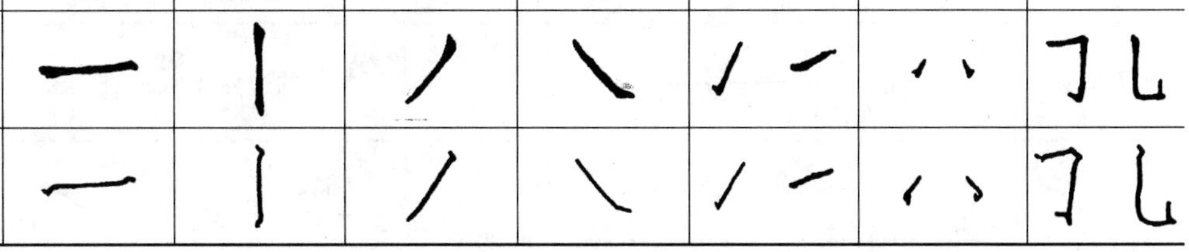

字体的号数，即字体的高度（mm）。字体宽度约为高度的 2/3。汉字的号数见表 1-4。

表 1-4　汉字的字体号数　　单位：mm

字体代号	20 号	14 号	10 号	7 号	5 号	3. 5 号
字高	20	14	10	7	5	3. 5
字宽	14	10	7	5	3. 5	2. 5

数字、字母除可写成汉字字体的号数外，还可以写成更小的 2. 5 号和 1. 8 号字。数字和字母分直体和斜体两种，常用的斜体，与水平成 75°倾角。字母的笔画以直笔道为主，既便于书写，又利于计算机绘图。图 1-5 为各种字体的示例。

环境工程制图计算机绘图

中国农业大学环境工程系 1234567890

1234567890 ABCDEFGHIJKLMNOPQRSTUVWXYZ

αβγδεζηθικλμνξοπρστυφχψω Ⅰ Ⅱ Ⅲ Ⅳ Ⅴ Ⅵ Ⅶ Ⅷ Ⅸ Ⅹ Ⅺ Ⅻ

图 1-5　字　体

四、图线（GB/T 17450—1998）

图形由不同形式和不同粗细的线条组成。国家标准对各种图线的名称、形式、线宽以及在图上的一般应用等都做了规定，见表 1-5。

表 1-5 图 线

图线名称	图线形式	线宽	主要应用
粗实线		d	1. 可见轮廓线 2. 可见过渡线
细实线		$d/2$	1. 尺寸线及尺寸界线 2. 剖面线 3. 重合断面的轮廓线 4. 螺纹的牙底线及齿轮的齿根线 5. 引出线及投射线
波浪线		$d/2$	1. 断裂处的边界线 2. 视图和剖视的分界线
虚线		$d/2$	1. 不可见轮廓线 2. 不可见过渡线
双折线		$d/2$	断裂处的边界线
细点画线	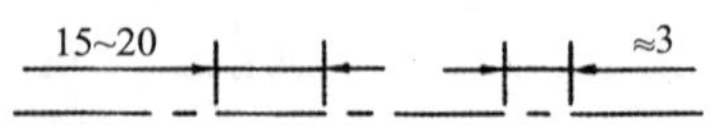	$d/2$	1. 轴线 2. 对称中心线 3. 轨迹线 4. 节圆及节线（或分度圆及分度线）
细双点画线	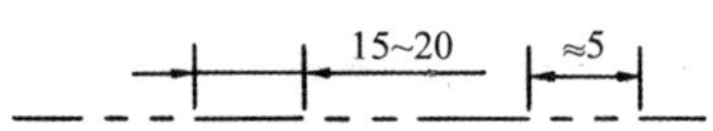	$d/2$	1. 相邻零件的轮廓线 2. 移动件的限位线 3. 先期成型的初始轮廓线 4. 剖切平面之前的零件结构状况

国标推荐的图线宽度系列为 0.13 mm、0.18 mm、0.25 mm、0.35 mm、0.5 mm、0.7 mm、1.0 mm、1.4 mm、2.0 mm。分粗线、中粗线和细线三种，其线宽比为 4∶2∶1。粗线宽度应按图形大小和复杂程度在 0.5 ~ 2 mm 选用。各类图线的应用在有关各章节中详细介绍。

图线画法应注意以下几点：

1. 在同一图上，同一类图线（如细线）的宽度应基本一致，虚线、点画线和双点画线等的画长和间隔长度也应各自大体相同。

2. 绘制图的中心线时，圆心应为线段的交点，且两端应超出图形 2 ~ 3 mm。点画线和双点画线首末两端应是线段而不是点（见图 1-6）。

3. 各种线段相交时，应交于线段处［见图 1-7（a）、（b）］。

4. 虚线画存实线的延长线上时，虚线的首尾应留空隙［见图 1-7（c）、（d）］。

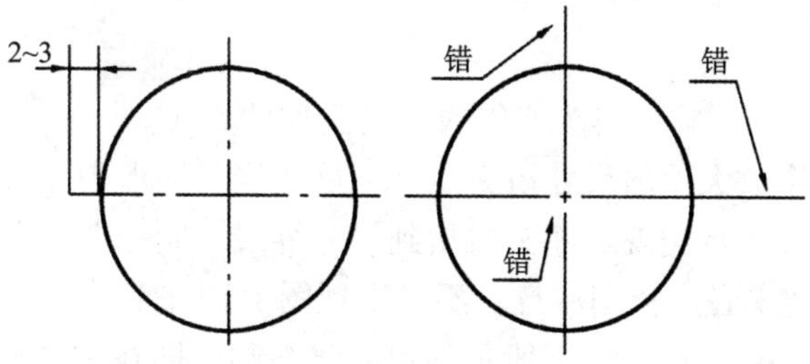

图 1-6　圆

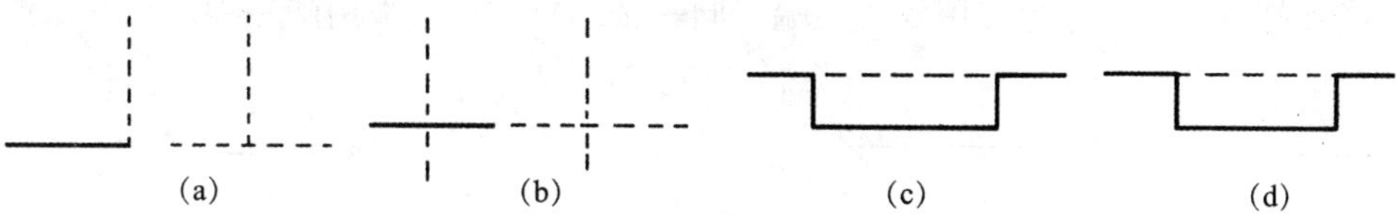

图 1-7　画图应注意之处

（a）正确；（b）错误；（c）正确；（d）错误

五、尺寸注法（GB/T 4458.4—1984）

在图样中除需表达机件的结构形状外，还需标注尺寸，以确定机件的大小。尺寸标注是否正确、合理，会直接影响图样的质量。为了便于交流，国家标准中对尺寸标注的基本方法有一系列的规定，我们应很好地掌握，并认真、严格地遵守。本节介绍规定中的一部分内容，其他尺寸标注的有关标准内容，将在以后章节再作介绍。

1. 基本原则

（1）图样中的尺寸单位为 mm 时，不需要注明单位。

（2）机件的真实大小应以图样上所标注的尺寸数值为依据，与图形的大小及绘图的准确度无关。

（3）机件的每一尺寸一般只标注一次，应标注在表示该结构最清晰的图形上。

2. 尺寸要素

如图 1-8 所示，一个完整的尺寸一般应由尺寸界线、尺寸线、尺寸线终端和尺寸数字组成。

（1）尺寸界线

尺寸界线表示尺寸的起止范围，用细实线绘出，也可以用轮廓线或对称中心线代替。一般应与尺寸线垂直，并超出尺寸线的箭头 2～3 mm。

（2）尺寸线

尺寸线必须用细实线单独画出，不能用其他图线代替。标注线性尺寸时，尺寸线必须与所注的线段平行。当有几条相互平行的尺寸线时，大尺寸要注在小尺寸外面，以免尺寸线与尺寸界线

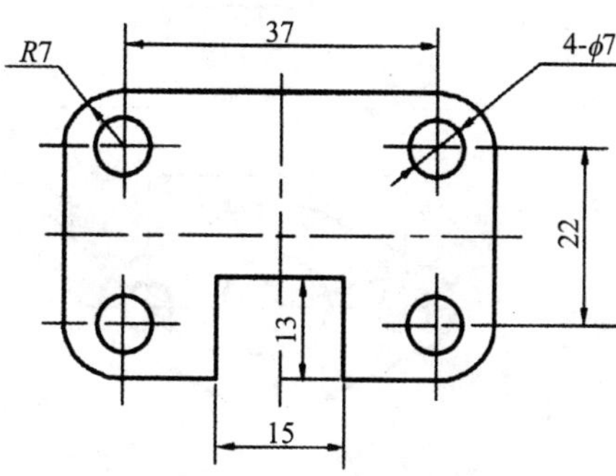

图 1-8　尺寸的标注

相交。各尺寸线之间的距离要均匀，间隔应大于 5 mm。在圆或圆弧上标注尺寸时，尺寸线应通过圆心或其延长线通过圆心。

（3）尺寸线的终端

尺寸线的终端有两种形式，箭头或斜线，指到尺寸界线。

图 1-9（a）是一个放大了的尺寸箭头。其宽度相当于图形中粗实线的宽度 d，长度约为 $4d$。箭头应稍瘦长些比较美观。箭头应指到尺寸界线。同一图纸上所有箭头大小应基本相同。在画箭头时，初学者应特别注意，不可出现图 1-10 的错误画法。

国标还规定可以采用图 1-9（b）所示的尺寸线终端，即在尺寸线的终端画 45°的细斜线。该斜线应以尺寸线为准逆时针方向旋转 45°，不能画成其他方向。一般只有尺寸线和尺寸界线互相垂直时，才允许用斜线终端。同一张图样中尽量采用同一种尺寸终端形式。

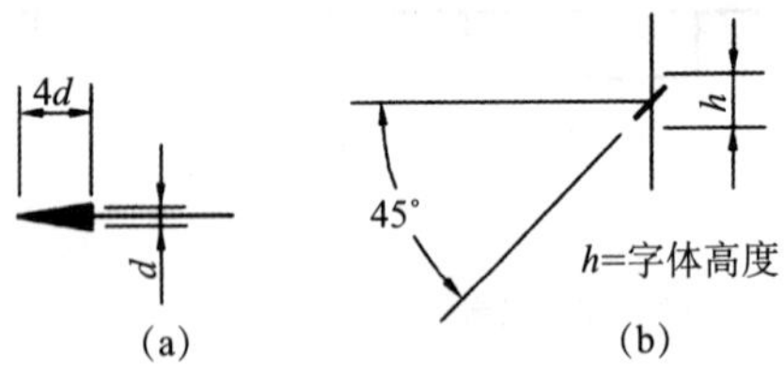

图 1-9　箭头或斜线终端

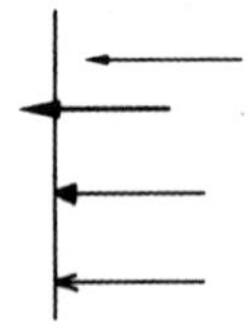

图 1-10　错误的尺寸线终端

（4）尺寸数字

尺寸数字一般应注写在尺寸线上方，也允许注写在尺寸线的中断处。当位置不够时，也可以注在外面或引出标注。注写线性尺寸时，水平方向的数字，字头向上；竖直方向的数字，字头向左。

对初学者而言尺寸标注的内容容易出现多注或少注的现象，但随着学习的深入，这种情况会逐渐减少。表 1-6 是一些常见平面图形标注的示例，通过仔细阅读会给读者标注尺寸提供有益的帮助。

表 1-6　平面图形尺寸标注示例

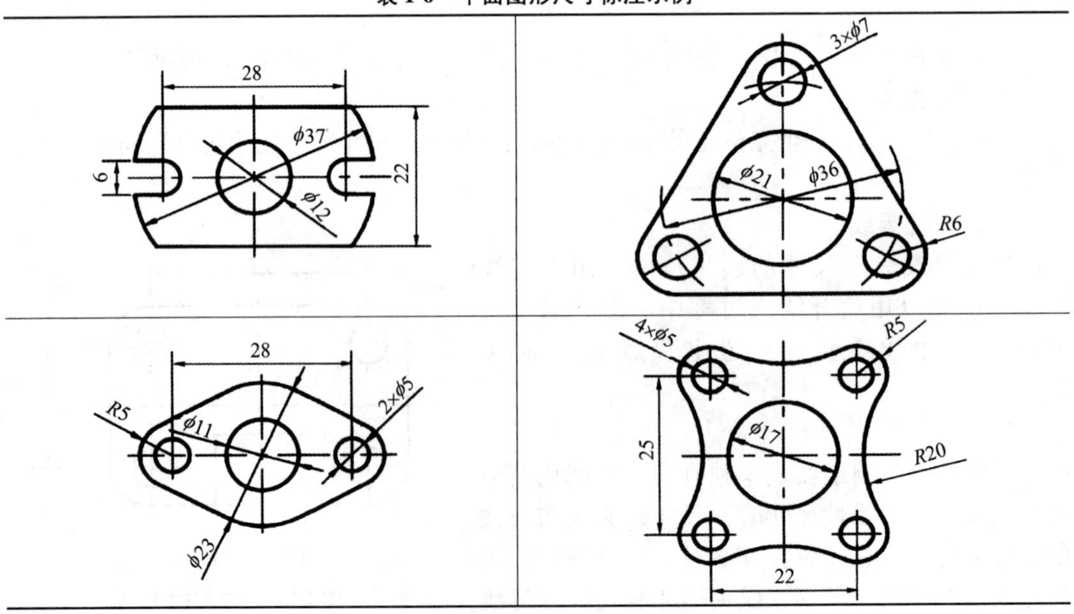

§1－2　常用手工绘图工具及使用

人类已跨入了21世纪，传统的手工绘图方法正逐渐被计算机绘图所取代，但目前还不能完全抛弃手工绘图方法，所以有必要介绍一下手工绘图工具和使用方法（见表1-7）。

表1-7　手工绘图工具和使用方法

<table>
<tr><th>工具名称</th><th>图　示</th><th>说　明</th></tr>
<tr><td rowspan="4">图板、丁字尺、三角板</td><td>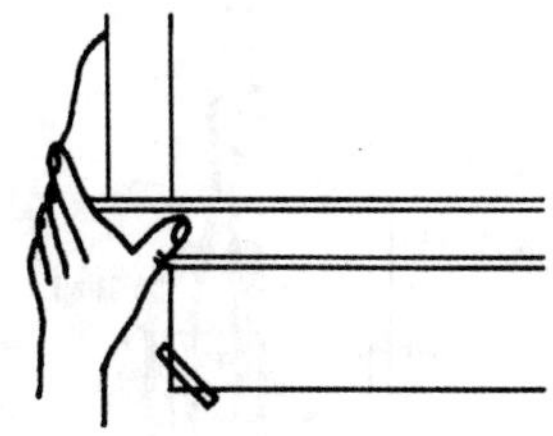</td><td>图板板面要平坦，板边要平直
丁字尺尺头紧贴图板左侧工作边上下滑动即可画水平线</td></tr>
<tr><td>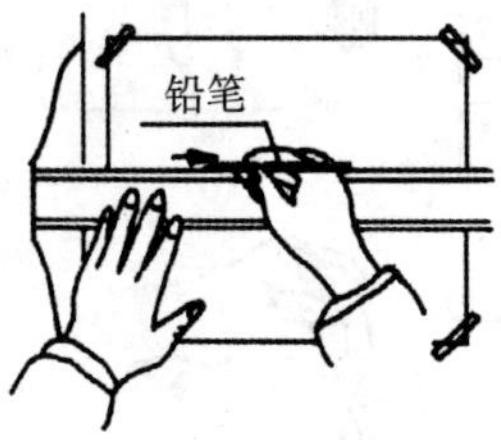
</td><td>铅笔沿尺口自左向右可画出水平线，此时绘图者左手要压住尺身</td></tr>
<tr><td>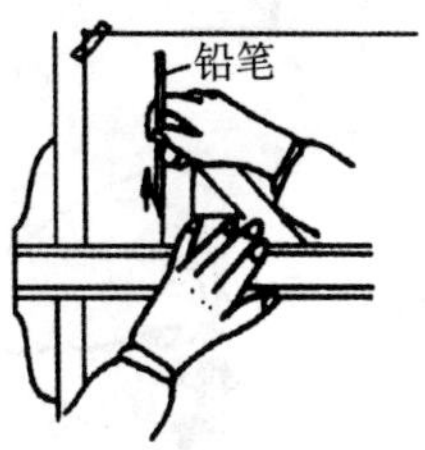
</td><td>三角板与丁字尺配合使用可画垂直线，画图时左手压住三角板和丁字尺，右手自下向上画出垂线</td></tr>
<tr><td>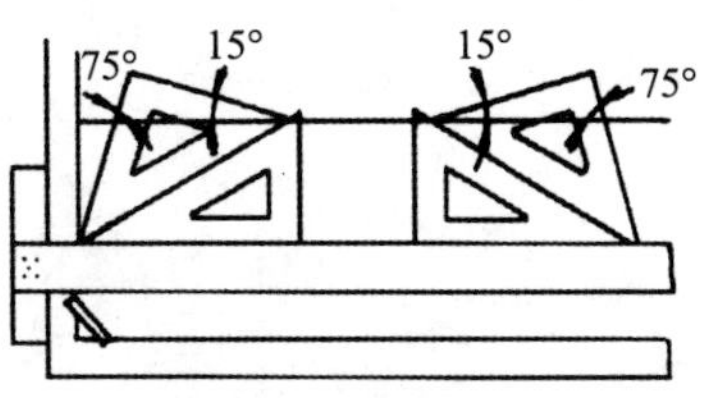

画15°、75°倾斜线</td><td>两块三角板与丁字尺一起使用可画出15°倍角的斜线</td></tr>
</table>

续表

工具名称	图　　示	说　　明
圆规	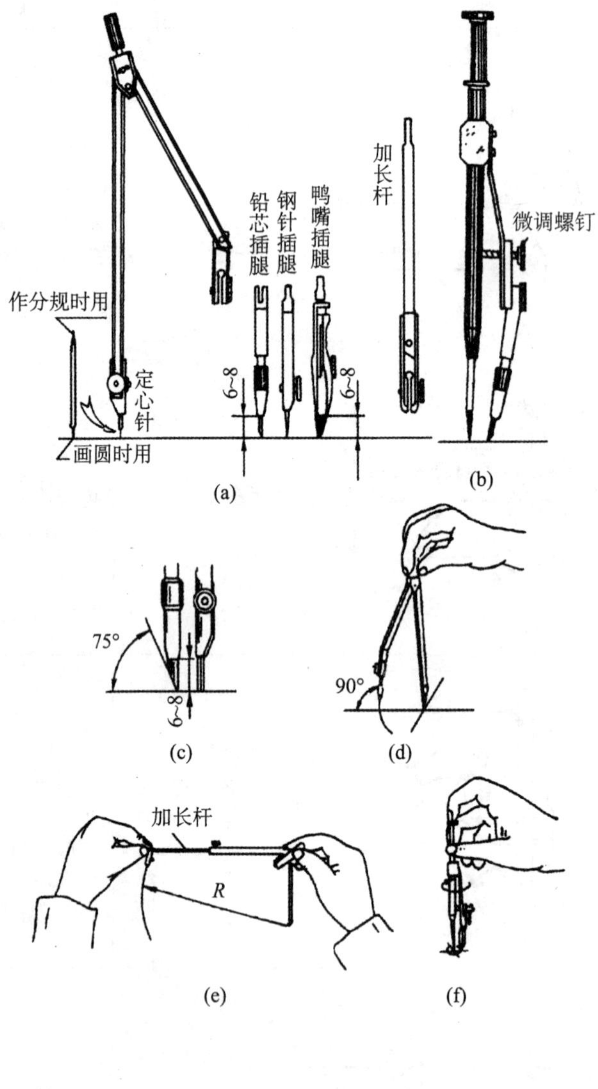	圆规主要用于画圆和描圆 圆规有大圆规［图(a)］和小圆规［亦称弹簧规，见图(b)］两种。大圆规还有三个可更换的插腿和加长杆。更换铅芯插腿可画一般圆；更换钢针插腿可代替分规量取尺寸，更换鸭嘴插腿可描图；如连接加长杆可画大圆。其使用方法如图(c)～(e)所示 小圆规主要用于画5 mm以下的圆。用微调螺钉进行调节，使画图精确，使用方法如图(f)所示

续表

<table>
<tr><th>工具名称</th><th>图　　示</th><th>说　　明</th></tr>
<tr><td>分规</td><td>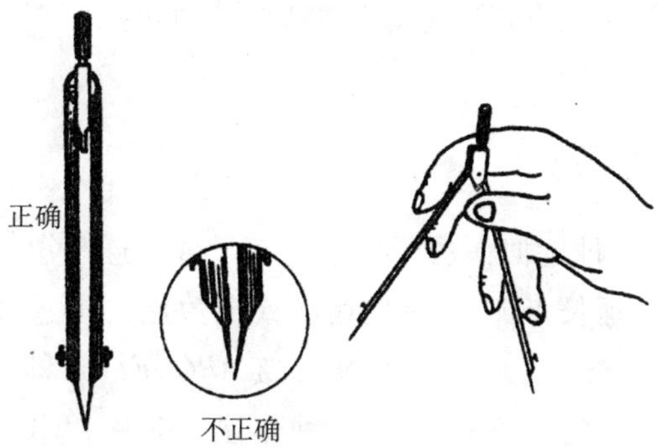

(a)　(b)
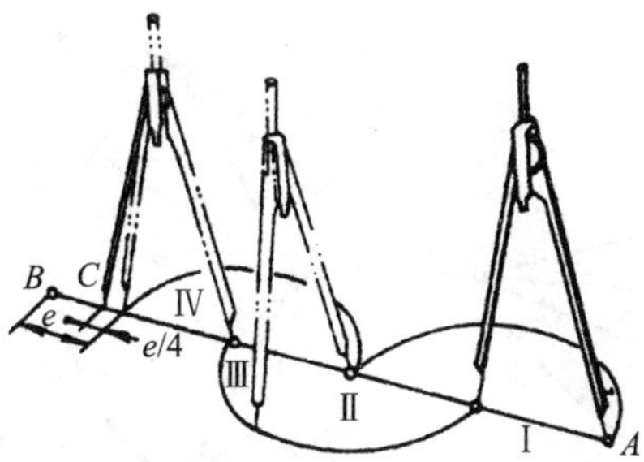

(c)</td><td rowspan="2">分规主要用于等分线段和量取尺寸等
使用时，尽量使两钢针脚平齐［图（a）］。量取尺寸时，先张开至大于被量尺寸距离，再逐步压缩至被量尺寸大小［图（b）］。分规等分线时用法如图（c）所示
工程设计中常用钢带式绘图机。绘图机可代替丁字尺和三角板作图。使用时，左手握捏手，可以推动直尺任意平移，画水平线和垂直线
用角度调节揿头调整直尺的倾斜角度，可画任意方向斜线</td></tr>
<tr><td>绘图机</td><td>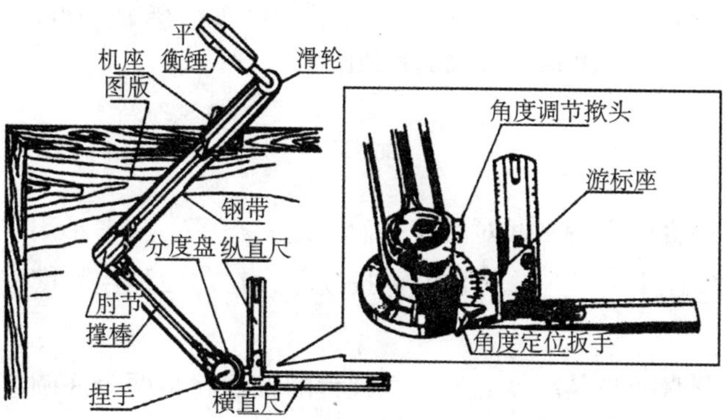

钢带式绘图机</td></tr>
</table>

§1－3　几何作图

机械零件图样的轮廓形状虽然是多种多样的，但基本上都是由直线、圆弧和其他曲线组成的几何图形。

一、平行线和垂直线

绘图时常需通过定点作已知直线的平行线或垂直线，这时可用一对三角板推平行线的方法作出平行线或垂直线。

二、正多边形及等分圆周

图 1-11（a）为正七边形的一种近似作法。将铅垂直径 *AN* 七等分，以 *A* 为圆心，*AN* 为半径作弧，交中心线于点 *M*。延长点 *M* 与偶数点（或奇数点）的连线与圆周相交得点 *B*、*C*、*D*。作出 *B*、*C*、*D* 的对称点 *G*、*F*、*E*，依次连接 *ABCDEFGA* 即为所求。该方法可推广到任意多边形。图 1-11（b）为正六边形的一种作法。分别以 *A*、*B* 点为圆心画弧所得。

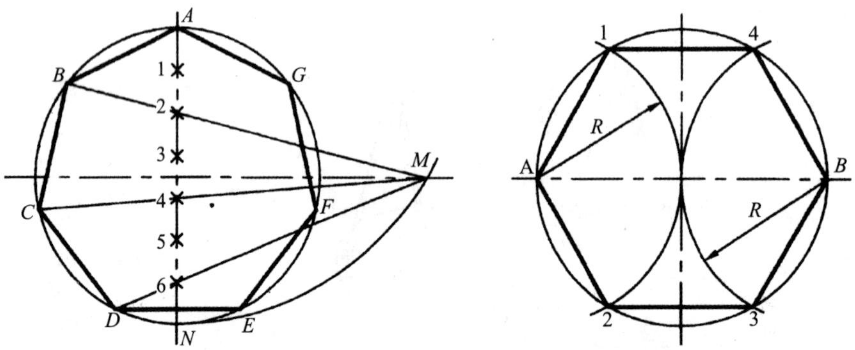

(a) 正七边形的一种近似作法　　(b) 正六边形的一种作法

图 1-11　正多边形的作法

三、斜度和锥度

斜度是指一直线对另一直线或一平面对另一平面的倾斜程度，其大小用它们之间夹角的正切来表示。在图上通常以 1∶*n* 的形式标注，并按规定，在前面加注斜度符号。图 1-12 为斜度 1∶6 的作法。

锥度是指正圆锥的底圆直径与其高度之比。而圆台的锥度就是两个底圆直径之差与圆台高度之比。在图纸上，锥度通常是以 1∶*n* 的形式标注，并按规定，在前面加注锥度符号。图 1-13 为锥度 1∶6 的作法。

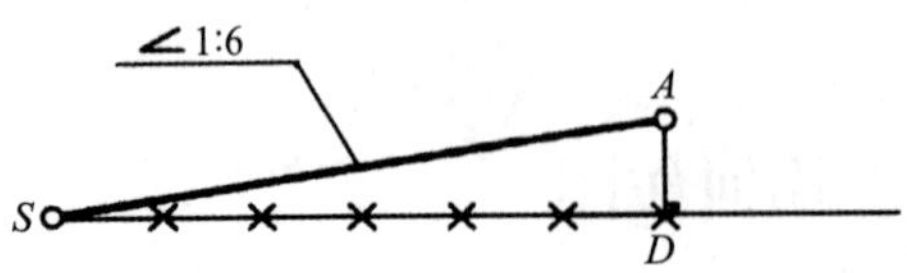

图 1-12　斜　度

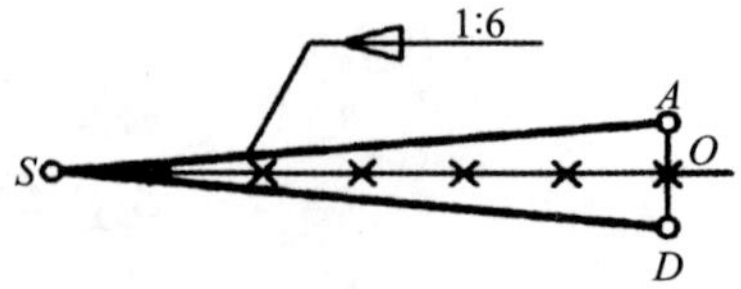

图 1-13　锥　度

四、圆弧连接

在绘图时，经常需要用圆弧光滑连接已知的相邻圆弧和直线，这个圆弧叫连接圆弧。光滑连接是指相切。为了保证连接光滑，作图时必须准确地作出连接弧的圆心、切点和半径。

下面介绍几种常见的圆弧连接的情况。

1. 圆弧与直线连接

用已知半径 R 的圆弧连接两已知直线Ⅰ、Ⅱ的作图过程：

（1）作直线Ⅲ和Ⅳ分别平行直线Ⅰ和Ⅱ，且距Ⅰ、Ⅱ为连接半径 R。直线Ⅲ、Ⅳ相交于点 O，点 O 即为连接弧的圆心。自 O 向Ⅰ、Ⅱ作垂线，分别交Ⅰ、Ⅱ于 T_1、T_2，即为连接点——切点［见图 1-14（a）］。

（2）以 O 为圆心，以 R 为半径，画圆弧 T_1T_2 必与直线Ⅰ、Ⅱ光滑连接［图 1-14（b）］。

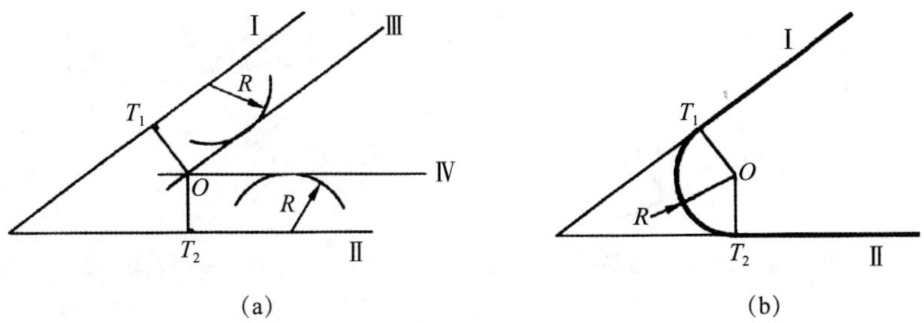

图 1-14 圆弧与直线连接

2. 圆弧与圆弧连接

在实际应用中，一般是给定连接圆弧的半径 R，然后找出连接圆弧的圆心及切点的位置。

（1）外连接

图 1-15 是给定连接圆弧的半径 R，求作与半径为 R_1 和 R_2 的两已知圆弧外连接（外切）的情形。其作图步骤为：①分别以 O_1、O_2 为圆心，$(R+R_1)$、$(R+R_2)$ 为半径画弧，并相交于点 O，此点 O 即为连接圆弧的圆心。②连接 OO_1、OO_2 并分别与圆 O_1、O_2 交于 A、B 两点，则 A、B 即为所求的切点。③以 O 为圆心，R 为半径，在 A、B 两点间画圆弧 AB，即为所求的一段外连接圆弧。

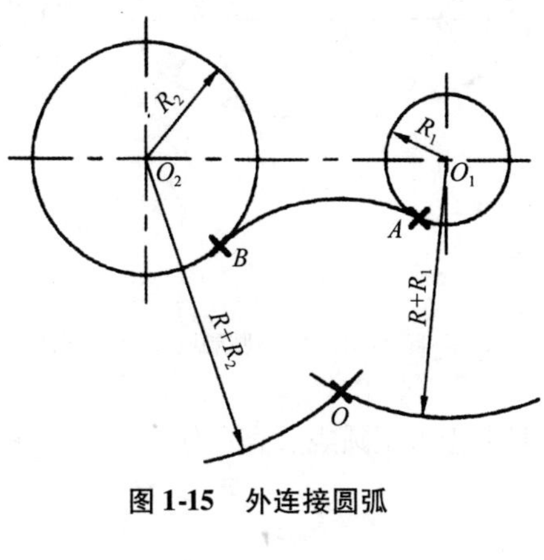

图 1-15 外连接圆弧

（2）内连接

图 1-16 是给定连接圆弧半径 R，求作与两已知圆弧内连接（内切）的情形。其作图步骤是：①分别以 O_1、O_2 为圆心，以 $(R-R_1)$、$(R-R_2)$ 为半径画圆弧，并相交于点 O，此点 O 即为连接圆弧的圆心。②连接 OO_1、OO_2 并延长，分别与圆 O_1、O_2 交于 A、B 两点，则 A、B 两点即为所求的切点。③以 O 为圆心，以 R 为半径，在 A、B 间画圆弧

AB，即为所求的内连接圆弧。

（3）内外混合连接

内外混合连接，其作图方法同上，这里不再详细介绍。

3. 圆弧的切线

用平面几何方法可以准确地求出直线与圆弧的切点。但制图中常常直接用三角尺求出切点。其原理为先用试凑的方法，初步定出切线的大致位置，再比较准确地作出切点，最后确定切线。

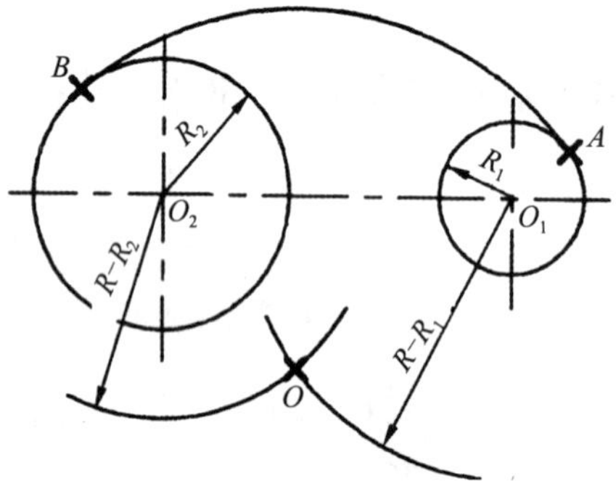

图 1-16 内连接圆弧

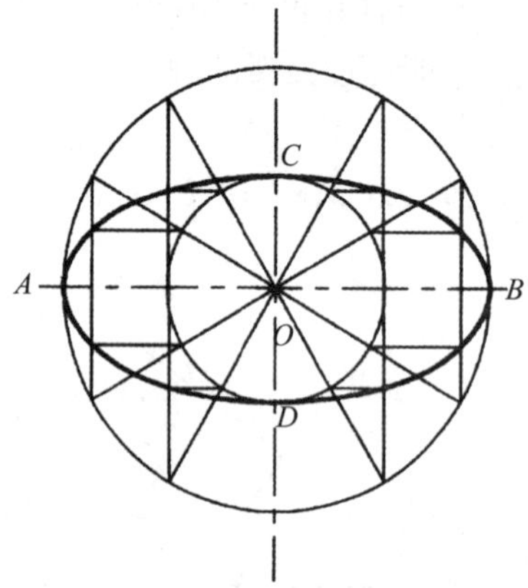

图 1-17 同心圆

4. 椭圆的画法

绘图时，除直线和圆弧外，还会遇到一些非圆曲线。下面介绍两种常见的椭圆曲线的画法。

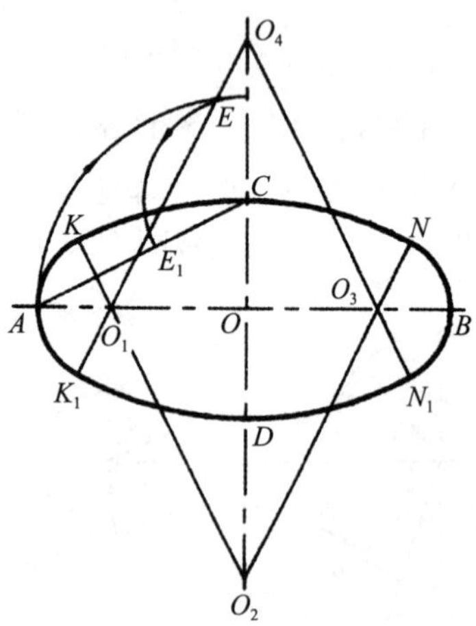

图 1-18 四心圆弧

（1）同心圆法

已知椭圆的长、短轴，作出椭圆曲线。作图步骤见图 1-17。先以 O 为圆心，长半轴 OA 和短半轴 OC 为半径作圆。由 O 作若干直线（一般是将圆分成 12 等分）与两圆相交，再由各交点分别作长短轴的平行线，即可分别交出椭圆上的各点。最后用曲线板连成椭圆。

（2）四心圆弧法

已知椭圆的长、短轴，作椭圆曲线，作图步骤见图 1-18。先作出长、短轴 AB、CD。连接 A 和 C，取 $CE_1 = OA - OC$。作 AE_1 的中垂线，与两轴交于点 O_1 和 O_2，再取对称点 O_3、O_4，分别以 O_1、O_2、O_3、O_4 为圆心，以 O_1A，O_2C，O_3B、O_4D 为半径作弧，拼成近似椭圆，切点为 K、N、N_1、K_1。这是一种用圆弧代替椭圆曲线的近似画法，但由于可用圆规、直尺作图，在机械制图中应用较多。

§1－4　平面图形的画法

平面图形可由仪器和徒手绘图来完成。

一、仪器绘图

仪器绘图就是用绘图工具（如圆规、直尺、三角尺等）来画图。以图 1-19（e）手柄的平面图形为例说明其过程。在画图前，先分析其尺寸情况。

1. 基准

基准是标注尺寸的起点。在平面图形中，基准一般是：①对称图形的对称线；②较大圆的中心线；③较长的直线等。图 1-19（e）是以水平对称轴线和较长的铅垂线作为基准线的。

2. 定形尺寸

定形尺寸是确定平面图形上各线段形状大小的尺寸。如直线的长度、圆及圆弧的直径或半径以及角度大小等。图 1-19（e）中 $\phi20$、$\phi5$、$R15$、$R50$ 和 16 均为定形尺寸。

3. 定位尺寸

定位尺寸是确定平面图形上的线段或线框间相对位置的尺寸。如图 1-19（e）中确定 $\phi5$ 小圆位置的尺寸 8 是定位尺寸。定位尺寸一般是从基准出发标注的。

再分析它的线段分类情况。

如果一个圆弧，其圆心的两个坐标（x，y）和半径 R 都给定，则此圆弧叫作已知弧。如图 1-19（e）中的 $R15$、$R10$ 圆弧。只具备两个尺寸（其中一个常是 R）的圆弧叫中间弧，如图 1-19（e）中的 $R50$ 圆弧。只具备一个尺寸 R 的圆弧叫连接弧，如图 1-19（e）中的 $R12$ 圆弧。

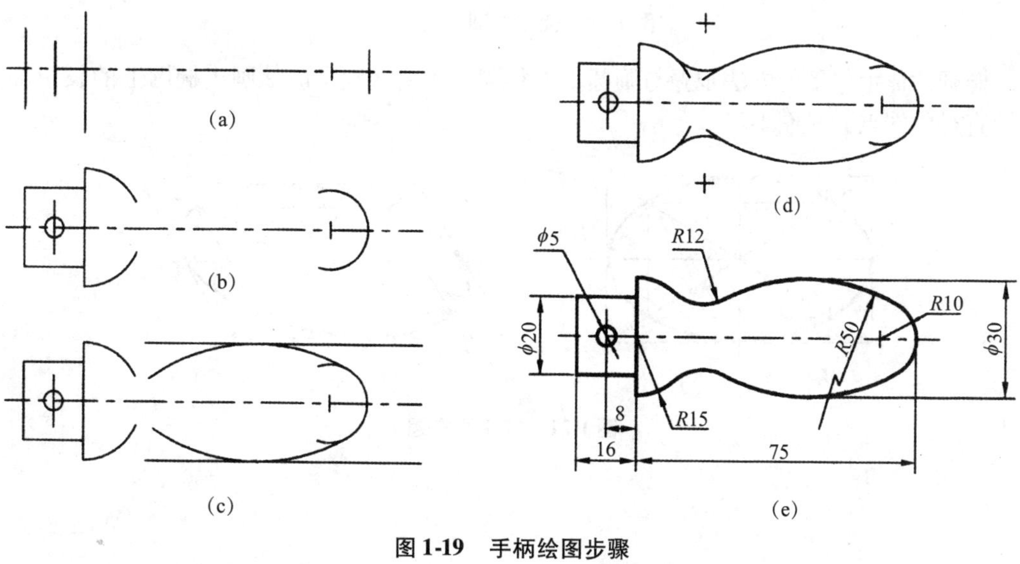

图 1-19　手柄绘图步骤

根据上述分析，确定手柄平面图形的仪器绘图步骤如下：

(1) 画出基准线并根据各个封闭图形的定位尺寸画出定位线［图1-19 (a)］

(2) 画出已知线段［图1-19 (b)］

(3) 画出中间线段［图1-19 (c)］

(4) 画出连接线段［图1-19 (d)］

二、徒手绘图

所谓徒手绘图，就是不用绘图工具来画图。工程技术人员由于生产上的需要，如画设计草图或现场测绘，都要进行徒手绘图。下面简单介绍一些徒手画法。

画直线时应注意握笔要轻松自然，眼睛要注意所画图线的终点，切勿只看笔尖，这样才能使直线画得平直。

画圆时，应先定圆心和十字中心线，再根据半径用目测在中心线上定出四点，当圆直径较大时，可通过圆心增画两条45°的斜线，在斜线上再定出四点，然后过这八点画圆。

画45°、30°、60°的角度线时，可按画直角三角形的方法近似地画出，注意两直角边的比例，见图1-20。

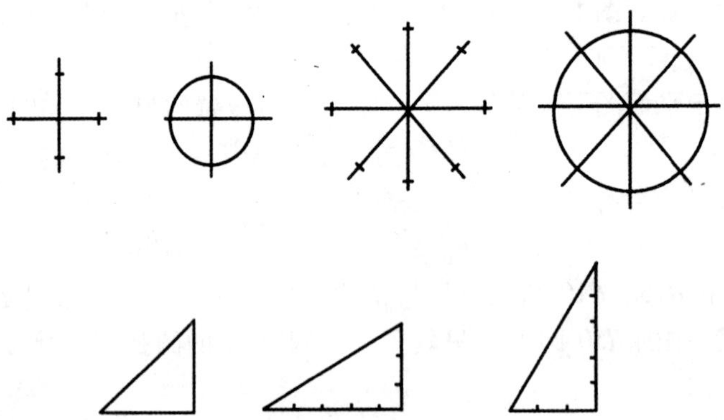

图1-20 徒手画圆与角度线

椭圆的徒手作图的方法步骤与画圆基本相同，主要区别是应估画出椭圆上的长短轴或共轭直径的端点，见图1-21。

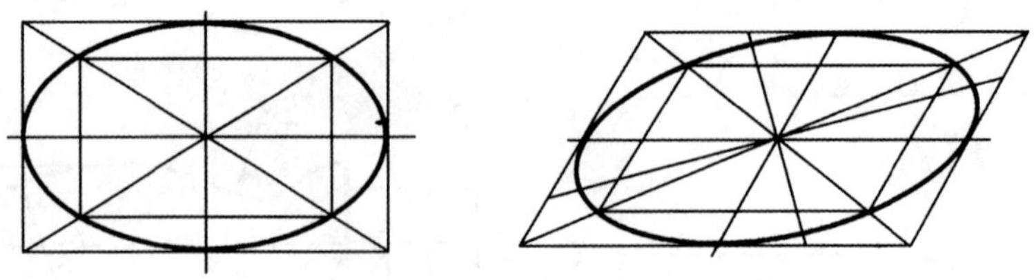

(a) (b)

图1-21 徒手画椭圆

第二章　点、直线、平面的投影

§2－1　投影的基本知识

一、投影法

在日常生活中，我们经常可以看到一些投影现象，如物体在光源（日光或灯光）的照射下，就会出现物体的影子。投影的方法就是从这些自然现象中抽象出来的。常用的投影法有两大类：中心投影法和平行投影法。

1. 中心投影法

所有投射线交于一点的投影方法称为中心投影法。如图 2-1 所示，点 S 为投影中心，平面 P 为投影平面，从点 S 向空间平面 $\triangle ABC$ 引投射线 SAa、SBb、SCc，交 P 平面于 a、b、c 三点，$\triangle abc$ 称为 $\triangle ABC$ 在平面 P 上的投影。

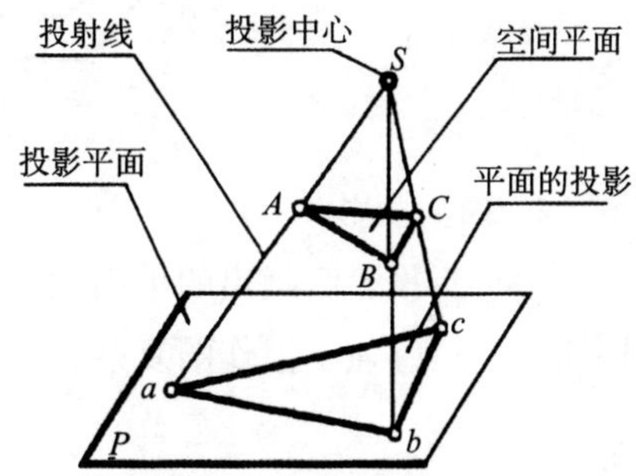

图 2-1　中心投影法

2. 平行投影法

所有投射线互相平行的投影法称为平行投影法。当投影中心移到距投影面无穷远处时，所有的投射线趋于平行，所得投影与空间要素距离投影面的远近无关。根据投射线是否与投影面垂直，平行投影又分为斜投影和正投影，如图 2-2 所示。

斜投影：投射线与投影面倾斜。

正投影：投射线与投影面垂直。

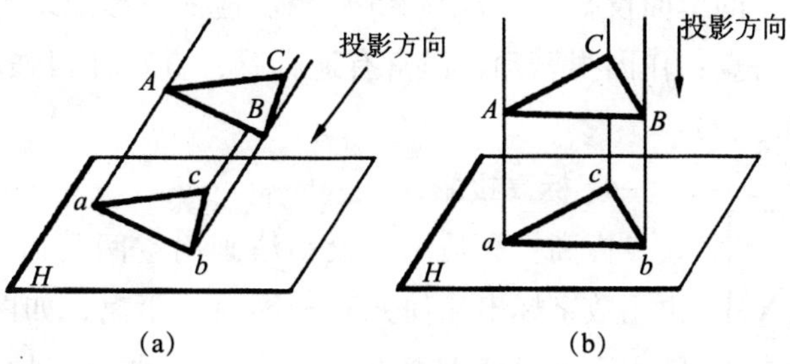

图 2-2　平行投影法

（a）斜投影；（b）正投影

二、工程上常用的投影

1. 多面正投影

多面正投影是用正投影法，将空间物体分别向两个或两个以上的互相垂直的投影面进行投影所得到的图形，如图 2-3 所示。投影时，一般将物体的主要平面平行于相应的投影面，使投影图能反映这些平面的实际形状及尺寸。多面正投影虽然其立体感差，但度量性好，作图简便，在工程上得到广泛应用。工程制图一般采用多面正投影，因此，以后章节中主要介绍正投影，如不特别说明，则将正投影简称为投影。

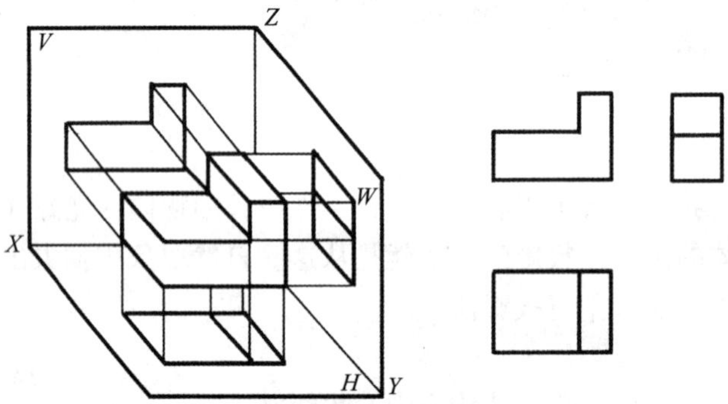

图 2-3　多面正投影图

2. 轴测投影

用平行投影法画出的单面投影图，如图 2-4 所示。其特点为能同时反映物体三维形体特征，立体感强，但作图复杂，度量性差。常用于产品外观表达。

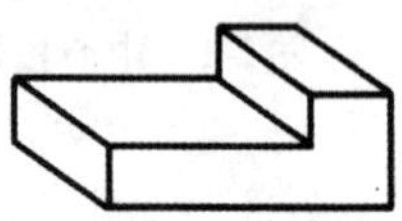

图 2-4　轴测投影图

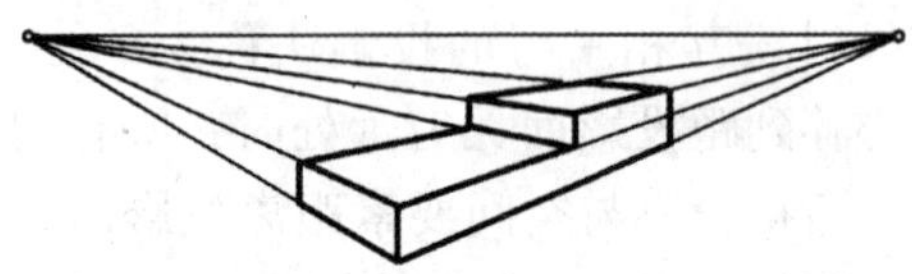

图 2-5　透视投影图

3. 透视投影

用中心投影法画出的单面投影图，如图 2-5 所示。透视投影原理与照相成影相似，接近人的视觉习惯。其特点：作图很繁琐，但富有逼真感，直观性很强。适用于建筑外观、工艺美术、宣传广告等。

4. 标高投影

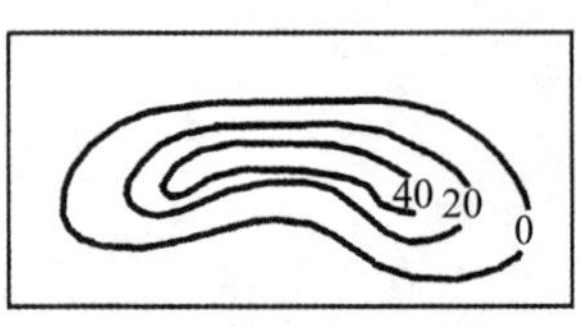

图 2-6　标高投影图

标高投影是用正投影法画出空间几何元素的单面投影后，再用数字标出几何元素投影面的距离，如图 2-6 所示。工程中常用于表达不规则曲面，如汽车曲面、地形图以及雨量分布图等。

§2－2 点的投影

一、点在两投影面体系中的投影

已知空间点 A 和投影面 P，如图 2-7 所示。过点 A 引投射线垂直于平面 P，交平面 P 于一点 a，a 点即为点 A 在 P 平面上的投影。空间点在投影面上有其唯一的投影，但反过来，点的一个投影不能确定该点的空间位置。为此常采用增加投影面的方法来解决。

1. 两投影面体系

两投影面体系由空间两个互相垂直的投影面组成，如图 2-8 所示。直立的称为正立投影面，简称正面或 V 面；水平的称为水平面，简称 H 面；H 面与 V 面的交线称为投影轴 X。由空间点 A 向两投影面作垂线，垂足 a、a'分别称为点 A 的水平投影、正面投影。

为了方便起见，规定空间点用大写字母表示，点的水平投影用小写字母表示，点的正面投影用小写字母加一撇表示。

2. 点的两面投影图

在图 2-8 所示的两投影面体系中，正立投影面保持不动，水平投影面绕 X 轴向下旋转 90°，使 H 面与 V 面重合于同一平面，由于投影面大小不影响物体的投影，去掉边框就得到点的两面投影图，如图 2-9 所示。投影连线与投影轴的交点用 a_X 表示。

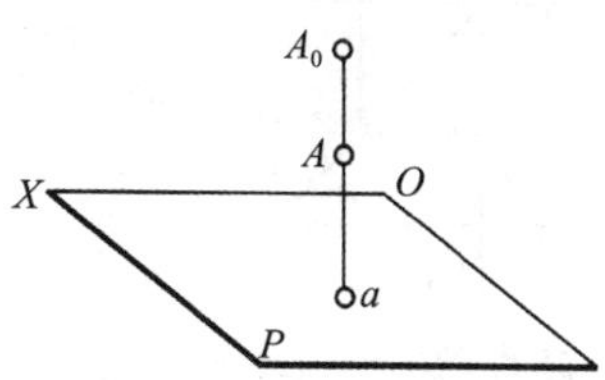

图 2-7 点的单面投影

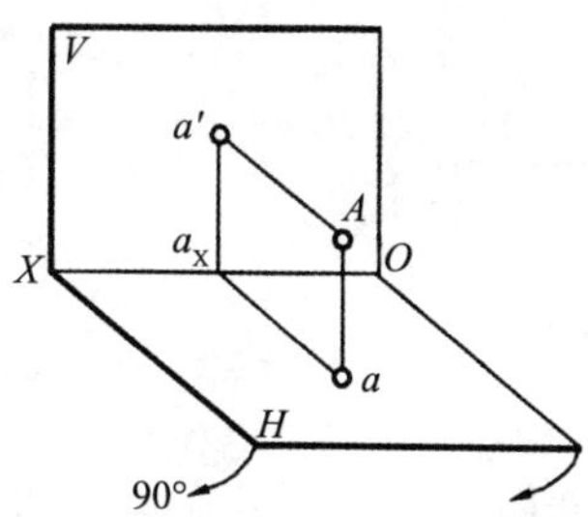

图 2-8 点的两投影面体系

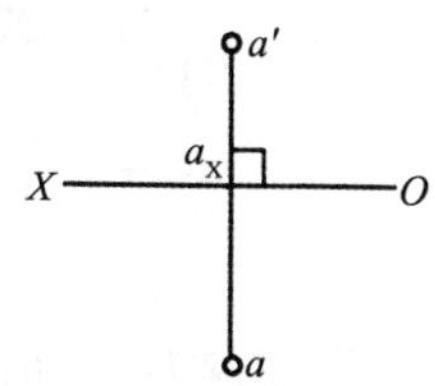

图 2-9 点的两面投影图

3. 点在两投影面体系中的投影规律

（1）点的正面投影与水平投影的连线垂直于 X 轴，即 $aa' \perp X$。

（2）点的正面投影到 X 轴的距离等于空间点到 H 面的距离，即 $a'a_X = Aa$；点的水平投影到 X 轴的距离等于空间点到 V 面的距离，即 $aa_X = Aa'$。

二、点在三投影面体系中的投影

1. 三投影面体系

在两投影面体系中，增加一个与 H 面和 V 面都垂直的侧立投影面，就形成了三投影面体系，如图 2-10 所示。侧立投影面简称为侧面或 W 面，W 面与 H 面、V 面的交线分别称为投影轴 Y、Z，三投影轴 X、Y、Z 的交点称为原点 O。由空间点 A 向 W 面作垂线，垂足 a''称为点 A 的侧面投影。

同时规定：点的侧面投影用小写字母加两撇表示。

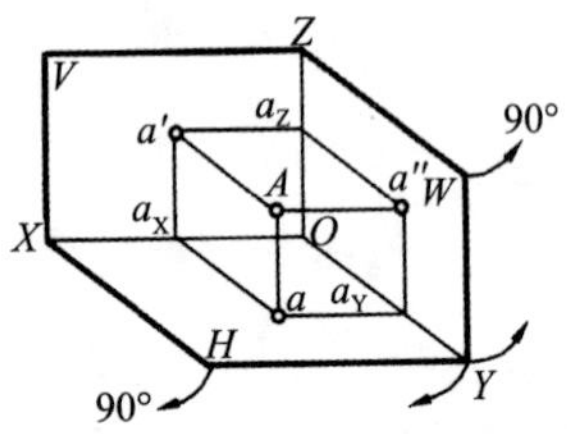

图 2-10　点的三投影面体系

2. 点的三面投影图

在图 2-10 所示的三投影面体系中，V 面保持不动，水平投影面绕 X 轴向下旋转 90°，侧立投影面绕 Z 轴向右旋转 90°，使 H 面、W 面与 V 重合于同一平面，去掉边框就得到点的三面投影图，如图 2-11 所示。H 面、W 面上的 Y 轴分别用 Y_H、Y_W 表示，投影连线与投影轴的交点分别用 a_X、a_Y、a_Z 表示。

3. 点在三投影面体系中的投影规律

（1）点的正面投影与水平投影的连线垂直于 X 轴，即 $aa' \perp X$；点的正面投影与侧面投影的连线垂直于 Z 轴，即 $a'a'' \perp Z$。

（2）点的正面投影到 X 轴的距离等于点的侧面投影到 Y 轴的距离，也等于空间点到 H 面的距离，即 $a'a_X = a''a_Y = Aa$；点的水平投影到 X 轴的距离等于点的侧面投影到 Z 轴的距离，也等于空间点到 V 面的距离，即 $aa_X = a''a_Z = Aa'$；点的正面投影到 Z 轴的距离等于点的水平投影到 Y 轴的距离，也等于空间点到 W 面的距离，即 $a'a_Z = aa_Y = Aa''$。

利用点的投影规律，已知点的两面投影，很容易求出第三面投影。由于 $aa_X = a''a_Z$，为了便于作图，可过 O 点作一条 45°分角线，将水平投影与侧面投影联系起来。

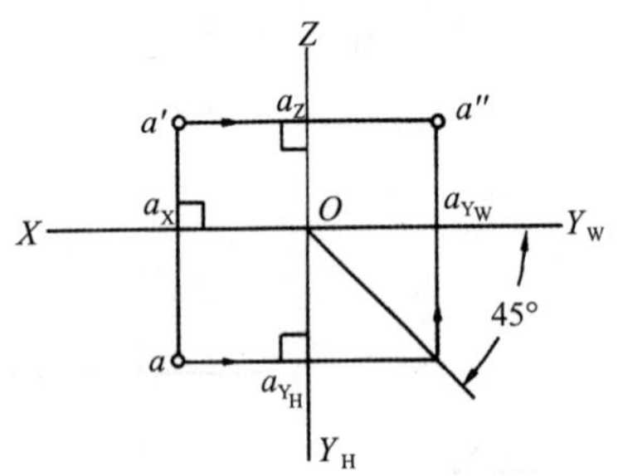

图 2-11　点的三面投影图

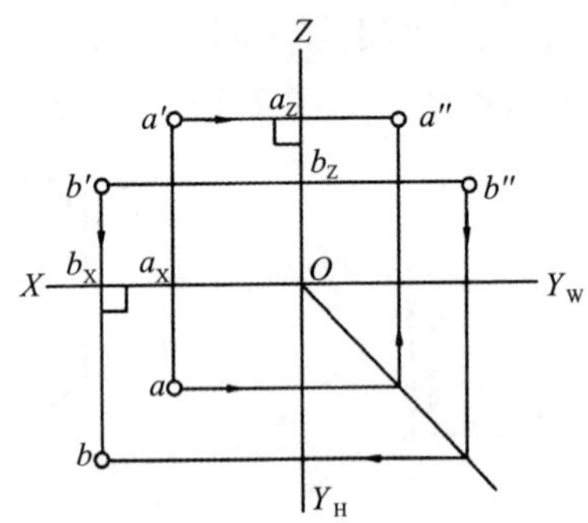

图 2-12　求点的第三面投影

例 1： 已知点 A、B 的两面投影，求作第三面投影 a''、b（见图 2-12）。

作图： 求 a''，

（1）过 a' 作 Z 轴的垂线；

（2）取 $a''a_Z = aa_X$，或利用 45°分角线，即可求得侧面投影 a''。

求 b，

（1）过 b' 作 X 轴的垂线；

（2）取 $bb_X = b''b_Z$，或利用 45°分角线，即可求得水平投影 b。

三、点的投影与坐标的关系

如果把三投影面体系中的三个投影面当作坐标面，将投影轴看作坐标轴，则点到 W 面、V 面、H 面的距离分别为点的 X、Y、Z 坐标，如图 2-13 所示。

例 2： 已知点 A（15，10，8），求点 A 的三面投影（见图 2-14）。

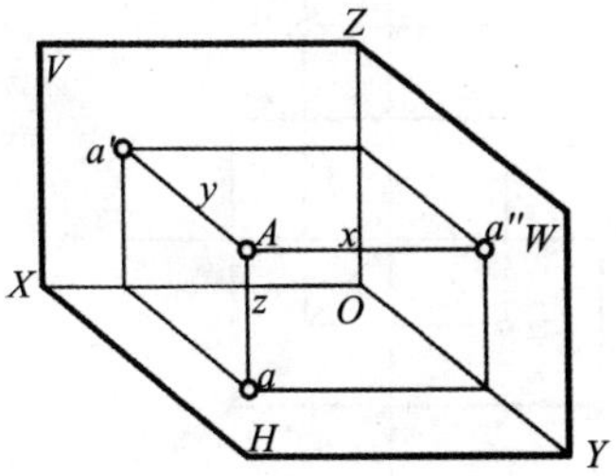

图 2-13　点的投影与坐标的关系

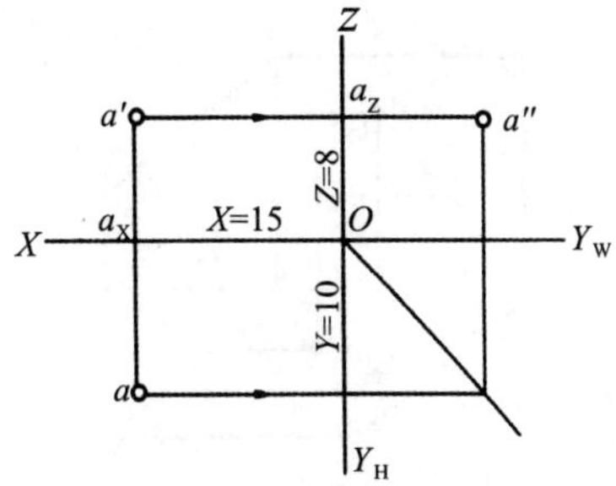

图 2-14　由点的坐标求点的三面投影

作图：

（1）由 $X=15$，在投影图中可作出 a_X；

（2）过 a_X 作 X 轴的垂线；

（3）在垂线上分别量取 $aa_X=10$，$a'a_X=8$，求得 A 点的水平投影 a 及正面投影 a'；

（4）过 a' 作 Z 轴的垂线，使 $a''a_Z=aa_X$，即可求得 A 点的侧面投影 a''。

如果点的坐标中有一个坐标为零，该点一定是投影面上的点，点的三面投影中有两面投影在投影轴上；如果有两个坐标为零，该点一定是投影轴上的点，点的两面投影重合于同一投影轴上，另一投影与原点 O 重合。

例如 H 面上的点 A（15，10，0），Z 轴上的点 B（0，0，5），两点的三面投影如图 2-15所示。

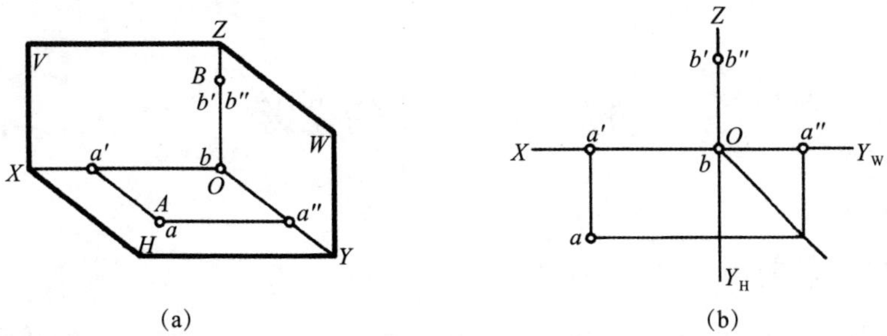

图 2-15　投影面及投影轴上点的投影

四、点的相对位置及重影点的投影

空间两点之间的左右、前后、上下相互位置关系称为点的相对位置。可用比较两点的绝对坐标大小，来判别一点相对另一点的位置。如图 2-16 所示，$X_B>X_A$；$Y_B>Y_A$；$Z_B<Z_A$，所以 B 点位于 A 点之左、之前和之下。

当两点向某投影面投影时投射线重合，这两点称为该投影面的重影点。重影点要求判别可见性，沿投射线方向绝对坐标大的可见，小的为不可见，不可见点在投影图上用圆括号区别。H 面的重影点，上面点的水平投影可见，下面点的水平投影不可见；V 面的重影点，前面点的正面投影可见，后面点的正面投影不可见；W 面的重影点，左面点的侧面投影可见，右面点的侧面投影不可见。

如图 2-17 所示，A、B 两点为 H 面的重影点，$Z_A>Z_B$，A 点位于 B 点之上，水平投影 a 可见，b 不可见。

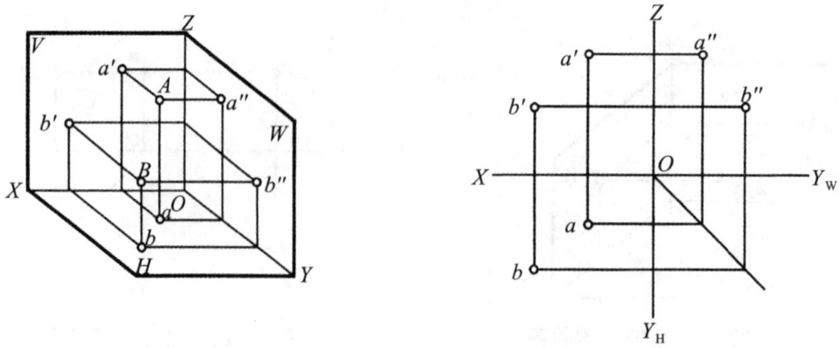

(a) (b)

图 2-16 点的相对位置

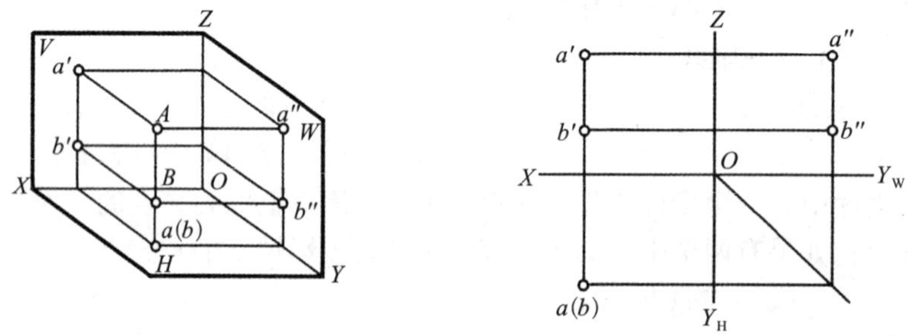

(a) (b)

图 2-17 重影点的投影及可见性判别

§2－3 直线的投影

一、直线的投影图

直线的投影一般仍为直线，所以只要连接直线上两端点或任意两点的同面投影，即可得到直线的投影图，如图 2-18 所示。画图时直线及其投影要加粗表示，以区别于投影连线和作图线。

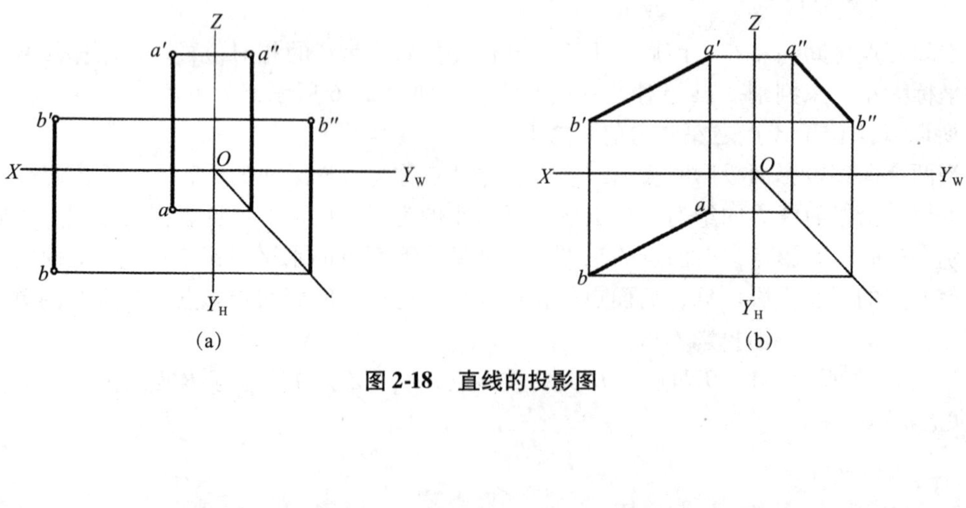

(a) (b)

图 2-18 直线的投影图

根据直线相对投影面的位置，可将直线分为：一般位置直线和特殊位置直线，特殊位置直线又有投影面平行线和投影面垂直线两种。

二、一般位置直线的投影特性

与三个投影面都倾斜的直线称为一般位置直线。直线与 H 面、V 面、W 面的夹角分别用 α、β、γ 表示，如图 2-19 所示。

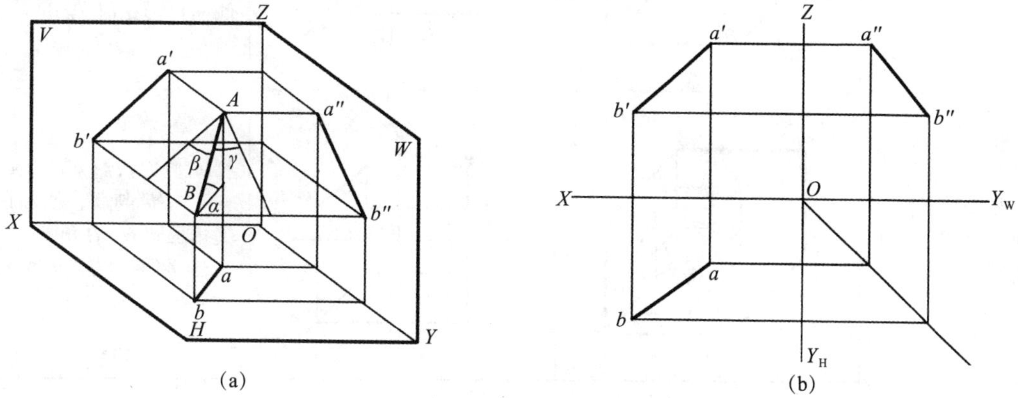

图 2-19　一般位置直线的投影

根据投影图，总结出一般位置直线的投影规律如下：

（1）直线的三个投影均不反映实长，其长度分别为：$ab = AB\cos\alpha$；$a'b' = AB\cos\beta$；$a''b'' = AB\cos\gamma$。

（2）三个投影都与投影轴倾斜，投影与投影轴的夹角不反映空间直线与相应投影面的夹角。

三、特殊位置直线的投影特性

1. 投影面平行线

平行于某一投影面且与其余两投影面倾斜的直线称为该投影面的平行线。投影面平行线的分类如下：

（1）水平线：直线平行于 H 面，倾斜于 V 面、W 面。

（2）正平线：直线平行于 V 面，倾斜于 H 面、W 面。

（3）侧平线：直线平行于 W 面，倾斜于 H 面、V 面。

各种投影面平行线的投影及投影特性如表 2-1 所示。

表 2-1　投影面平行线的投影及投影特性

名　称	直　观　图	投　影　图	投影特性
水平线（$//H$ 面，对 V 面、W 面倾斜）	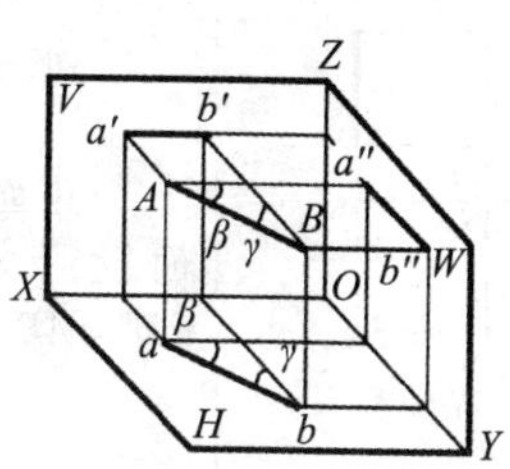	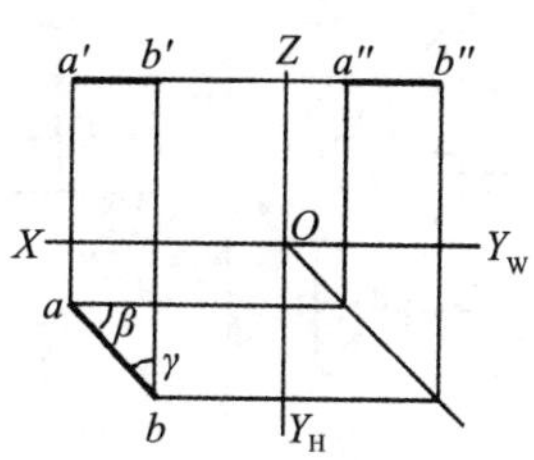	1. 水平投影 $ab = AB$ 2. ab 与 X、Y 轴的夹角反映 β、γ 角 3. 正面投影 $a'b' // X$；侧面投影 $a''b'' // Y$

续表

名 称	直 观 图	投 影 图	投影特性
正平线（// V 面，对 H 面、W 面倾斜）	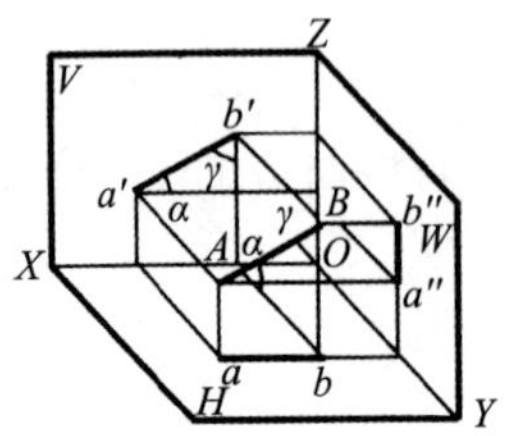	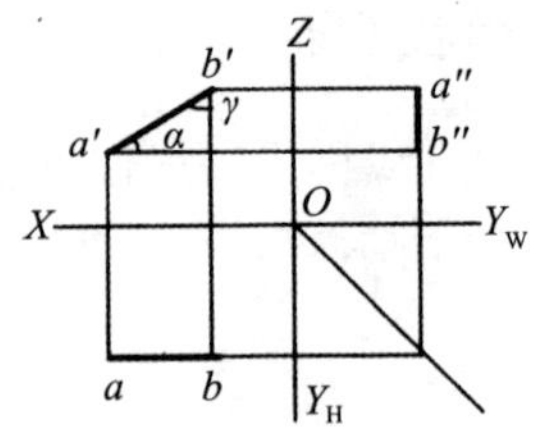	1. 正面投影 $a'b'=AB$ 2. $a'b'$ 与 X、Z 轴的夹角反映 α、γ 角 3. 水平投影 ab // X；侧面投影 $a''b''$ // Z
侧平线（// W 面，对 H 面、V 面倾斜）	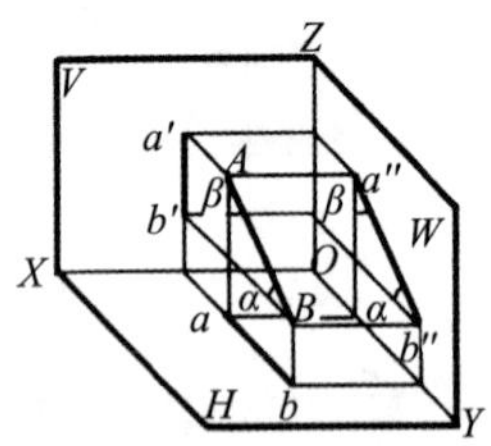	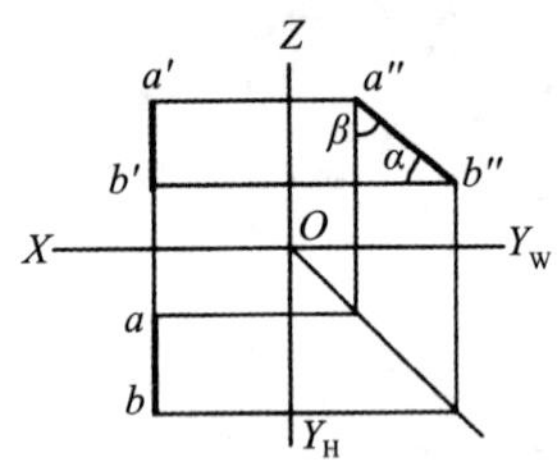	1. 侧面投影 $a''b''=AB$ 2. $a''b''$ 与 Y、Z 轴的夹角反映 α、β 角 3. 水平投影 ab // Y；正面投影 $a'b'$ // Z

投影面平行线投影规律总结：

（1）直线平行于某一投影面，直线在该投影面内的投影反映实长。

（2）该投影与投影轴的夹角，反映空间直线与对应投影面的夹角。

（3）直线的其余两投影平行于相应的投影轴。

2. 投影面垂直线

垂直于某一投影面的直线称为该投影面的垂直线。投影面垂直线的分类如下：

（1）铅垂线：直线垂直于 H 面。

（2）正垂线：直线垂直于 V 面。

（3）侧垂线：直线垂直于 W 面。

各种投影面垂直线的投影及投影特性如表 2-2 所示。

投影面垂直线投影规律总结：

（1）直线垂直于某一投影面，直线在该投影面上的投影重影于一点。

（2）直线的其余两投影垂直于相应的投影轴，而且均反映空间直线的实长。

表 2-2　投影面垂直线的投影及投影特性

名 称	直 观 图	投 影 图	投影特性
铅垂线（⊥H 面）	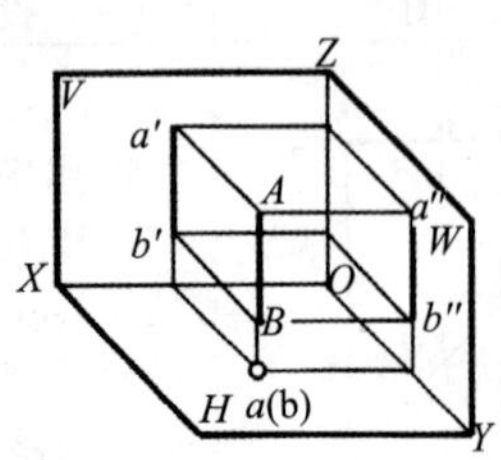	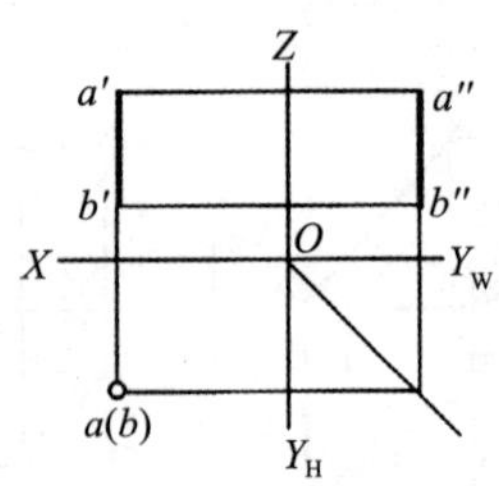	1. 水平投影 ab 重影于一点 2. 正面投影 $a'b'\perp X$；侧面投影 $a''b''\perp Y$；$a'b'=a''b''=AB$

续表

名　称	直　观　图	投　影　图	投影特性
正垂线（⊥V 面）	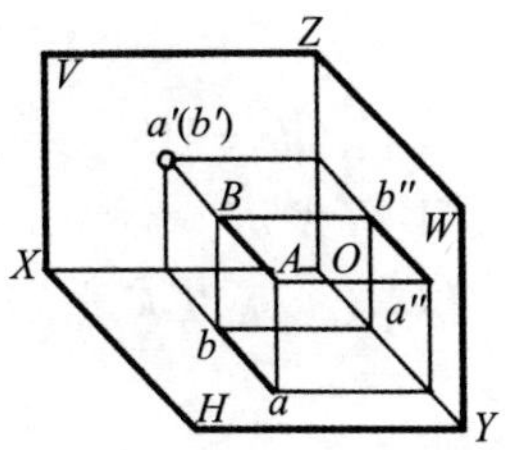	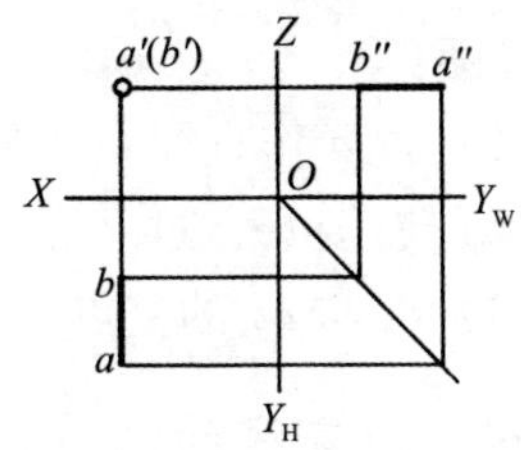	1. 正面投影 $a'b'$ 重影于一点 2. 水平投影 $ab \perp X$；侧面投影 $a''b'' \perp Z$；$ab = a''b'' = AB$
侧垂线（⊥W 面）	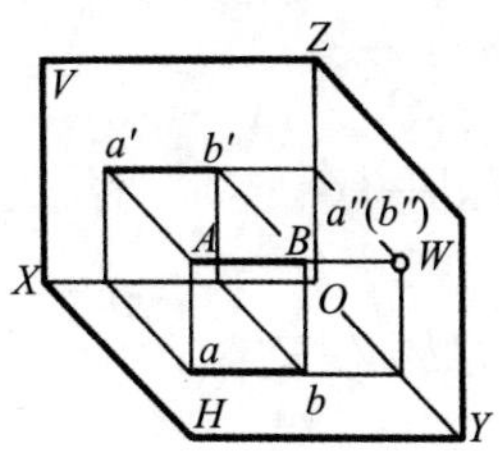	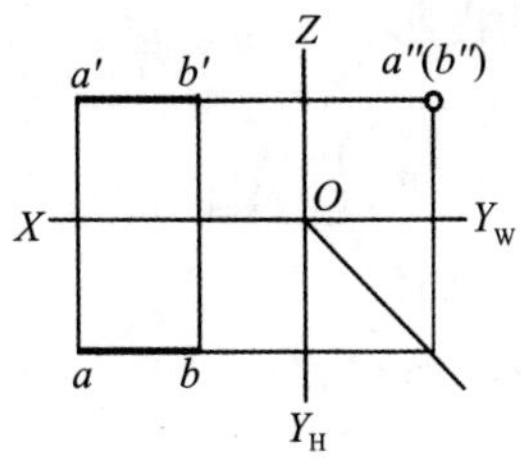	1. 侧面投影 $a''b''$ 重影于一点 2. 水平投影 $ab \perp Y$；正面投影 $a'b' \perp Z$；$ab = a'b' = AB$

四、直线上的点

1. 点的从属性

若点在直线上，点的各个投影一定在直线的同面投影上。如图 2-20 所示，$C \in AB$，则 $c \in ab$，$c' \in a'b'$，$c'' \in a''b''$。

2. 点的定比特性

空间的点分直线成定比，那么点的各投影一定分直线的同面投影成相同的比例。如图 2-20所示，$ac : cb = a'c' : c'b' = a''c'' : c''b'' = AC : CB$。

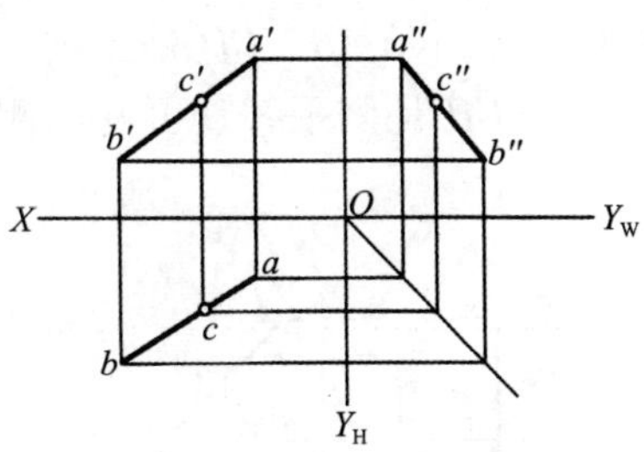

图 2-20　直线上的点

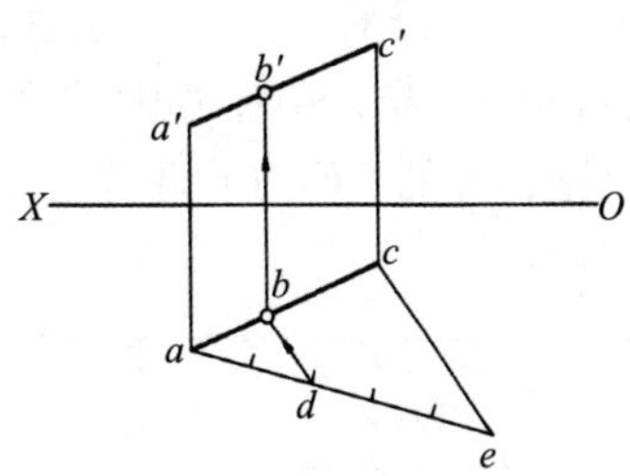

图 2-21　点分直线成定比

例 3：已知点 $B \in AC$，且 $AB : BC = 2 : 3$，求点 B 的投影（见图 2-21）。

作图：（1）过 A 点的水平投影 a 作一条辅助线，使 $ad : de = 2 : 3$；

（2）连接 ce，过 d 点作 ce 平行线交 ac 于点 b，b 即为 B 点的水平投影；

（3）过 b 点作 X 轴的垂线交 $a'c'$ 于点 b'，b' 即为 B 点的正面投影。

例 4：已知直线 AB 和点 K 的投影，判断点 K 是否属于直线 AB（见图 2-22）。

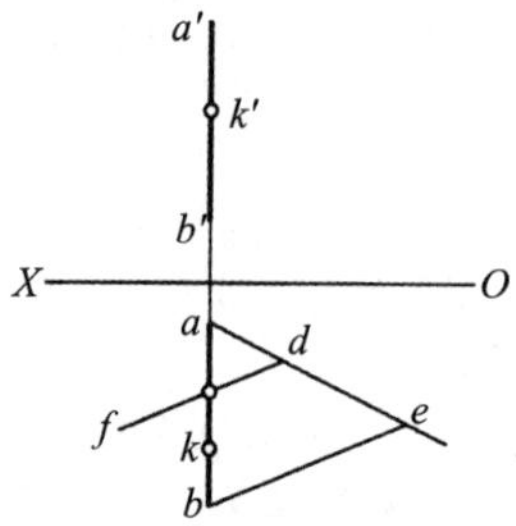

图 2-22 判断点是否属于直线

分析：直线 AB 是侧平线，虽然 K 点的两面投影重合于直线的两面投影，但在没给出侧面投影时不能直接得出结论。可用点的定比特性解题。

作图：

（1）过 a 作直线 ae，使 $ad = a'k'$，$de = k'b'$；

（2）连接 be，过 d 点作 be 的平行线 df；

（3）df 与 ab 的交点不重合于 k 点，所以 K 点不属于 AB 直线。

五、两直线的相对位置

空间两直线的相对位置有平行、相交和交叉三种情况。以下分别讨论两直线不同位置时的投影特性。

1. 平行两直线

投影特性：空间两直线互相平行，其同面投影都互相平行，空间直线之比与直线各同面投影成相同的比例；反之也成立。

如图 2-23 所示，$AB /\!/ CD$，则 $ab /\!/ cd$，$a'b' /\!/ c'd'$，$a''b'' /\!/ c''d''$；$AB : CD = ab : cd = a'b' : c'd' = a''b'' : c''d''$。

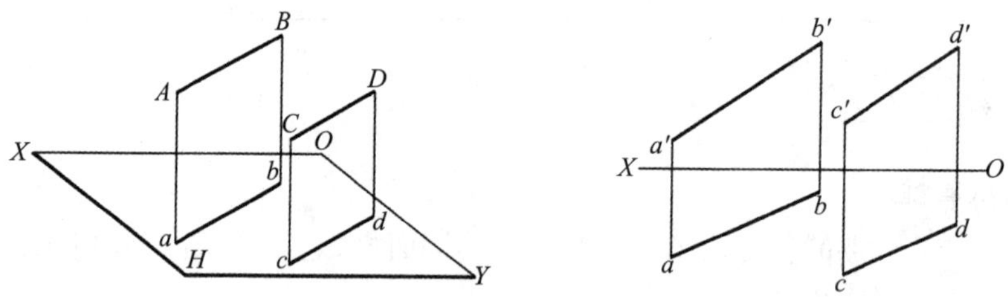

(a) (b)

图 2-23 两平行直线的投影

根据平行直线的投影特性，可判别两直线是否平行或作一直线与另一直线平行。判别特殊位置的直线是否平行要特别注意，如图 2-24（a）所示，AB、CD 是正垂线，正垂线都互相平行，所以 $AB /\!/ CD$；如图 2-24（b）所示 EF、GH 是侧平线，可利用侧面投影或定比特性判断，显然 EF、GH 不平行。

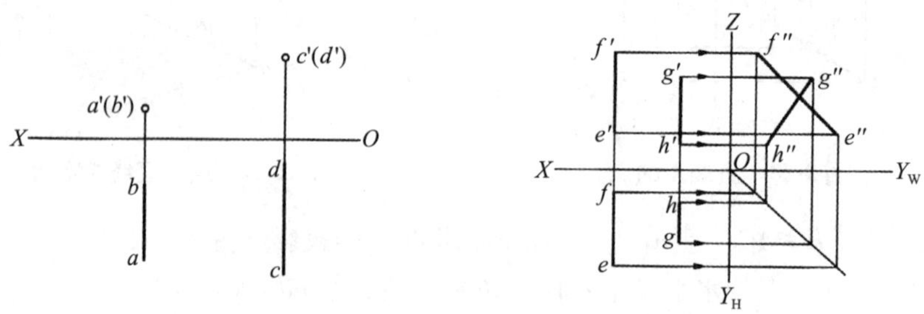

(a) (b)

图 2-24 判别两直线是否平行

2. 相交两直线

投影特性：空间两直线相交，交点为两直线的共有点，直线的同面投影必相交；空间两直线交点的投影一定在直线同面投影的交点上。

如图 2-25 所示，直线 AB、CD 相交，交点为 K，即 $K \in AB$，$K \in CD$，则 $k \in ab$，$k \in cd$。所以 K 点的水平投影 k 一定为 ab、cd 的交点，同样可以得到 K 点的正面投影和侧面投影 k'、k''，且 k、k'、k''必符合点的投影规律。

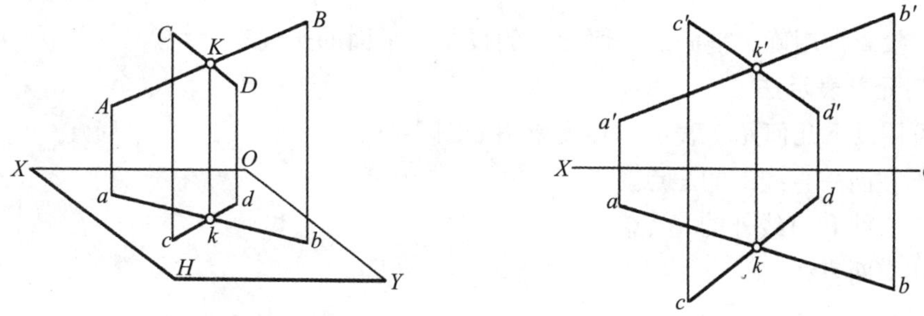

(a)　　　　(b)

图 2-25　相交两直线的投影

例 5：过点 A 作水平线与 CD 直线相交于 B 点（见图 2-26）。

分析：水平线的正面投影平行于 X 轴，作图应从正确投影入手。

作图：

（1）过 a'作 X 轴的平行线交 $c'd'$于 b'；

（2）过 b'作 X 轴的垂线交 cd 于 b；

（3）ab、$a'b'$即为水平线 AB 的两面投影。

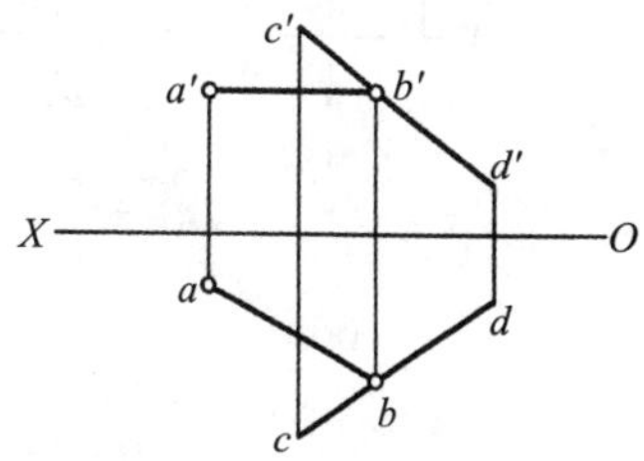

图 2-26　过点作水平线与直线相交

3. 交叉两直线

既不平行又不相交的空间两直线称为交叉直线，又称为异面直线。

投影特性：交叉直线无交点，若投影图中其同面投影出现交点，是因为两直线上存在该投影面的重影点，根据重影点的可见性，可判别交叉直线之间的相对位置。

如图 2-27 所示，AB、CD 两直线水平投影的交点 1、2，是直线 AB、CD 上相对 H 面的重影点Ⅰ、Ⅱ的水平投影；同理 3′、4′是两直线上的相对 V 面的重影点Ⅲ、Ⅳ的正面投影。

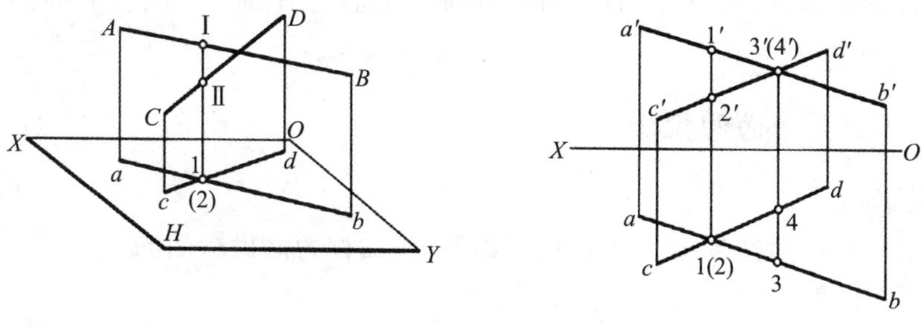

(a)　　　　(b)

图 2-27　交叉两直线的投影

由重影点的可见性可判别空间直线 AB、CD 的相对位置。

§2－4 平面的投影

一、平面的表示方法

平面的投影常用确定平面的几何元素的投影和平面的迹线表示。

1. 几何元素表示法

平面可用以下几何元素表示，其投影图如图 2-28 所示。

（a）不在同一直线上的三点。

（b）一直线和直线外的一点。

（c）相交两直线。

（d）平行两直线。

（e）任意平面图形。

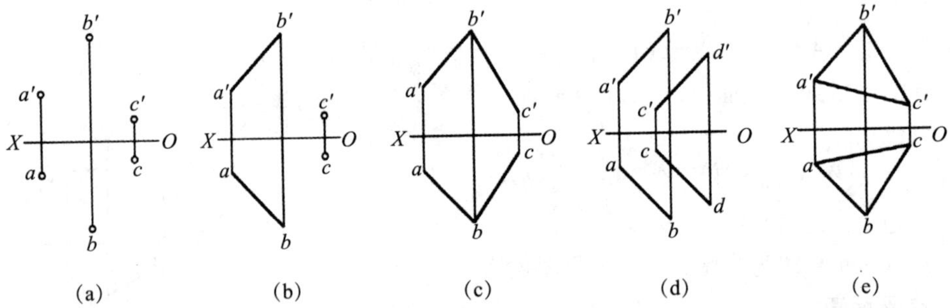

图 2-28 用几何元素表示平面

2. 迹线表示法

平面与投影面的交线称为平面的迹线，如图 2-29（a）所示，用迹线表示的平面为迹线平面。平面与 H 面、V 面、W 面的交线分别称为水平迹线、正面迹线和侧面迹线，用大写字母加投影面名称的下角标表示，如 P_H、P_V、P_W；两两迹线交投影轴于一点称为迹线集合点，分别用 P_X、P_Y、P_Z 表示，投影图如图 2-29（b）所示。

根据平面相对投影面的位置，可将平面分为：一般位置平面和特殊位置平面，特殊位置平面又有投影面垂直面和投影面平行面两种。平面与 H 面、V 面、W 面的夹角分别用 α，β，γ 表示。

二、特殊位置平面的投影特性

1. 投影面垂直面

垂直于某一投影面且与其余两投影面倾斜的平面称为该投影面的垂直面。投影面垂直面的分类如下：

（1）铅垂面：平面垂直于 H 面，倾斜于 V 面、W 面。

（2）正垂面：平面垂直于 V 面，倾斜于 H 面、W 面。

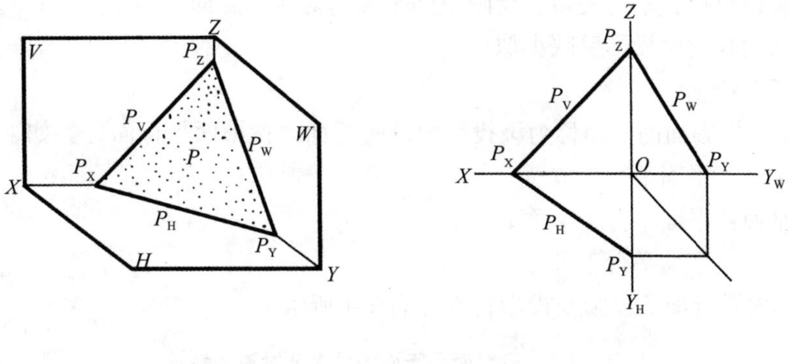

图 2-29　用迹线表示平面

（3）侧垂面：平面垂直于 W 面，倾斜于 H 面、V 面。

各种投影面垂直面的投影及投影特性如表 2-3 所示。

表 2-3　投影面垂直面的投影及投影特性

名　称	直观图	投影图	投影特性
铅垂面（⊥ H 面，对 V 面、W 面倾斜）	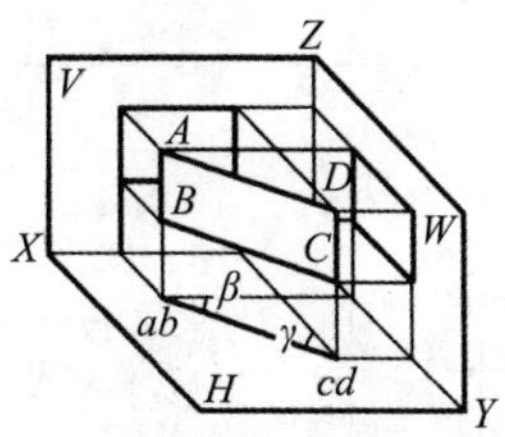	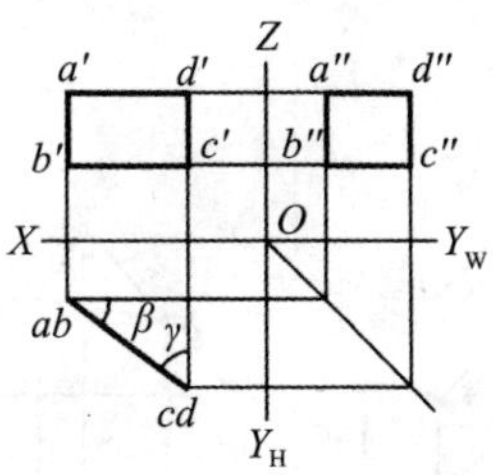	1. 水平投影 $abcd$ 重影于一条直线 2. $abcd$ 与 X、Y 轴的夹角反映 β、γ 角 3. 正面投影□$a'b'c'd'$、侧面投影□$a''b''c''d''$ 反映类似形
正垂面（⊥ V 面，对 H 面、W 面倾斜）	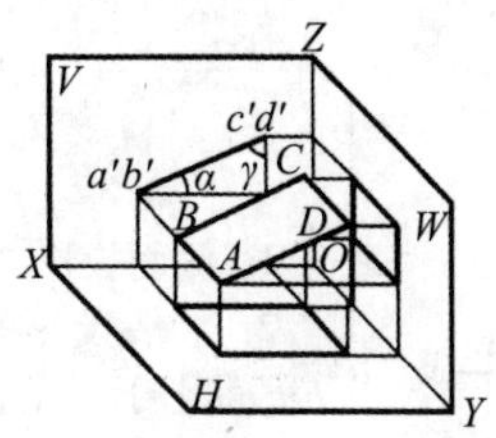	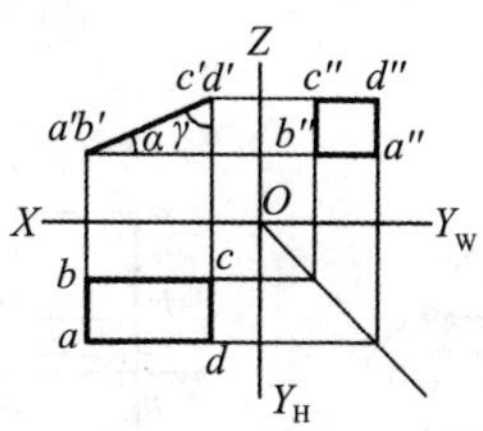	1. 正面投影 $a'b'c'd'$ 重影于一条直线 2. $a'b'c'd'$ 与 X、Z 轴的夹角反映 α、γ 角 3. 水平投影□$abcd$、侧面投影□$a''b''c''d''$ 反映类似形
侧垂面（⊥ W 面，对 H 面、V 面倾斜）	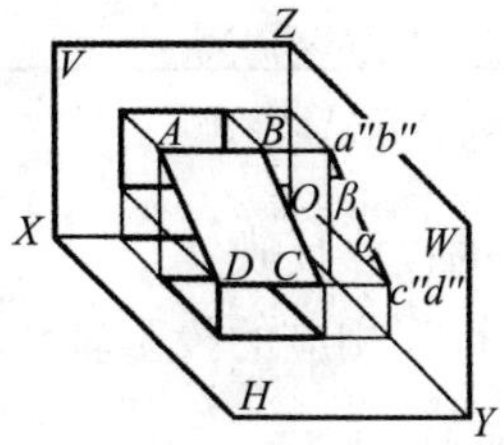	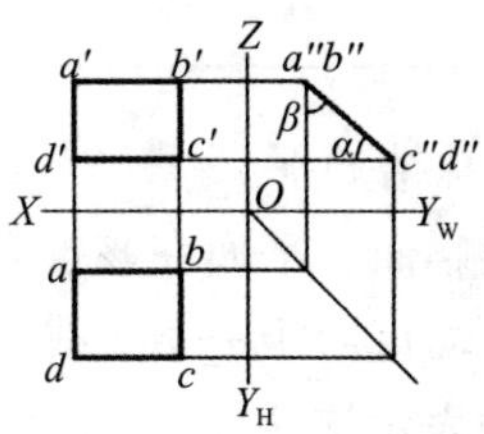	1. 侧面投影 $a''b''c''d''$ 重影于一条直线 2. $a''b''c''d''$ 与 Y、Z 轴的夹角反映 α、β 角 3. 水平投影□$abcd$、正面投影□$a'b'c'd'$ 反映类似形

投影面垂直面投影规律总结如下：

（1）平面垂直于某一投影面，平面在该投影面内的投影重影于一条直线。

（2）该投影与投影轴的夹角，反映空间平面与对应投影面的夹角。

（3）平面的其余两投影反映类似形。

2. 投影面平行面

平行于某一投影面的平面称为该投影面的平行面。投影面平行面分类如下：

（1）水平面：平面平行于 *H* 面。

（2）正平面：平面平行于 *V* 面。

（3）侧平面：平面平行于 *W* 面。

各种投影面平行面的投影及投影特性如表 2-4 所示。

表 2-4　投影面平行面的投影及投影特性

名　称	直观图	投影图	投影特性
水平面（//*H* 面）	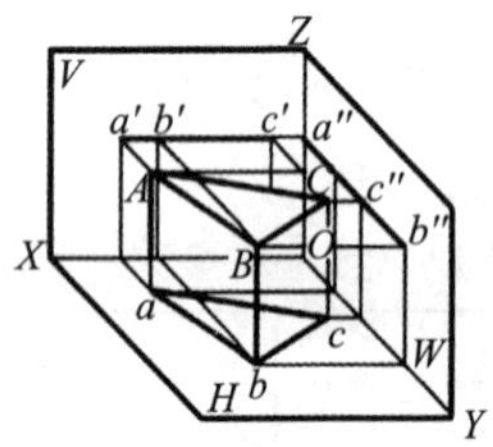	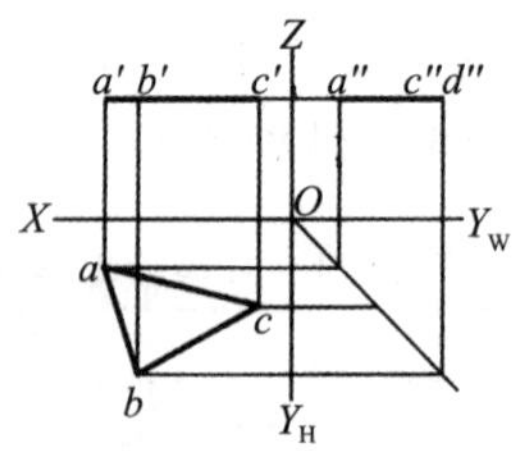	1. 水平投影 $\triangle abc = \triangle ABC$ 2. 正面投影 $a'b'c'$、侧面投影 $a''b''c''$重影于一条直线 3. $a'b'c' // OX$，$a''b''c'' // OY$
正平面（//*V* 面）	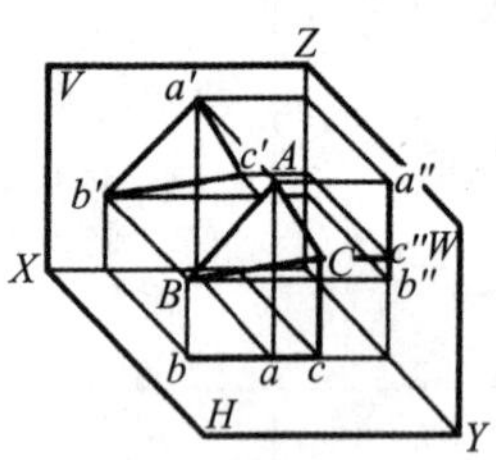	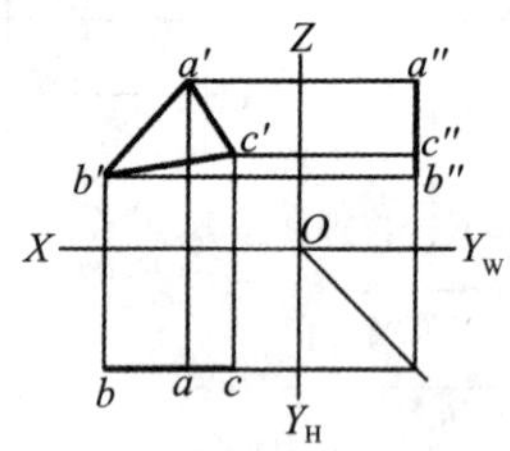	1. 正面投影 $\triangle a'b'c' = \triangle ABC$ 2. 水平投影 abc、侧面投影 $a''b''c''$重影于一条直线 3. $abc // OX$，$a''b''c'' // OZ$
侧平面（//*W* 面）	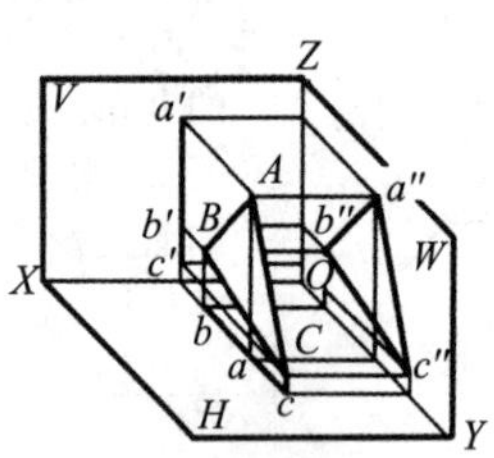	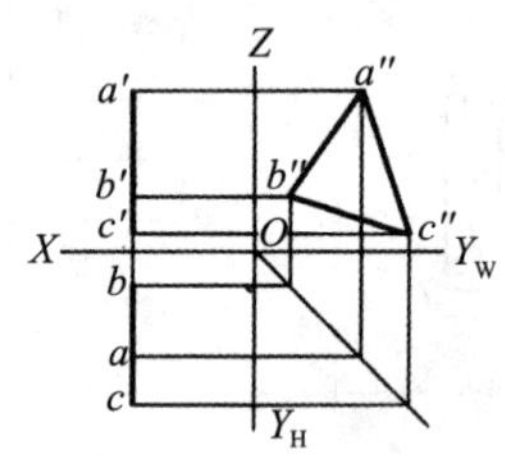	1. 侧面投影 $\triangle a''b''c'' = \triangle ABC$ 2. 水平投影 abc、正面投影 $a'b'c'$重影于一条直线 3. $abc // OY$，$a'b'c' // OZ$

投影面平行面投影规律总结如下：

（1）平面平行于某一投影面，平面在该投影面上的投影反映实形。

（2）平面的其余两投影均重影于一条直线，且平行于相应的投影轴。

3. 特殊位置平面的迹线表示法

图 2-30（a）表示水平面 *P*，其正面迹线 P_V 平行于 *X* 轴。水平迹线不存在，故不必画出。图 2-30（b）表示铅垂面 *Q*，其水平迹线 Q_H 与 *X* 轴的夹角反映平面与 *V* 面的倾角，正面迹线 Q_V 垂直于 *X* 轴。为作图简单起见，Q_V 可不画出［见图 2-30（*c*）］。其余的特殊

位置迹线平面的投影特性，读者可自己分析。

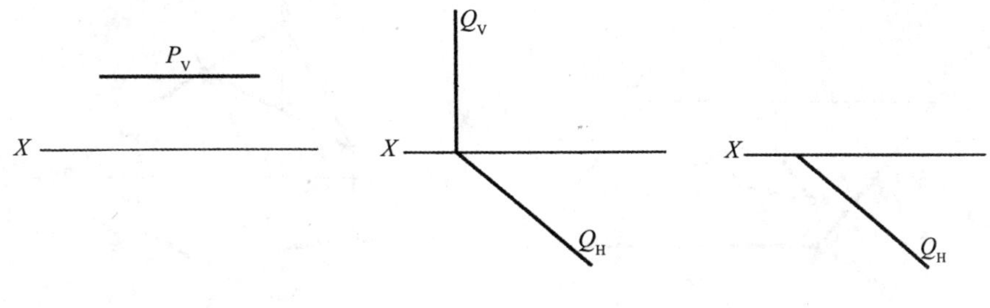

图 2-30　特殊位置平面的迹线表示法

三、一般位置平面的投影特性

与三个投影面都倾斜的平面称为一般位置平面，图 2-31 为用平面图形三角形表示的一般位置平面及其投影图。平面与 H 面、V 面、W 面的夹角分别用 α、β、γ 表示。

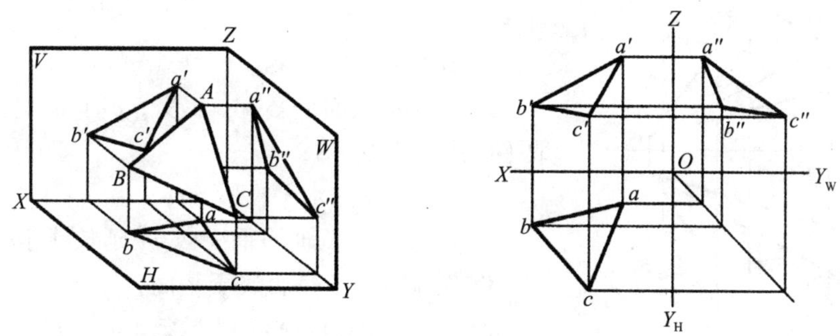

图 2-31　一般位置平面的投影

总结一般位置平面的投影规律如下：

（1）平面的三个投影既不反映实形也不反映平面与投影面的倾角。

（2）三个投影均为类似形。即空间平面为三角形，其各投影仍为三角形，面积大小分别为：$\triangle abc = \triangle ABC\cos\alpha$；$\triangle a'b'c' = \triangle ABC\cos\beta$；$\triangle a''b''c'' = \triangle ABC\cos\gamma$。

四、平面上的点和直线

1. 在平面上取点

几何条件：在平面上取点，该点必须通过平面内一已知直线。

如图 2-32 所示中的 M 点，$M \in BC$，所以 M 点为相交直线 AB、BC 所确定的平面 P 上的点。

2. 在平面上取直线

几何条件：在平面上取直线，直线必须通过平面上的两个已知点，或通过一个已知点并平行于平面内的一条已知直线。

如图 2-32 所示，直线 AM 过平面 P 上的两个已知点 A、M，则 $AM \in$ 平面 P；MN 过平

面 P 上的已知点 M，且 $MN /\!/ AB$，所以 $MN \in$ 平面 P。

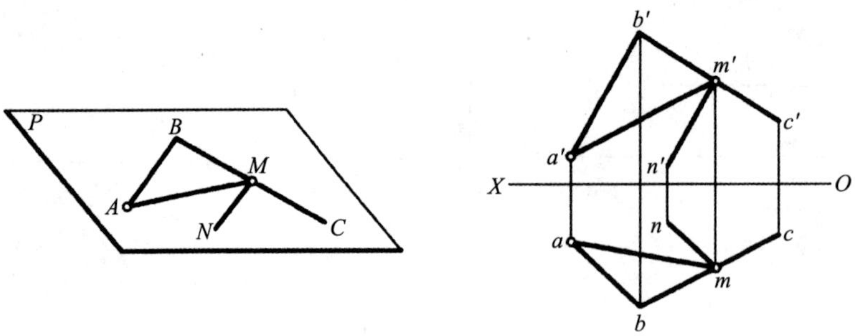

(a) (b)

图 2-32 平面上的点和直线

例 6：已知△ABC 的投影及平面上点 E 的正面投影 e'，求

（1）点 E 的水平投影 e；

（2）判别 K 点是否属于△ABC（见图 2-33）。

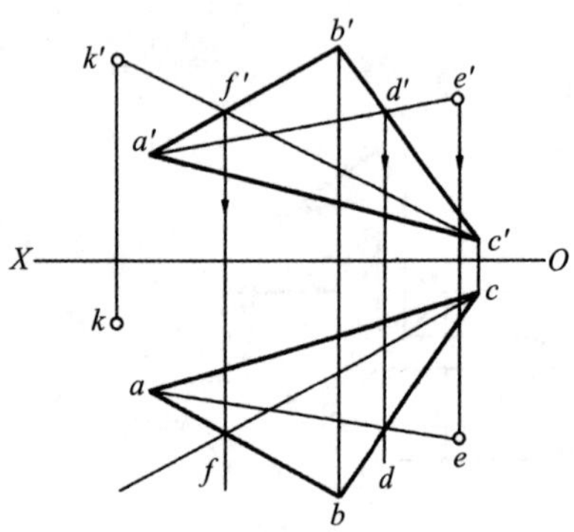

图 2-33 平面上的点

分析：在平面上取点，该点必须过平面内一已知直线。

作图求水平投影 e：

（1）连接正面投影 a'、e'交 $b'c'$于 d'点，即过 E 点取平面内一直线 AE；

（2）作 AD 的水平投影 ad；

（3）过 e'作 X 轴的垂线交 ad 延长线于 e。

作图判别 K 点是否属于平面：

（1）连接正面投影 c'、k'交 $a'b'$于 f'点，即过 K 点取平面内一直线 CF；

（2）作 CF 的水平投影 cf；

（3）k 不在 cf 上，显然 K 点不属于已知平面。

例 7：已知 $BC /\!/ DE /\!/ FA$，$FE /\!/ AB$，完成平面图形的水平投影（图 2-34）。

分析：相交直线 AB、BC 的两面投影都已知，平面可唯一确定。根据面上取点必取自平面内一已知直线，通过作辅助线求解。

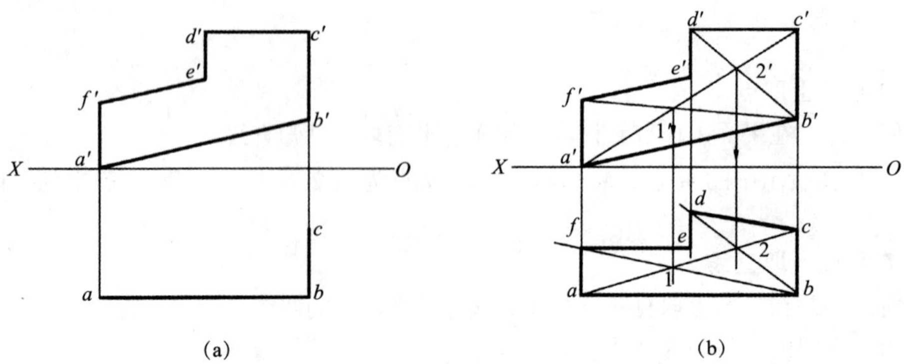

(a) (b)

图 2-34 完成平面图形的水平投影

（1）连接正面投影 a'、c'水平投影 a、c；

（2）连接正面投影 b'、f'交 $a'c'$于 $1'$；

（3）过 $1'$作 X 轴的垂线交 ac 于点 1，即求得 $B1$ 直线的水平投影 $b1$；

（4）过 f'作 X 轴的垂线交 $b1$ 延长线于点 f，同理可求 d 点；

（5）过 d 点作 $de /\!/ bc$，过 f 点作 $fe /\!/ ab$ 交 de 于点 e（利用平行直线投影特性求得 e 点）；

（6）连接 cd、de、ef、fa，加粗即可。

3. 平面内的投影面平行线

平面内投影面平行线既要符合直线与平面的从属关系，又要符合平行线的投影特性，是该平面内众多直线中的特殊位置直线。平面内对同一投影面的投影面平行线互相平行。

例 8：作平面△ABC 内的正平线 MN，使 MN 到 V 面的距离为 15 mm（图 2-35）。

分析：正平线的水平面投影平行于 X 轴，水平面投影到 X 轴的距离反映空间直线到 V 面的距离，作图应从正平线的水平投影入手。

作图：

（1）在水平投影中作 $mn /\!/ OX$，使其之间距 15 mm；

（2）过 m、n 作 x 轴的垂线交 $a'b'$、$a'c'$于 m'、n'即可求 MN 的正面投影；

（3）加粗 mn、$m'n'$即可。

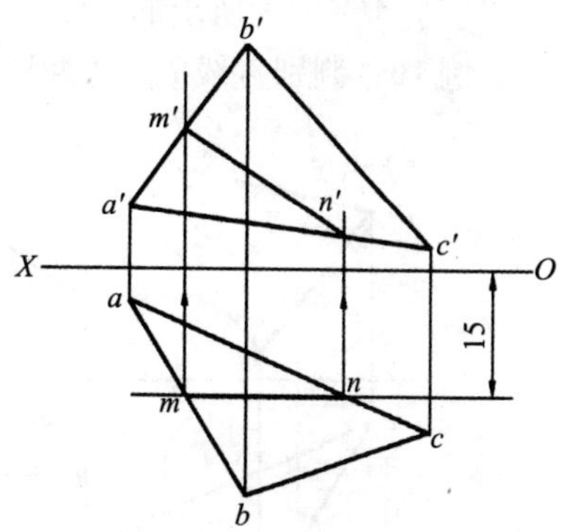

图 2-35 作平面内的正平线

4. 过点或直线作特殊位置平面

在解题过程中，常常需要过已知点或直线作特殊位置的辅助平面，这时作迹线平面比较方便。如图 2-36 所示，图（a）为过已知点作与 H 面成 30°的正垂面 S，图（b）为过已知点作一水平面 R，图（c）为过已知直线作铅垂面 P，图（d）为过已知直线作正垂面 Q。

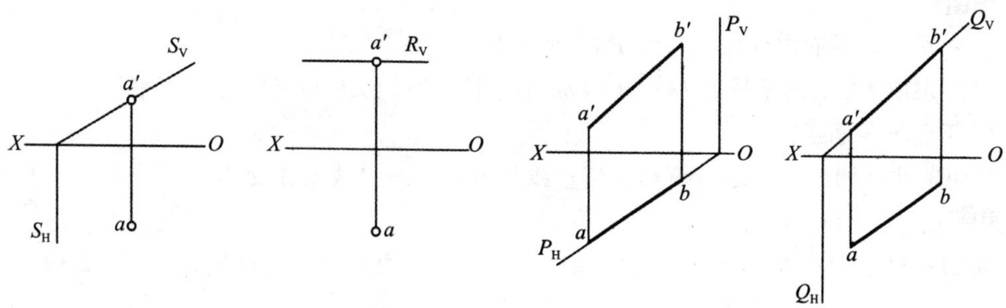

图 2-36 过已知点和直线作平面

§2－5 直线与平面、两平面之间的相对位置

直线与平面、平面与平面之间的相对位置有平行、相交、垂直三种。

一、平行问题

1. 直线与平面平行

几何条件：如果直线平行于平面内某一直线，则直线平行于该平面。

解题中的主要问题：作直线与已知平面平行或作平面与已知直线平行，判别直线与平面是否平行。

例 9：过点 M 作正平线 MN 平行于 $\triangle ABC$（图 2-37）。

作图：

（1）在 $\triangle ABC$ 内任取一条正平线 BD，从作 $bd /\!/ OX$ 入手；

（2）过点 M 作 BD 的平行线，即 $mn /\!/ bd$、$m'n' /\!/ b'd'$；

（3）MN 即为所求的直线。

例 10：判别直线 EF 是否与已知平面（由平行直线 AB、CD 确定）平行（图 2-38）。

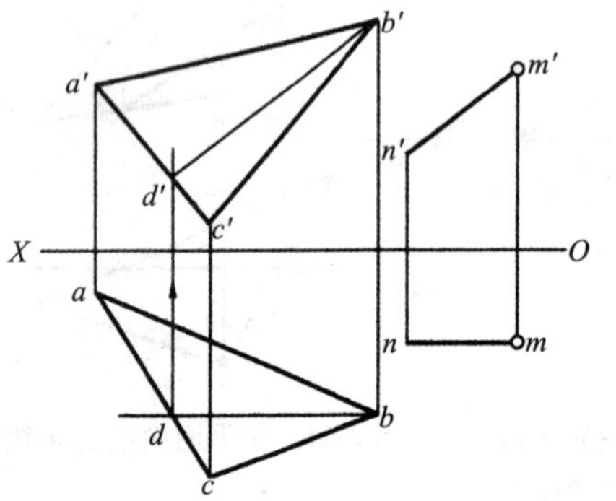

图 2-37　过点作正平线与已知平面平行

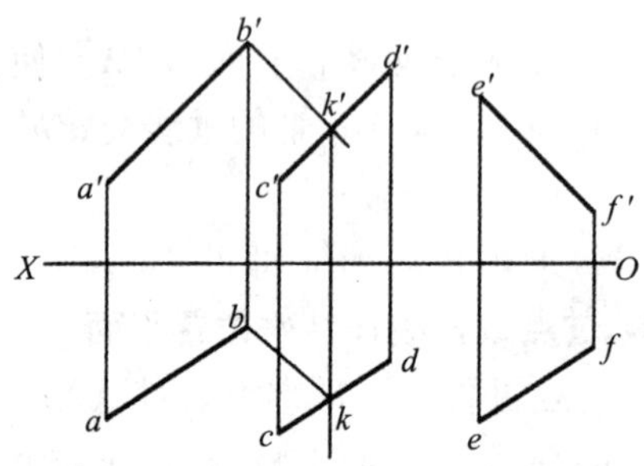

图 2-38　判别直线与平面是否平行

分析：假若直线与平面平行，平面内一定存在与已知直线平行的直线。

作图：

（1）在已知平面内任作一直线 BK，使 $b'k' /\!/ e'f'$；

（2）求出 BK 的水平投影 bk；ef 与 bk 不平行，所以 EF 与已知平面不平行。

2. 平面与平面平行

几何条件：如果一平面内两条相交直线与另一平面内两条相交直线对应平行，则两平面互相平行。

例 11：过已知点 K 作平面平行已知平面（由平行直线 AB、CD 确定）（图 2-39）。

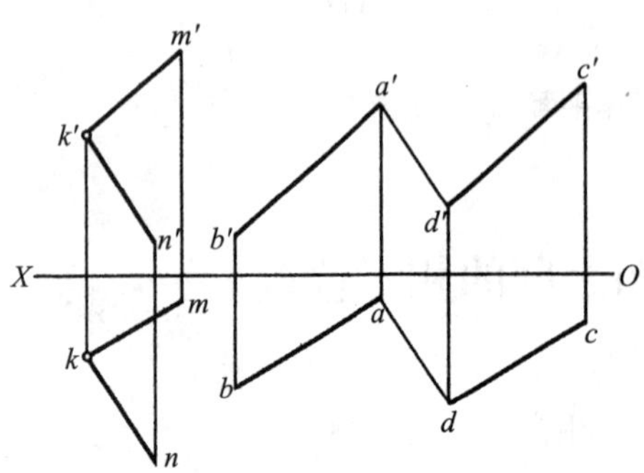

图 2-39　过点作平面与已知平面平行

作图：

（1）连接 $a'd'$、ad，即在已知平面内取直线 AD；

（2）过 k 作 $km /\!/ ba$、$kn /\!/ ad$，过 k' 作 $k'm' /\!/ b'a'$，$k'n' /\!/ a'd'$；

（3）KM、KN 所确定的平面即为所求平面。

二、相交问题

直线与平面相交产生交点。交点为直线与平

面的共有点（如图 2-40 所示中的 K 点），交点将直线分为两部分，在投影时，直线的一部分被平面遮住，为不可见，在投影图上用虚线表示。交点为直线投影可见与不可见的分界点。

平面与平面相交要求交线。交线为两平面的共有线（如图 2-41 所示中的 AB 直线），一般先求交线上两个共有点，然后连成交线。交线是平面投影可见与不可见的分界线，投影图中平面不可见的部分用虚线表示。

解题中的主要问题：求交点或交线；利用重影点或直接判别可见性，完成投影图。

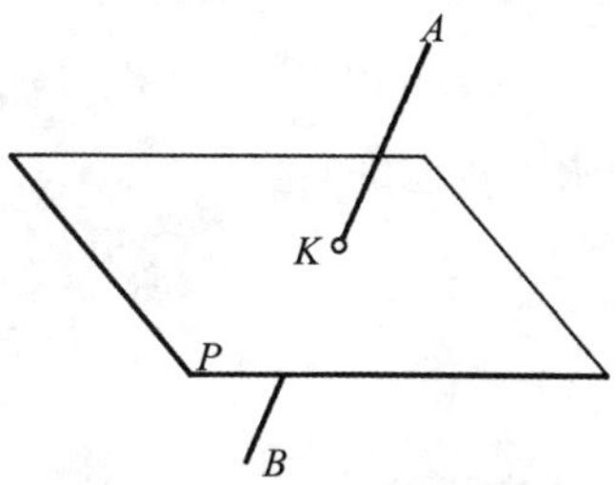

图 2-40　直线与平面相交

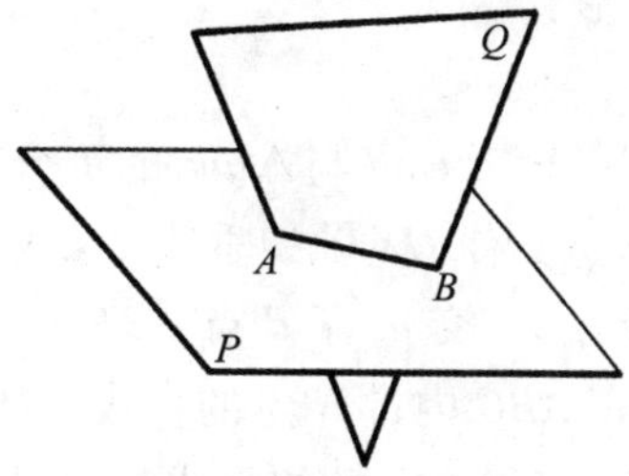

图 2-41　平面与平面相交

1. 重影法求交点和交线

直线与平面相交或平面与平面相交时，若相交两要素中有一个要素的投影具有重影时，可直接求得交点或交线的投影。

例 12：求直线 MN 与铅垂面△ABC 的交点，并判别可见性（图 2-42）。

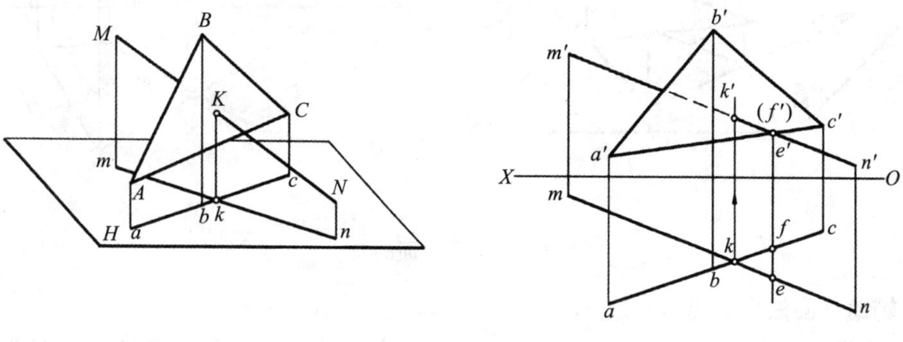

(a)　　(b)

图 2-42　求直线与铅垂面的交点

分析：铅垂面△ABC 的水平投影重影于一条直线 abc，交点 $K\in$△ABC，交点 K 的水平投影一定在 abc 上，而交点 $K\in MN$，交点 K 的水平投影也在 mn 上，所以 abc 与 mn 的交点即为交点 K 点的水平投影，又由于 $K\in MN$，利用点的从属性可求出 K 点的正面投影。

作图：

（1）△ABC 有重影性的投影 abc 与 mn 的交点即为交点 K 的水平投影 k；

（2）因为 $K\in MN$，过 k 点作 OX 轴的垂线交 $m'n'$ 于 k' 点；

（3）可见性判别。

方法一　从水平投影直接判断：以 K 点为界，右边 KN 位于△ABC 之前，左边 KM 位于△ABC 之后。所以正面投影 $k'n'$ 可见，要求加粗；正面投影 $k'm'$ 被平面遮住的部分不可见，画虚线。水平投影不需判别可见性。

方法二　利用重影点判别：$E \in MN$，$F \in AC$，E、F 为对 V 面的重影点，水平投影 e 在 f 之前，即 $Y_E > Y_F$，所以正面投影 $k'n'$ 可见，正面投影 $k'm'$ 被平面遮住的部分不可见。

例 13：求△ABC 与铅垂面□$EFGH$ 的交线，并判别可见性（图 2-43）。

分析：铅垂面□$EFGH$ 的水平投影 $efgh$ 重影于一条直线，交线 MN 的水平投影 mn 一定与 $efgh$ 重合，交线是两个平面的共有线，水平投影中 $efgh$ 与△abc 的重合部分为交线的水平投影 mn，根据直线上的点的从属性可求得 M 的正面投影，通过面上取点的方法求 N 点的正面投影。

作图：

（1）水平投影 $efgh$ 与△abc 的重合部分为交线的水平投影 mn；

（2）过 m 点作 OX 轴的垂线交 $a'b'$ 于 m' 点；

（3）延长 mn 交 ac 于 d 点；

（4）作△ABC 内过 N 点的直线 MD 的正面投影 $m'd'$；

（5）过 n 点作 OX 轴的垂线交 $m'd'$ 于 n' 点，即求得交线的正面投影 $m'n'$；

（6）利用重影点（如Ⅰ、Ⅱ点）或直接判别可见性，不可见的用虚线表示。

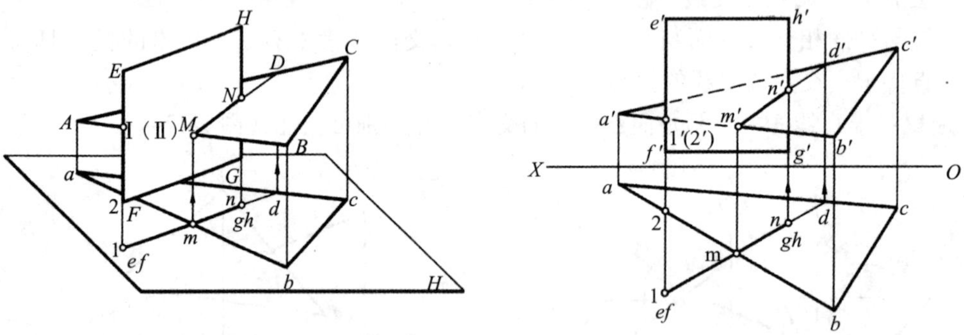

(a)　　(b)

图 2-43　求两平面的交线

2. 辅助平面法求交点

一般位置直线与一般位置平面相交时，无法直接求交点，一般利用辅助平面求解，具体作图步骤如下（图 2-44）：

（1）包含已知直线 EF 作辅助平面 P。为作图简便，常作投影面垂直面；

（2）求所作辅助平面 P 与已知平面△ABC 的交线 MN；

（3）求交线 MN 与已知直线 EF 的交点 K，K 点即为所求直线 EF 与平面△ABC 的交点。

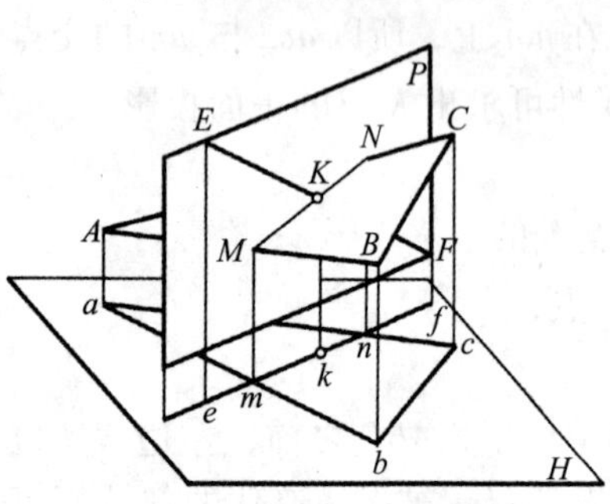

图 2-44　辅助平面法

例 14：求一般位置直线 EF 与△ABC 的交点，并判别可见性（图 2-45）。

作图：

（1）包含 ef 作铅垂面 P；

（2）求平面 P 与△ABC 的交线 MN 的投影 mn、$m'n'$；

（3）$m'n'$ 与 $e'f'$ 的交点 k' 即为所求交点的正面投影；

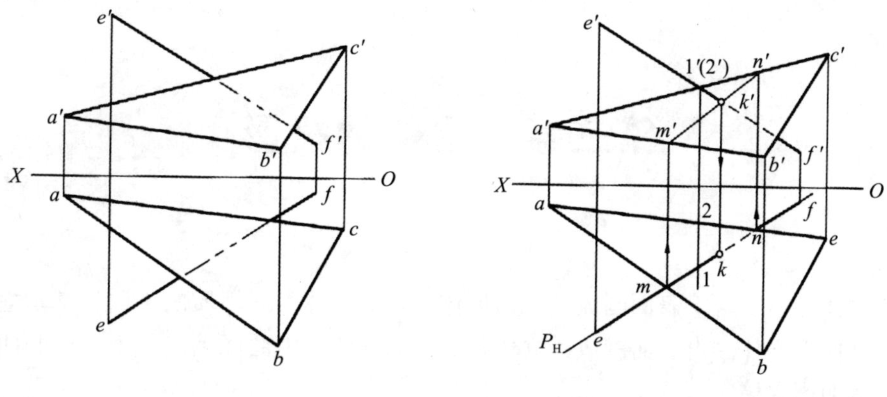

(a)　　　　(b)

图 2-45　求一般位置直线与平面的交点

（4）过 k' 点作 OX 轴的垂线交 mn 于 k 点，即求得交点的水平投影；

（5）V 面的重影点 $1 \in EF$、$2 \in AC$，水平投影 1 在 2 之前，即 $Y_1 > Y_2$。所以 $e'k'$ 可见，$k'f'$ 被平面遮住的部分不可见，同理可判别水平投影的可见性。

三、垂直的问题

直线与平面垂直、两平面互相垂直的问题中，若垂直的两个要素都是一般位置时作图比较复杂，以下只介绍垂直两要素中的平面为投影面垂直面的情况。

1. 直线与平面垂直

直线垂直于平面内任意两条相交直线，则直线与该平面垂直。

若直线与平面垂直，其中平面为某投影面的垂直面，直线一定是该投影面的平行线，且在该投影面上的投影垂直于平面有重影性的投影。如图 2-46 所示，$MN \perp \triangle ABC$，$\triangle ABC$ 为铅垂面，则 MN 为水平线 $mn \perp abc$，$m'n' /\!/ OX$。

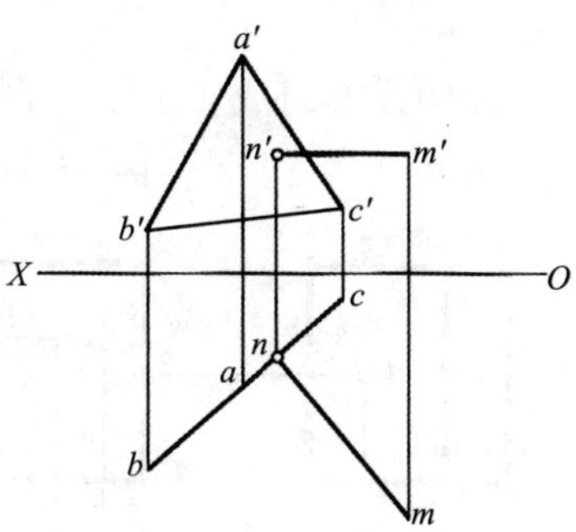

图 2-46　直线与铅垂面垂直

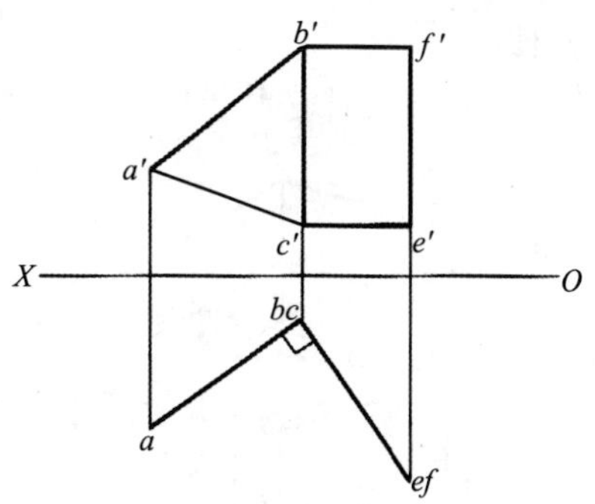

图 2-47　两铅垂面互相垂直

2. 两平面互相垂直

直线垂直于平面，则包含该直线的所有平面都垂直于此平面。

当互相垂直的两平面同时为某投影面的垂直面时，两平面有重影性的投影一定互相垂直，两平面的交线为该投影面的垂直线。如图 2-47 所示，$\triangle ABC$、$\square BCEF$ 为铅垂面，且 $\triangle ABC \perp \square BCEF$，则 $abc \perp bcef$，交线 BC 为铅垂线，水平投影 bc 重影于一点。

第三章　立体的投影

基本立体是指由若干表面围成的几何形体。根据立体表面性质的不同，基本立体分为平面立体和曲面立体。由平面围成的立体称为平面立体，由曲面围成或由平面和曲面围成的立体称为曲面立体。

基本立体的投影是由围成立体的所有表面的同面投影组成。立体的投影要求判别可见性，不可见的线条画虚线。立体的投影到投影轴的距离等于立体到对应投影面的距离，距离改变不会影响立体与投影的对应关系，故立体的投影图一般不画投影轴，但各投影之间的投影规律保持不变。

§3－1　平面立体的投影

平面立体主要有棱柱、棱锥等。组成立体的平面与平面的交线称为棱线，棱线与棱线的交点称为顶点。棱柱、棱锥的名称是根据侧棱面或侧棱线的数量命名。作出棱线与顶点的投影后连线并判别可见性，即可得到该立体的投影。

1. 棱柱

棱柱由上、下底面和侧棱面围成，所有侧棱线互相平行，如图 3-1 所示。以侧棱线是否与底面垂直将棱柱分为直棱柱和斜棱柱，若底面为正多边形，棱柱称为正棱柱。

(1) 棱柱的投影

图 3-1 为一直三棱柱，其投影由上、下底面和侧棱面的投影组成。三棱柱的上、下底

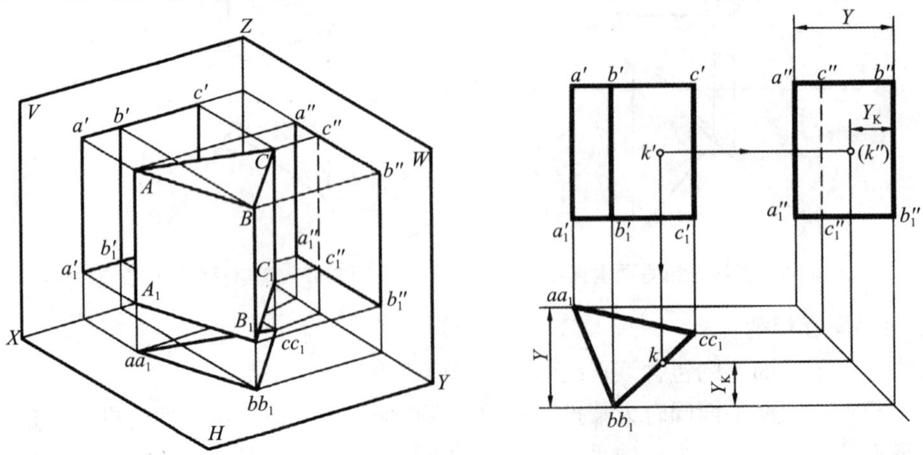

(a)　　　　　　　　　　(b)

图 3-1　三棱柱的投影及表面上取点

面都为水平面，水平投影反映实形，正面投影和侧面投影重影于一条直线；三个侧棱面均为铅垂面，水平投影重影于直线，正面投影和侧面投影反映类似形，都为矩形。

特别要注意侧面投影与水平投影 Y 坐标相等的关系，可直接量取作图，也可利用 45°斜线作图。

（2）可见性分析

水平投影：上底面的点可见，下底面的点不可见；

正面投影：侧棱面 ABB_1A_1，BCC_1B_1 上的点可见，ACC_1A_1 上的点不可见；

侧面投影：ABB_1A_1 上的点可见，BCC_1B_1、ACC_1A_1 上的点不可见，$c''c_1''$画虚线。

（3）棱柱表面取点

先分析点在哪一个表面上，若表面投影有重影性，可直接求得点的投影，否则要通过面上取点的方法，求点的投影。点的投影被其他平面遮住，该投影不可见，要用圆括号括起来。如果点所在的表面投影有重影性，点在该投影面上的投影不需判别可见性。

例 1：已知三棱柱表面 K 点的正面投影 k'，求 K 点的其余投影［图 3-1（b）］。

分析：正面投影 k'可见，K 点必属于侧棱面 BCC_1B_1。

作图：

（1）过 k'作 X 轴的垂线交有重影性的投影 bb_1cc_1 于 k 点，k 即为 K 点的水平投影；

（2）过 k'向 W 面引投影连线，量取 Y_k 坐标与水平投影中的 Y_k 相等，求得侧面投影 k''；

（3）可见性判别：侧面投影 k''不可见，水平投影不需判别可见性。

2. 棱锥

棱锥由底面和侧棱面组成，其所有侧棱线交于一点，如图 3-2 所示。若底面为正多边形，且锥高通过底面正多边形中心，棱锥称为正棱锥。

（1）棱锥的投影

图 3-2（a）为三棱锥，其投影由底面和侧棱面的投影组成。三棱锥的底面为水平面，水平投影反映实形，正面投影和侧面投影重影于一条直线；侧棱面△SAB、△SBC 为一般位置平面，投影均反映类似形，侧棱面△SAC 为侧垂面，侧面投影 $s''a''c''$重影于直线，正面投影和水平投影反映类似形。

（2）可见性分析

水平投影：侧棱面的水平投影重合于下底面水平投影△abc，侧棱面上的点可见，底面上的点不可见；

正面投影：侧棱面△SAB，△SBC 上的点可见，△SAC 上的点不可见；

侧面投影：侧棱面△SAB 上的点可见，△SBC 上的点不可见。

（3）棱锥表面取点

求棱锥表面上的点的投影一般用面内取点的方法，有以下三种作图方法，为使作图简便起见，常用前两种。

①过已知点作连接锥顶的辅助线；

②过已知点作底边的平行线；

③过已知点作锥面任意直线。

例 2：已知三棱锥上点 M、N 的正面投影 m'、n'，求 M、N 点的其余投影［图 3-2（b）］。

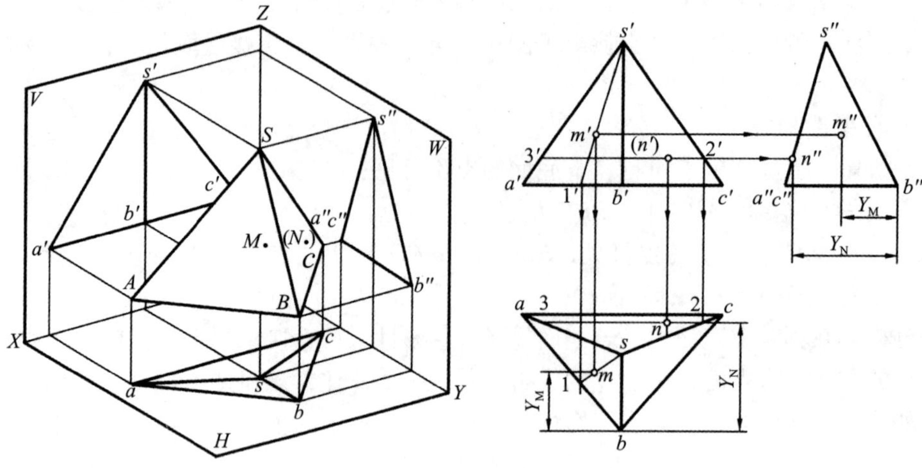

(a) (b)

图 3-2 三棱锥的投影及表面上取点

分析：m'可见，$M \in SAB$；n'不可见，则 $N \in SAC$。

作图求 m、m''：

（1）连接 s'、m'交 $a'b'$，于 $1'$，即过已知点和锥顶作一条辅助线；

（2）求出辅助线的水平投影 s_1，过 m'引投影连线交 s_1 于 m；

（3）过 m'向 W 面引投影连线，量取 Y_M 坐标与水平投影中的 Y_M 相等，求得侧面投影 m''；

（4）可见性判别：水平投影 m、侧面投影 m''均可见。

作图求 n、n''：

（1）过 n'作 $2'3' /\!/ a'c'$，即过点 N 作△SAC 底边 AC 的平行线；

（2）过 $2'$作 X 轴的垂线交 sc 于 2 点，作 $23 /\!/ ac$；

（3）过 n'分别向 H 面、W 面引投影连线交 23 于 n 交有重影性的投影 $s''a''c''$于 n''；

（4）可见性判别：水平投影 n 可见，侧面投影 n''不需判别可见性。

§3－2 曲面立体的投影

工程中常见的曲面立体主要为回转体，一般由回转面围成或由回转面和平面围成。回转面是一条动线绕一固定轴线旋转形成的。这条动线称为母线，在曲面上任何一个位置的母线都称为素线。轴线是回转面形成的必要因素，在曲面立体的投影图中轴线的投影必须先画出。以下介绍常见的回转体：圆柱、圆锥、球体的投影。

1. 圆柱

圆柱由上、下底圆和柱面围成。柱面是一条直线绕与它平行的轴线旋转形成，如图 3-3（a）所示。

（1）圆柱的投影

如图 3-3（b）所示，圆柱的轴线垂直于 H 面，上、下底圆都为水平圆，水平投影就是一个圆，正面投影和侧面投影重影于一条直线，长度等于底圆的直径，柱面上所有素线都为铅垂线，柱面的水平投影重影于上、下底圆水平投影的圆周上。圆柱的正面投影和侧面投影都是矩形。正面投影左右两条直线 $a'a'$、$b'b'$ 称为圆柱的正面投影轮廓线，实际上是圆柱上最左、最右两条素线 AA、BB 的正面投影，其侧面投影 $a''a''$、$b''b''$ 在轴线上；侧面投影前后两条直线 $c''c''$、$d''d''$ 称为圆柱的侧面投影轮廓线，实际上是圆柱上最前、最后两条素线 CC、DD 的侧面投影，其正面投影 $c''c''$、$d''d''$ 在轴线上。

（2）可见性分析

①水平投影：上底圆上的点可见，下底圆上的点不可见；

②正面投影：正面投影轮廓线将柱面分为前后两部分，前面的点可见，后面的点不可见；

③侧面投影：侧面投影轮廓线将柱面分为左右两部分，左边的点可见，右边的点不可见。

（3）圆柱表面上取点

先分析点在柱面上还是在底圆上。若圆柱轴线垂直于某一投影面，可利用其投影的重影性直接求得点的投影。例如，在图 3-3 中，已知Ⅰ点的正面投影Ⅰ′在矩形内，而且可见，则Ⅰ点一定在前半个柱面上，水平投影必在前半个圆周上。直接引投影连线求得Ⅰ，过Ⅰ′向 W 面引投影连线，并以轴线为基准量取 Y_{I} 坐标与水平投影中的 Y_{I} 相等，求得侧面投影Ⅰ″。从水平投影看，Ⅰ点位于柱面的右半部分，侧面投影Ⅰ″不可见。

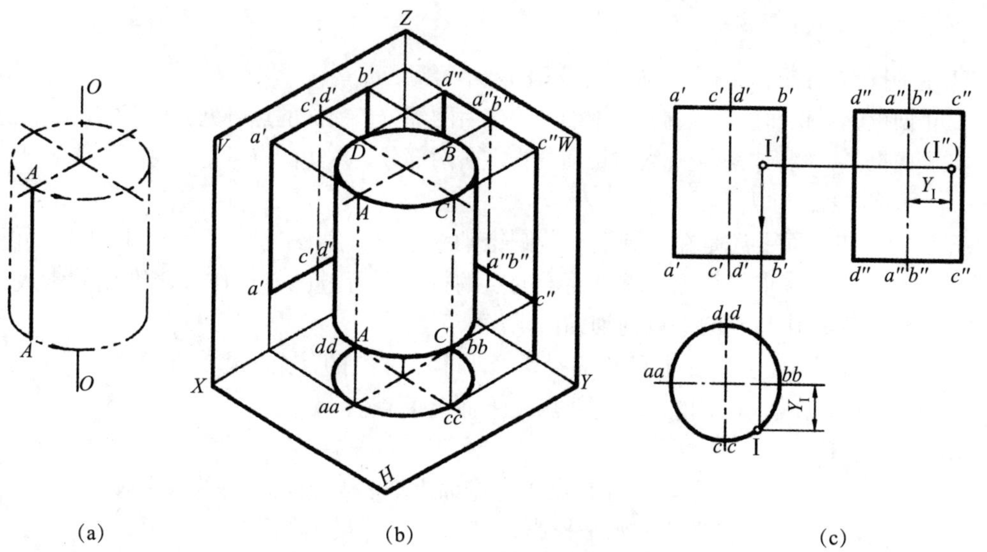

图 3-3　圆柱的投影及表面上取点

2. 圆锥

圆锥由底圆和锥面围成。锥面是一条直线绕与它相交的轴线旋转形成，如图 3-4（a）所示，所有素线的交点称为圆锥的顶点。

（1）圆锥的投影

在图 3-4（b）中，圆锥的轴线垂直于 H 面，底圆为水平圆，水平投影反映为实形的圆，正面投影和侧面投影重影于一条直线，长度等于底圆的直径，锥面的水平投影重合于底圆水平投影的圆。圆锥的正面投影和侧面投影都是三角形。正面投影左右两条腰 $s'a'$、$s'b'$ 称为圆锥的正面投影轮廓线，实际上是圆锥上最左、最右两条素线 SA、SB 的正面投影，

其侧面投影 $s''a''$、$s''b''$在轴线上；侧面投影前后两条腰 $s''c''$、$s''d''$称为圆锥的侧面投影轮廓线，实际上是圆锥上最前、最后两条素线 SC、SD 的侧面投影，其正面投影 $s'c'$、$s'd'$在轴线上。

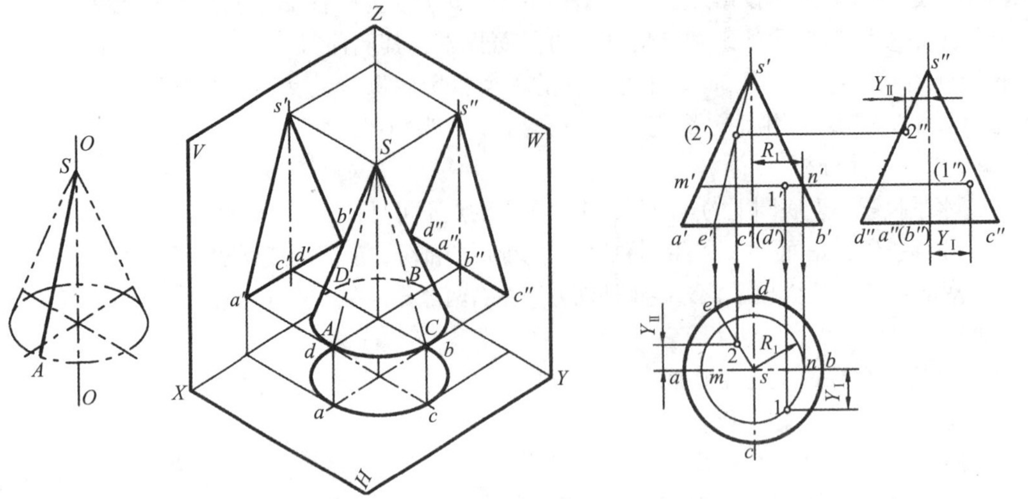

(a)　(b)　(c)

图 3-4　圆锥的投影及表面上取点

（2）可见性分析

①水平投影：锥面上的点可见，底圆上的点不可见；

②正面投影：正面投影轮廓线将锥面分为前后两部分，前面的点可见，后面的点不可见；

③侧面投影：侧面投影轮廓线将锥面分为左右两部分，左边的点可见，右边的点不可见。

（3）圆锥表面上取点

先分析点在锥面上还是在底圆上。若圆锥轴线垂直于某一投影面，底圆上的点可利用其投影的重影性直接求得投影；求锥面上的点的投影，可过已知点作连接锥顶的素线为辅助线，或过已知点作与底圆平行的辅助圆求解。

例 3：已知圆锥上点Ⅰ、Ⅱ的正面投影，求Ⅰ、Ⅱ点的其余投影［图 3-4（c）］。

分析：$1'$、$2'$在$\triangle s'a'b'$内，Ⅰ、Ⅱ点是锥面上的点。

作图求 1、$1''$

（1）过 $1'$作 $m'n' // a'b'c'b'$，即过点Ⅰ在锥面上取一与底圆平行的水平圆；

（2）量取 R_1，画出水平圆的水平投影，可求得水平投影 1；

（3）过 $1'$向 W 面引投影连线，以轴线为基准量取 $Y_Ⅰ$ 坐标与水平投影中的 $Y_Ⅰ$ 相等，求得侧面投影 $1''$；

（4）可见性判别：水平投影 1 可见，侧面投影 $1''$不可见。

作图求 2、$2''$：

（1）连接 s'、$2'$交 $a'b'$于 e'，即过已知点和锥顶作一条辅助线；

（2）求出辅助线的水平投影 se，过 $2'$引投影连线交 se 于 2；

（3）由 2、$2'$求得 $2''$，2、$2''$即为Ⅱ点的水平投影和侧面投影；

（4）可见性判别：水平投影 2、侧面投影 $2''$均可见。

3. 球体

球体由球面围成。球面是一母线圆绕其直径旋转形成，如图 3-5（a）所示。

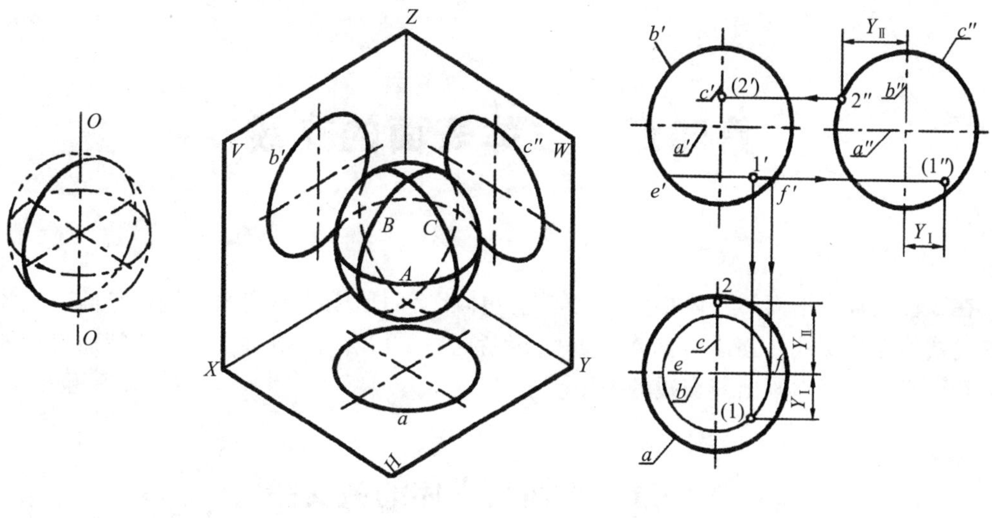

(a) (b) (c)

图 3-5 球体的投影及表面上取点

(1) 球体的投影

球体的三个投影都是圆，圆的直径等于球体的直径，如图 3-5（b）所示。水平投影 a 称为球体的水平投影轮廓线圆，是球体上过球心水平圆的水平投影，其正面投影 a' 和侧面投影 a'' 分别在平行于 X、Y_W 轴的轴线上；正面投影 b' 称为球体的正面投影轮廓线圆，是球体上过球心的正平圆的正面投影，其水平投影 b 和侧面投影 b'' 分别在平行于 X、Z 轴的轴线上；侧面投影 c″称为球体的侧面投影轮廓线圆，是球体上过球心的侧平圆的侧面投影，其水平投影 c 和正面投影 c′分别在平行于 Y_H、Z 轴的轴线上。

(2) 可见性分析

①水平投影：水平投影轮廓线圆将球面分为上下两部分，上面的点可见，下面的点不可见，水平投影轮廓线圆是上下半球表面水平投影可见与不可见的分界线；

②正面投影：正面投影轮廓线圆将球面分为前后两部分，前面的点可见，后面的点不可见，正面投影轮廓线圆是前后半球表面正面投影可见与不可见的分界线；

⑧侧面投影：侧面投影轮廓线圆将球面分为左右两部分，左边的点可见，右边的点不可见，侧面投影轮廓线圆是左右半球表面侧面投影可见与不可见的分界线。

(3) 球面上取点

球面上点的投影，可过已知点作球面上的投影面平行圆求解，若点在投影轮廓线圆上，可直接求得点的投影。

已知点Ⅰ的正面投影 1′（图 3-5），求 1、1″。过 1′取球面上的水平圆 EF，则点Ⅰ的水平投影 1 一定在 ef 前半圆上，由 1、1′求得侧面投影 1″。因 1′为可见，Ⅰ在球面前右下方，所以 1、1″都不可见。

已知点Ⅱ的侧面投影 2″，求 2、2′。Ⅱ点在侧面投影轮廓线圆上，因此水平投影 2 和侧面投影 2′分别在对应的轴线上；Ⅱ在球面后上方，所以 2 可见，2′不可见。

第四章　立体表面的交线

在零件上常有平面与立体相交或立体与立体相交而形成的不同的交线。平面与立体表面的交线称为截交线。立体与立体表面的交线称为相贯线。画图时，为了清楚地表达零件的形状，必须正确地画出其交线的投影。

§4－1　平面与立体的截交线

平面与立体相交，可设想为立体被平面截切。这一平面称为截平面，截平面与立体表面的交线称为截交线，截交线围成的平面图形称为截断面。求立体被平面截切后的不完整立体的投影，关键是求截交线的投影。以下讨论的是立体被特殊位置平面截切的情况。求截交线的投影可从以下几方面考虑：

（1）立体表面是封闭的，截交线必定是封闭的平面图形；

（2）截交线是截平面与立体表面的共有线，截交线上的点是截平面与立体表面的共有点，求出一系列共有点的投影就可得出截交线的投影；

（3）可利用截平面及立体表面有重影性的投影，直接求得截交线上的点的投影；

（4）判别可见性，将立体的投影画完整，可见的交线及轮廓线画粗实线，不可见的画虚线；

（5）作图前，一般先作出完整立体的投影，在此基础上再进行截切。

一、特殊位置平面与平面立体的截交线

平面立体被截平面切割后所得的截交线，是由直线段组成的平面多边形。多边形的各边是立体表面与截平面的交线，而多边形的顶点是立体各棱与截平面的交点。截交线既在立体表面上，又在截平面上，所以它是立体表面和截平面的共有线，截交线上的每一点都是共有点。因此，求截交线实际是求截平面与平面立体表面的共有点问题。求平面与平面立体的截交线可归结为：求平面立体棱线与截平面的交点，或求截平面与平面立体各表面的交线。

下面举例说明求平面立体截交线的方法和步骤。

例1： 求四棱柱被平面截切后的三面投影（图4-1）。

分析： 截平面是正垂面，产生的截交线是五边形，其正面投影重影于直线，水平投影和侧面投影反映类似形。可利用重影性的投影求五边形各顶点的水平投影及侧面投影。

作图：

（1）过1′、2′、3′、4′、5′分别向 H 面引投影连线，求得水平投影1、2、3、4、5；

（2）过1′、2′、3′分别向 W 面引投影连线交各棱线的侧面投影，求得1″、2″、3″；

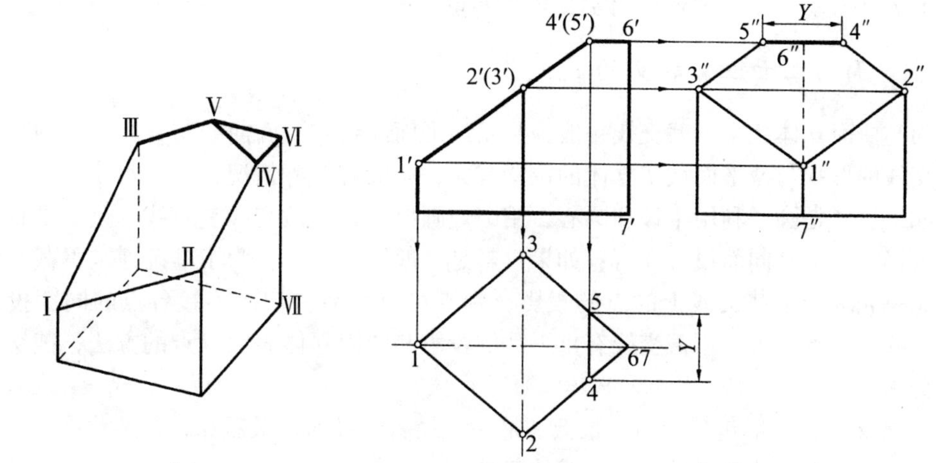

(a)　(b)

图 4-1　求四棱柱被平面截切后的投影

(3) 过4′、5′分别向 W 面引投影连线，分别量取 Y 坐标与水平投影中对应的 Y 坐标相等求得4″、5″;

(4) 连接各点的同面投影并判别可见性：最右边的棱线侧面投影6″、7″不可见，但与可见轮廓重影部分仍画粗实线。

例 2：求三棱锥被平面截切后的水平投影、侧面投影（图4-2）。

分析：截平面 P 是正垂面，截交线的正面投影重影于一直线。截平面与三条侧棱线 SA、SB、SC 的交点为Ⅰ、Ⅱ、Ⅲ，只要求得这三个交点的投影即可求出截交线的投影。

作图：

(1) 正面投影 $s'a'$、$s'b'$、$s'c'$与 PV 的交点即为截交线顶点的正面投影1′、2′、3′;

(2) 过1′、2′、3′分别向 W 面、H 面引投影连线，直接求得侧面投影1″、2″、3″，水平投影1、3，水平投影2可通过量取 $Y_{Ⅱ}$ 坐标与侧面投影中的 $Y_{Ⅱ}$ 相等或作辅助线求得。

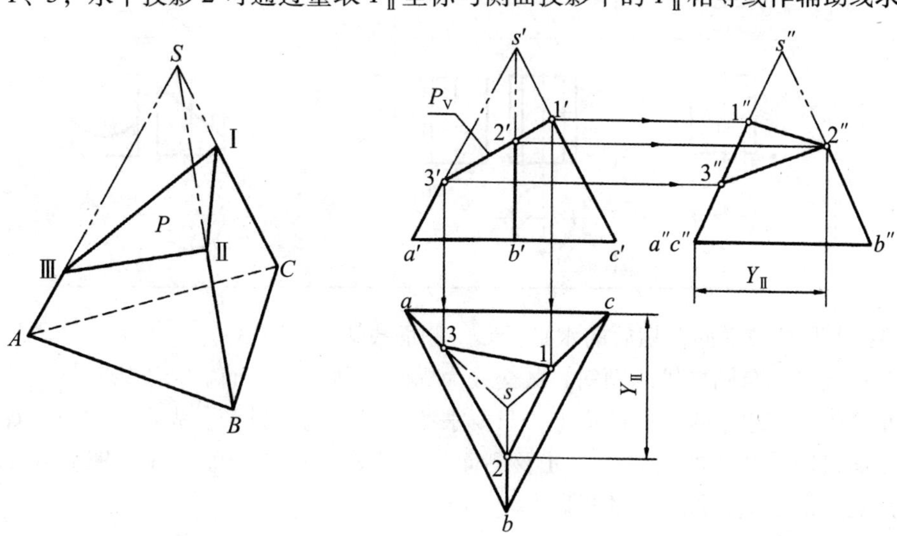

(a)　(b)

图 4-2　求三棱锥被平面截切后的投影

（3）水平投影和侧面投影都可见，连接各点的同面投影，完成各投影图。

二、平面与曲面立体相交的截交线

平面与曲面立体相交，截交线一般为封闭的平面曲线或平面曲线与直线组合的平面图形。截交线的形状与截平面截切立体的位置有关，一般有三种情况：圆、直线、一般平面曲线。如果投影是圆，利用半径和圆心，用圆规画出；如果截交线是直线，只要求直线两端点的投影，连接其同面投影即可；如果投影是一般平面曲线，为了准确地求得截交线的投影，总是先求若干截交线上的点的投影，判别可见性后，依次连接各点的同面投影即可。求这些点的投影可利用截交线有重影性的投影和曲面立体表面取点的方法，截交线上的点可分为：

（1）特殊点：一般包括最高、最低、最左、最右、最前、最后点，以及截平面与立体投影轮廓线的交点，这些点可确定曲线的范围。

（2）一般点：求一些一般点目的主要是使取点的数量能达到保证作图的准确性。

1. 平面与圆柱相交

截平面与圆柱的轴线垂直、平行、倾斜时截交线分别为圆、矩形、椭圆，其投影如表4-1所示。

表 4-1 平面与圆柱相交

截平面位置	与圆柱轴线垂直	与圆柱轴线平行	与圆柱轴线倾斜
截交线形状	圆	矩形	椭圆
直观图	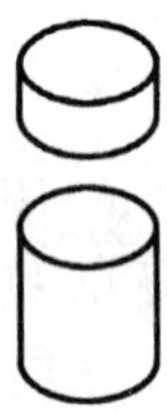	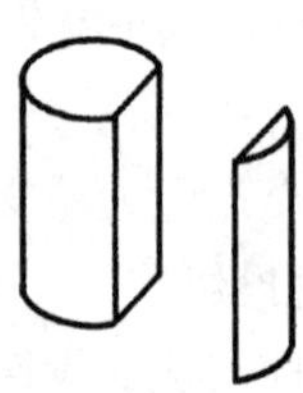	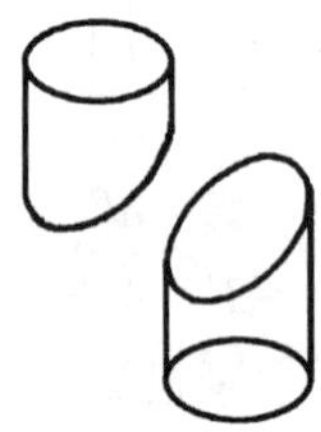
投影图	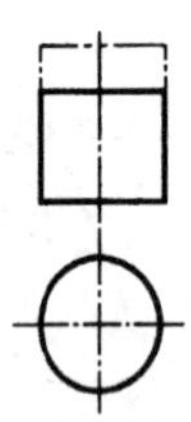	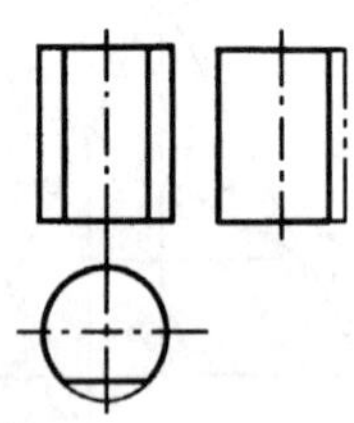	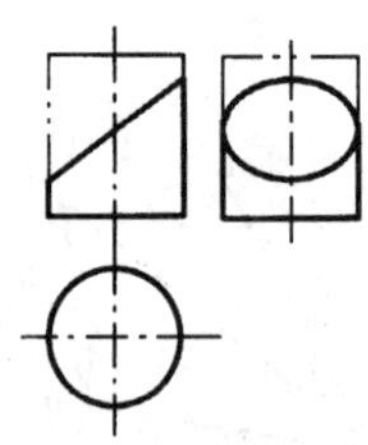

例 3：求圆柱被平面截切后的水平投影、侧面投影（图 4-3）。

分析：截平面与圆柱轴线倾斜，截交线为椭圆。截交线正面投影重影于一条直线，水平投影重合于圆柱水平投影的圆周上，只要求截交线的侧面投影。先求特殊点，如截平面与圆柱正面投影轮廓线的交点Ⅰ、Ⅱ及侧面投影轮廓线的交点Ⅲ、Ⅳ，即截交线的最高点、最低点、最前点、最后点的投影。

作图：

（1）求特殊点：由1′、2′、3′、4′分别向 *W* 面引投影连线求得1″、2″、3″、4″；

（2）求一般点：由 5′、6′、7′、8′向 *H*、*W* 面引投影连线，量取各点在 *H*、*W* 面中的 *Y* 坐标相等长度，求得 5″、6″、7″、8″。为使作图简便，一般 5、6、7、8 相对圆周对称；

（3）圆柱被截切部分已取走，截交线侧面投影可见，依次连接即可。

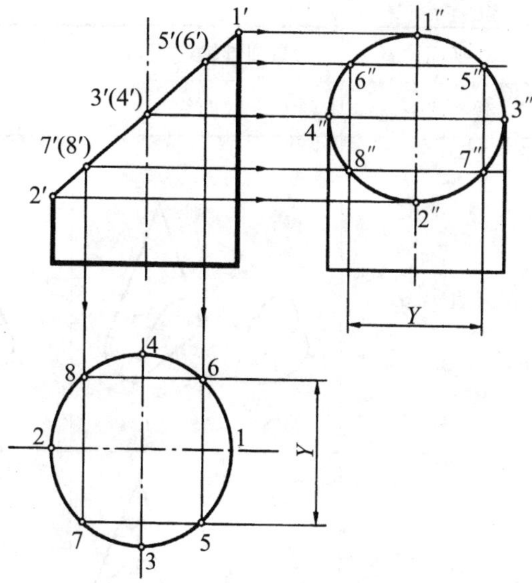

图 4-3　求圆柱被截切后的投影

2. 平面与圆锥相交

平面与圆锥相交，截交线形状一般有 5 种情况，其投影如表 4-2 所示。

例 4：求圆锥被平面截切后的投影（图 4-4）。

分析：截平面是铅垂面且平行于圆锥的轴线，截交线是双曲线，其正面投影反映类似形，水平投影重影于直线 12（已知），可利用过点取锥面的水平圆求截交线上点的正面投影。该题须先从过截交线上的点作水平圆的水平投影入手，再求水平圆的正面投影，截交线上该点的正面投影就在此水平圆的正面投影上。

表 4-2　平面与圆锥、球体相交

截平面位置	与圆锥轴线垂直	与圆锥轴线倾斜	与圆锥一条素线平行
截交线形状	圆	椭圆	抛物线
直观图	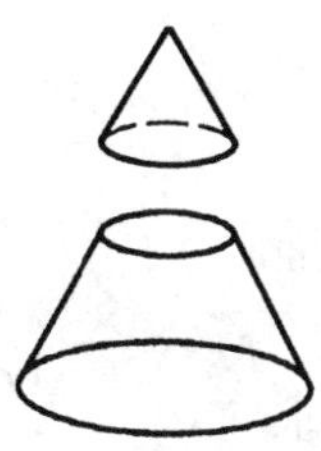	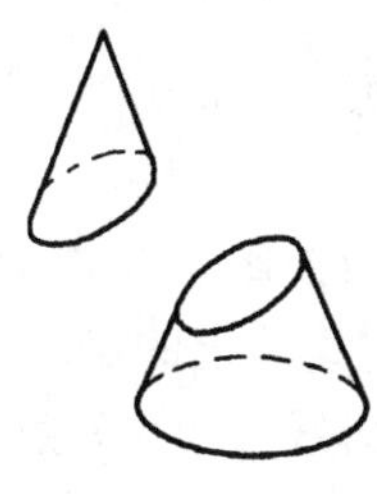	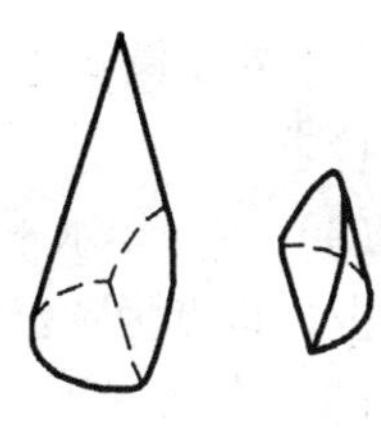
投影图	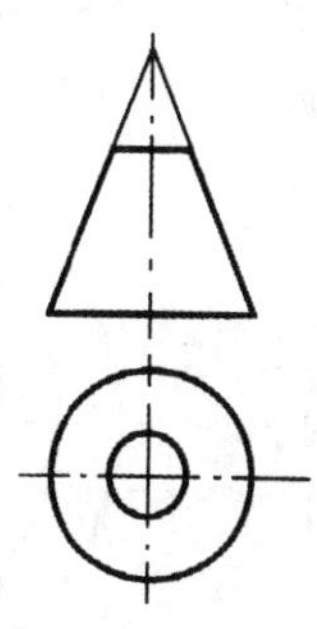	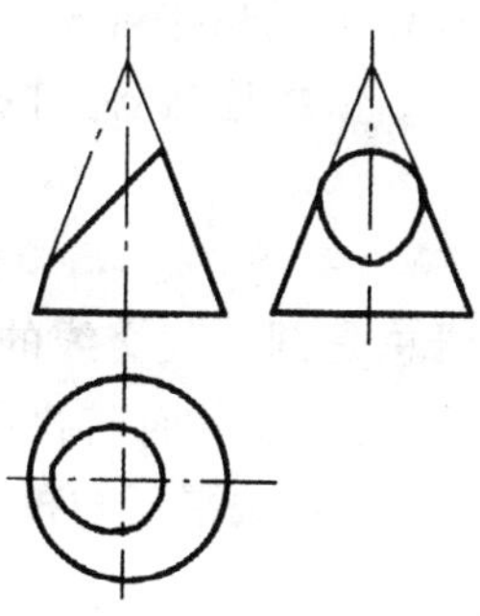	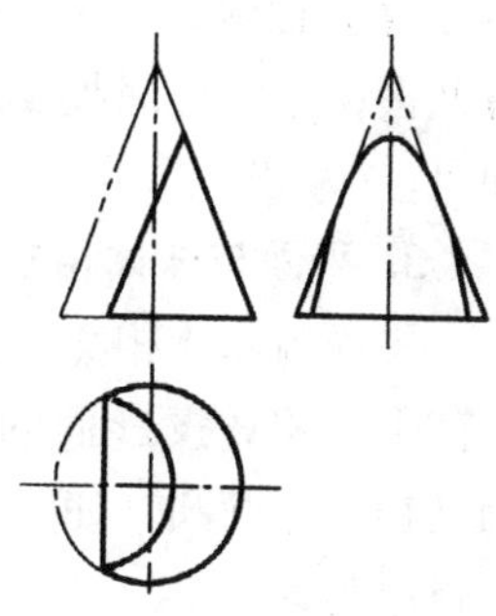

续表

截平面位置	与圆锥轴线平行	过圆锥锥顶	平面截切球体
截交线形状	双曲线	三角形	圆
直观图	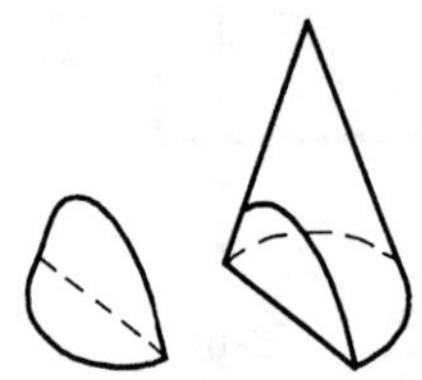	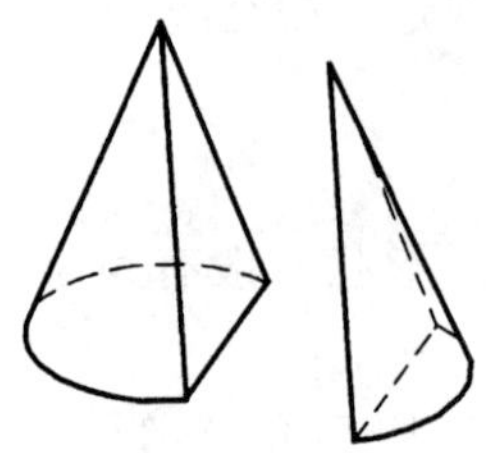	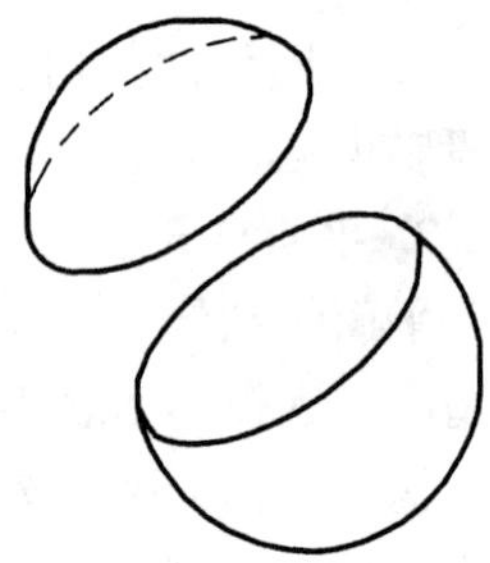
投影图	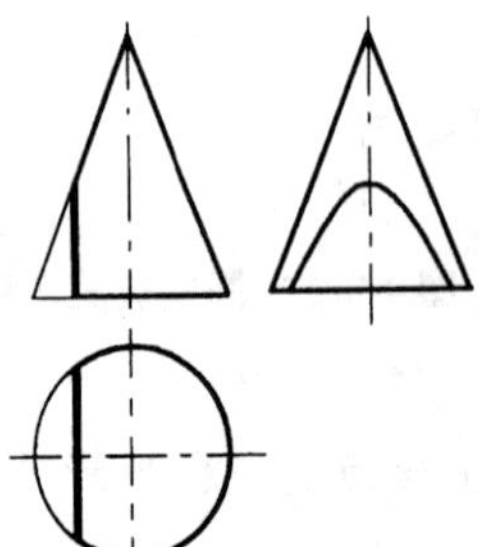	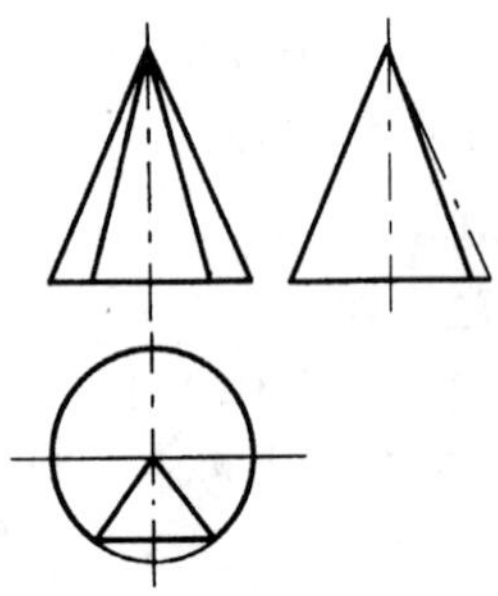	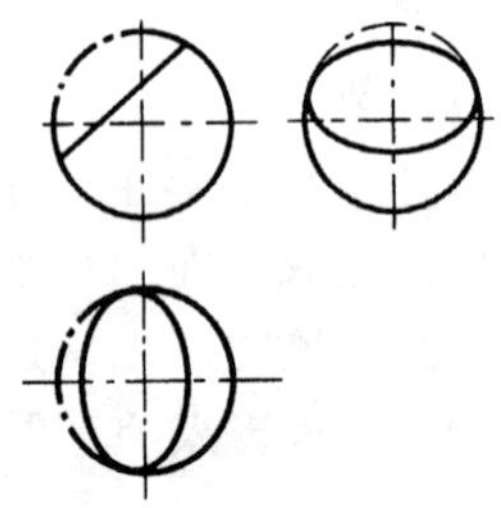

作图：

（1）1、2 是底圆上的点，其正面投影 1′、2′可直接求得，此两点是截交线的最低点；

（2）作一水平圆与直线 12 相切，切点 3 为截交线最高点的水平投影，其正面投影 3′在该水平圆的正面投影上；

（3）4 是圆锥正面投影轮廓线上的点，其正面投影 4′可直接求得；

（4）过 5 作水平圆，其正面投影 5′在该水平圆的正面投影上，该点为圆锥侧面投影轮廓线上的点；

（5）任作一水平圆交截交线于 6、7 点，同理可求 6′、7′；

（6）曲线 2′～4′一段虽在锥面的后半部分，但前面已被截去，所以正面投影都可见，依次连接各点的正面投影即可。

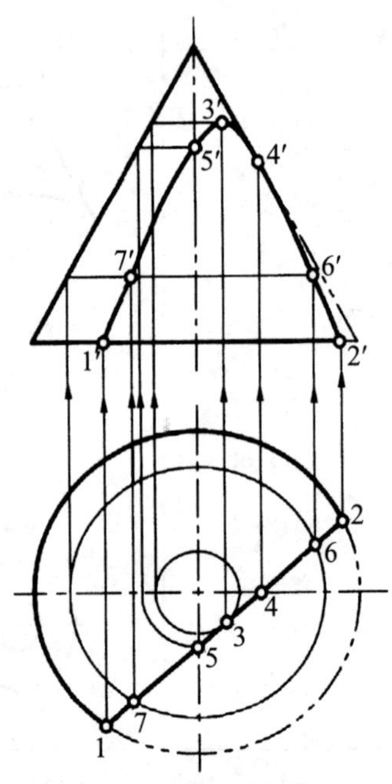

图 4-4 求圆锥被截切后的投影

3. 平面与球体相交

平面与球体相交，截交线总是圆。截交线的投影取决于截平面相对投影面的位置。如果截平面与投影面倾斜，则其投影为椭圆，如表 4-2 所示；若截平面与投影面平行，其投影为圆。

例 5：求球体被平面截切后的投影（图 4-5）。

分析：截平面是正垂面，即已知截交线正面投影重影于一条直线，水平投影和侧面投影均为椭圆。

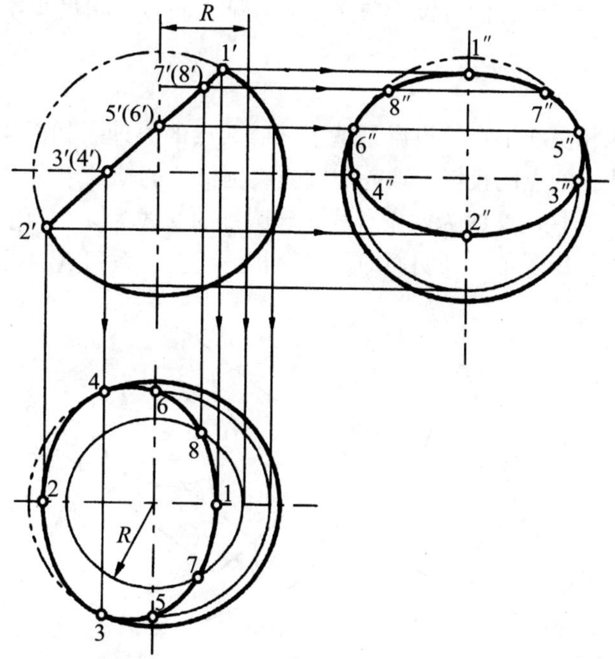

图 4-5　求球体被截切后的投影

作图：

（1）1′、2′是正面投影轮廓线上的点，1、2 及 1″、2″分别在对应的轴线上；

（2）3′、4′是水平投影轮廓线上的点，3、4 在水平投影的圆周上，过 3′、4′作侧圆，该侧平圆的侧面投影与水平轴线的交点即为 3″、4″（或直接量取 *Y* 坐标与水平投影中对应的 *Y* 坐标相等）；

（3）5′、6′是侧面投影轮廓线上的点，同理可求 5″、6″、5、6；

（4）过一般点 7′、8′作一水平圆，量取半径 *R* 画出其水平投影，过 7′、8′向 *H* 面引投影连线交此水平圆的水平投影于 7、8 点，量取各点在 *W*、*H* 面中的 *Y* 坐标相等可求得 7″、8″；

（5）水平投影、侧面投影均可见。

§4－2　两曲面立体相交

两曲面立体相交，立体表面的交线称为相贯线，其形状一般是封闭的空间曲线，相贯线的投影取决于两曲面立体的形状、两曲面立体的相对位置以及两立体相对投影面的位置。

求相交两立体的投影，主要是求相贯线的投影，相贯线是两相交立体表面的共有线，相贯线上的点是两曲面立体表面的共有点，所以求相贯线的投影可以转化为求两立体表面一系列的共有点的投影，再依次连接这些共有点的同面投影即可。特别要注意相贯线上的特殊点，如一立体的投影轮廓线与另一立体表面的交点，这些点一般也是相贯线可见性的分界点以及相贯线上最前、最后、最上、最下、最左、最右等方位的控制点。

相贯线可见性判别原则：同时位于两立体的可见表面时，相贯线才可见。

一、辅助平面法求相贯线

用辅助平面法求相贯线上点的投影是基于三面共点的原理。如图 4-6 所示，圆柱与圆锥相贯，为求相贯线上的点的投影，取一与圆锥底圆平行的辅助平面 P 与两相贯立体表面相交，辅助平面 P 与圆柱的交线为两条直线，与圆锥的交线为圆，两组交线的交点 Ⅰ、Ⅱ 一定是相贯线上的点，作多个辅助明面即可求得相贯线上一系列点的投影。

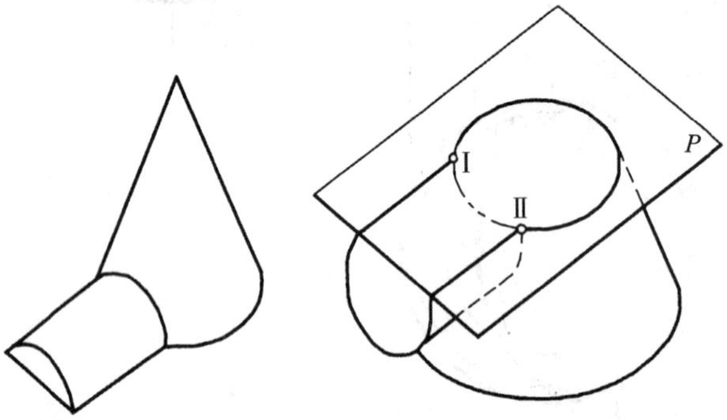

图 4-6 辅助平面法

辅助平面的选择原则：与两立体表面的交线为直线或平行于投影面的圆，以简化作图。

例 6： 求圆柱与圆锥的相贯线（图 4-7）。

分析： 圆锥轴线垂直于 H 面，圆柱轴线垂直于 W 面，两轴线垂直相交，两轴线确定的平面为两相交立体的公共对称面，且平行于 V 面，所以相贯线前后部分的正面投影重合在一起，相贯线的侧面投影重合于圆柱侧面投影的圆周上。两立体的正面投影轮廓线在公

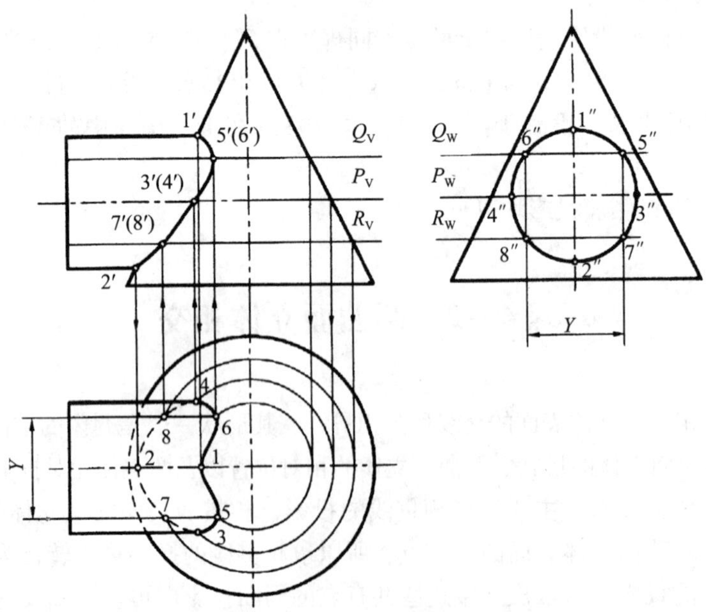

图 4-7 求圆柱与圆锥的相贯线

共对称面上，其交点就是相贯线上的特殊点即最高点、最低点，正面投影可直接得到。相贯线上其余点的投影用辅助平面法求解。

作图：

（1）直接求得相贯线上某些特殊点的投影：1′、2′是两立体表面正面投影轮廓线的交点，过1′、2′分别向 *H* 面引投影连线交水平轴线于1、2，即求得相贯线上最高、最低点的两面投影；

（2）用辅助平面法求相贯线上其余特殊点的投影：过圆柱轴线作辅助平面 *P*，*P* 与圆柱的交线为圆柱的水平投影轮廓线，与圆锥的交线为一水平圆，两组交线的交点 3、4 即为相贯线上的点，过 3、4 分别向 *V* 面引投影连线交 P_V 于 3′、4′；

（3）用辅助平面法求相贯线上一般点的投影：作辅助平面 *Q*、*R*，可求Ⅴ、Ⅵ、Ⅵ、Ⅷ点的正面投影和水平投影；

（4）可见性判别：以 1′、2′为界，相贯线前后部分正面投影重合，前面可见后面不可见；以 3、4 为界，相贯线上半部分水平投影可见，下半部分水平投影不可见；

（5）将投影图画完整。

例 7： 求圆柱与圆柱的相贯线（图 4-8）。

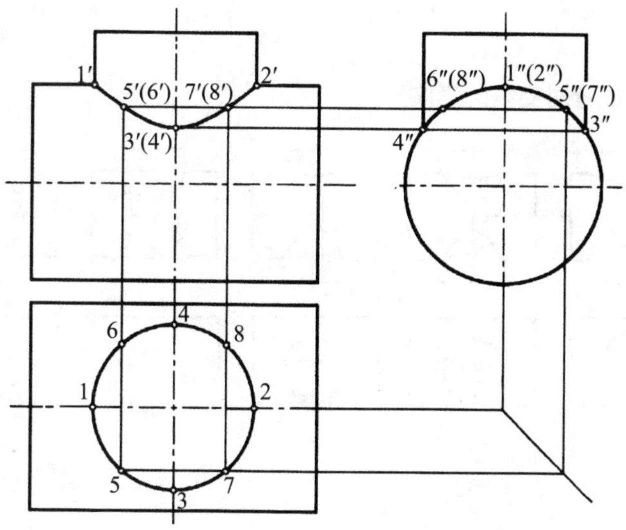

图 4-8　求圆柱与圆柱的相贯线

分析： 水平圆柱的轴线垂直于 *W* 面，直立圆柱的轴线垂直于 *H* 面，两轴线垂直相交，两轴线所确定的平面为两相交立体的公共对称面，且平行于 *V* 面，相贯线前后、左右均对称，为马鞍形空间曲线，此题仍可用辅助平面法求解。但由于柱面投影有重影性，相贯线上的点是两圆柱表面的共有点，相贯线的水平投影必重合于直立圆柱水平投影的圆周上，相贯线的侧面投影重合于水平圆柱侧面投影的圆周上，同时又属于直立圆柱表面，所以相贯线的侧面投影为公共区域的一段弧。根据相贯线的两面投影即可求得其正面投影。

作图：

（1）特殊点：正面投影轮廓线的交点 1′、2′为相贯线上的最左、最右点；由相贯线上的最前、最后点的水平投影 3、4，侧面投影 3″、4″，可求得正面投影 3′、4′；

（2）一般点：由相贯线上的点Ⅴ、Ⅶ的两面投影 5、7，5″、7″求得正面投影 5′、7′，同理可求Ⅵ、Ⅷ点的投影，其中正面投影6′、8′分别与5′、7′重影；

（3）可见性判别：以1′、2′为界相贯线前后重合，正面投影前面可见，后面不可见；以3″、4″为界相贯线左右重合，侧面投影左边可见，右边不可见。

二、表面交线的分析

1. 相交体大小对交线的影响

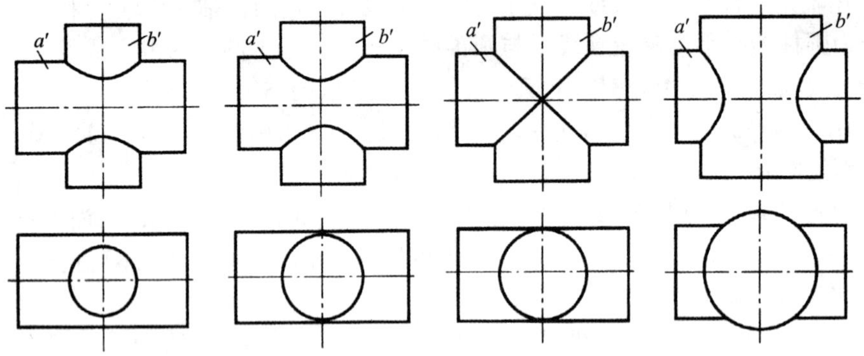

(a) $D_A > D_B$　(b) $D_A > D_B$　(c) $D_A > D_B$　(d) $D_A > D_B$

2. 相交体相对位置对交线的影响

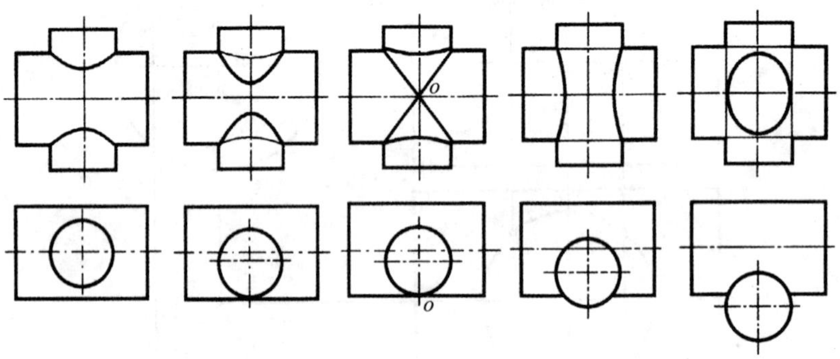

(a)　(b)　(c)　(d)　(e)

三、相贯线的特殊情况

两回转面共轴，交线为垂直于轴线的圆；两回转面轴线相交且外切于同一圆球，交线为二平面曲线。

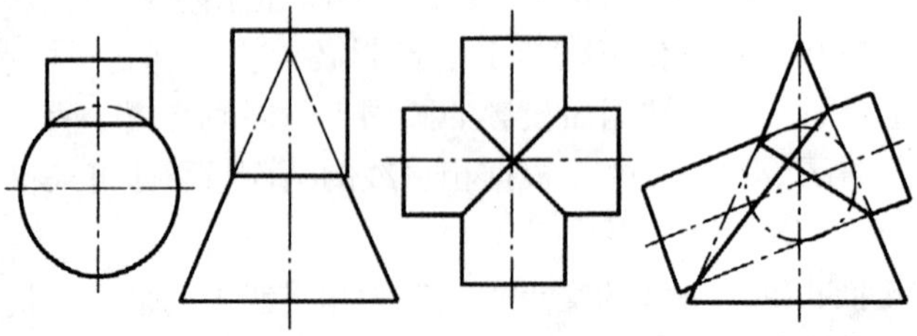

(a)　(b)　(c)　(d)

第五章　轴测投影

本章主要介绍轴测投影的基本知识和基本作图方法。要求了解轴测投影的基本知识，掌握正等轴测图、斜轴测图的画法。

§5－1　轴测投影的基本知识

图5-1（a）是形体的三面投影图，它既能完整地反映形体的真实形状，又便于标注尺寸，所以在工程中被广泛采用。但这种图缺乏立体感，不易看懂，读图时必须把几个投影图联系起来，才能想象出形体的全貌。图5-1（b）是该形体的轴测图，因在一个图上能同时反映形体的长、宽、高三个向度，所以有立体感，弥补了多面正投影的缺点，故在工程上常作为辅助图样。

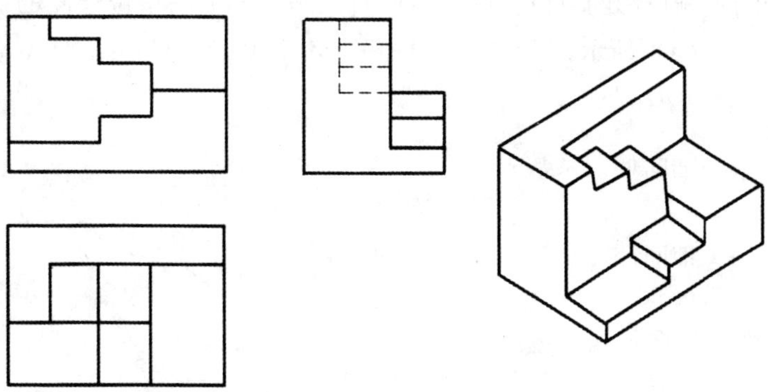

(a) 三面投影图　　(b) 轴测图

图5-1　三面投影图与轴测图

一、轴测投影的形成及分类

为了使一个图形能同时反映形体的长、宽、高，可如图5-2（a）所示，选取一个与X、Y、Z都倾斜的轴测投影面P，将空间形体连同三坐标轴一起，用平行光线S垂直地投射到P面上；也可如图5-2（b）所示，选取一个与三坐标面之一平行的轴测投影面Q，投射方向倾斜于Q面，将空间形体连同三坐标轴作平行投影。用这两种方法作出的投影，都能同时反映形体的长、宽、高，富有立体感。

综上所述，轴测投影分两类：

1. 正等轴测投影：投射方向垂直于轴测投影面时所得到的轴测投影，如图5-2（a）所示。

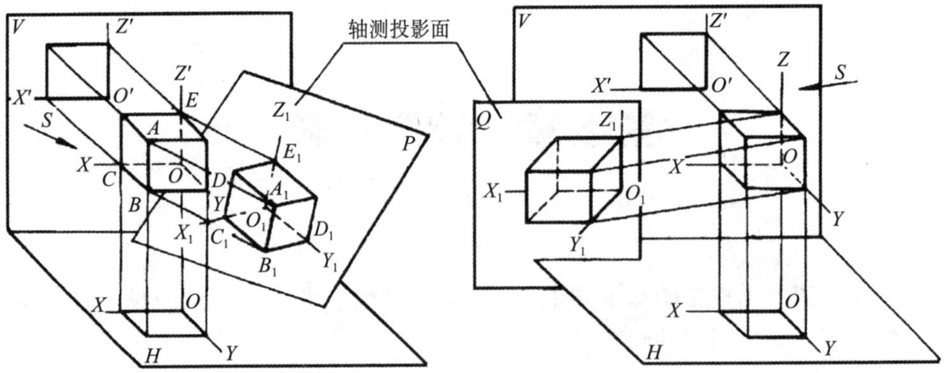

(a) 正轴测图的形成　　(b) 斜轴测图的形成

图 5-2　轴测图的形成

2. 斜轴测投影：投射方向倾斜于轴测投影面时所得到的轴测投影，如图 5-2（b）所示。

二、轴间角和轴向伸缩系数

三坐标轴的轴测投影称为轴测轴，用 O_1X_1、O_1Y_1、O_1Z_1 表示。

轴测轴之间的夹角 $\angle X_1O_1Y_1$、$\angle Y_1O_1Z_1$、$\angle X_1O_1Z_1$ 称为轴间角。

直角坐标轴的轴测投影的单位长度与相应直角坐标轴上的单位长度的比值，称为轴向伸缩系数，如图 5-2（a）所示，立方体的 X、Y、Z 三个向度 $OC=OD=OE=1$，其轴测投影长度为 O_1C_1、O_1D_1、O_1E_1，则

$\dfrac{O_1C_1}{OC}=p_1$，称 X 轴向伸缩系数；

$\dfrac{O_1D_1}{OD}=q_1$，称 Y 轴向伸缩系数；

$\dfrac{O_1E_1}{OE}=r_1$，称 Z 轴向伸缩系数。

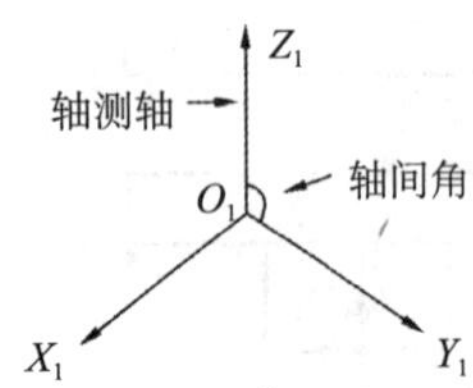

若已知轴测轴的方向及轴向伸缩系数 p、q、r 值，就可根据正投影图画出轴测投影图。如图 5-3 所示是一长方体的正投影图和轴测图。直角坐标的原点与长方体的一顶点重

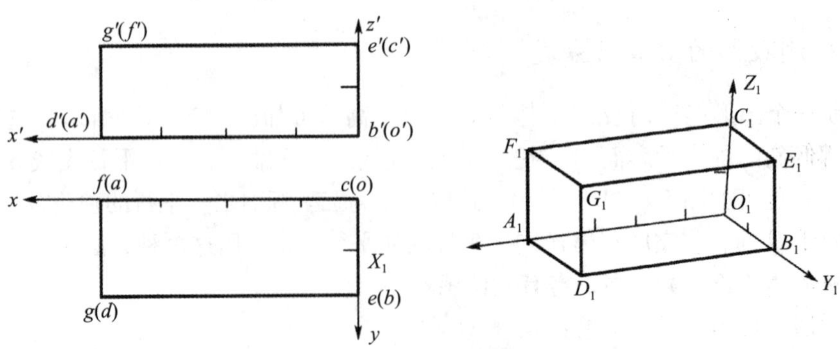

(a)　　(b)

图 5-3　根据正投影图画轴测图

合，如图5-3（a）所示，OX、OY、OZ 与长方体的三条棱线（长、宽、高）重合，该长方体长4个单位、宽2个单位、高2个单位。轴测轴为 O_1X_1、O_1Y_1、O_1Z_1，轴测轴上每一刻度是坐标轴上单位长度在轴测轴上的投影长度。画长方体的轴测投影时，先沿 X_1 轴量4个刻度，沿 Y_1 轴及 Z_1 轴各量取2个刻度（注意各轴向刻度不一定等长，即 p、q、r 不一定相等），得到长方体的三个顶点 A_1、B_1、C_1；自此三点作相应轴测轴的平行线，两两相交，又得到长方体的三个顶点 D_1、E_1、F_1；再自此三点作相应轴的平行线，三线交于一顶点 G_1，就得出了长方体的轴测投影。从图5-3的绘图过程可知，在绘制这种投影图时是沿轴测轴量测的，所以取名为“轴测投影”。

三、画轴测图应注意的问题

1. 平行线的轴测投影仍平行。平行于坐标轴的线段，其轴测投影与轴测轴平行。

2. 平行线的轴测投影有相同的伸缩系数。平行于坐标轴的线段，其伸缩系数与轴向伸缩系数相同，不平行于坐标轴的线段，其伸缩系数与轴向伸缩系数不同。因此，画轴测投影时，只能沿轴测量，非轴向线段不能直接测量和作图。

§5－2 正等轴测图

一、轴间角和轴向伸缩系数

上节已说明，当投射方向 S 与轴测投影面垂直时，所得的投影为正轴测投影。由于三坐标轴与轴测投影面的倾角不同，其 p_1、q_1、r_1 值及轴间角也随之变化，可有无数种情形。本着既要立体感强，又要容易画（即轴间角和轴向伸缩系数为最简单）的原则。最常用的是正等轴测图（简称正等测），即 $p_1=q_1=r_1$。

当 $p_1=q_1=r_1$ 时，三坐标轴与轴测投影面夹角相等。如图5-4（a）所示，$p_1=q_1=r_1=0.82$，$\angle X_1O_1Y_1=\angle Y_1O_1Z_1=\angle X_1O_1Z_1=120°$（证明从略）。由于正等轴测投影的 X_1 轴和 Y_1 轴与水平线的夹角都是30°，因此可直接用丁字尺和三角板作图，如图5-4（b）所示。

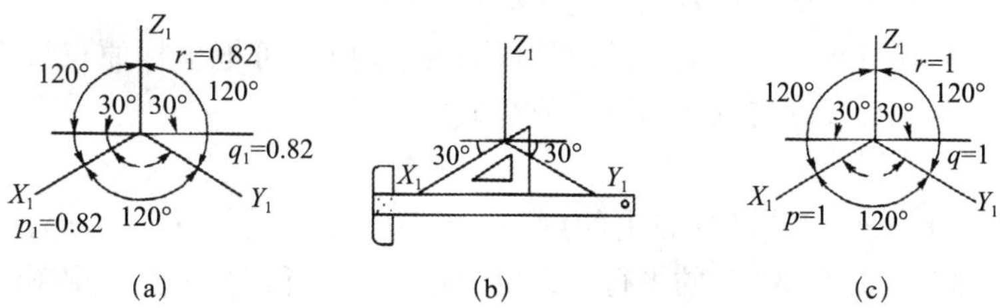

(a)　(b)　(c)

图5-4 正等测的轴间角和轴向伸缩系数

为使作图更加简便，将各轴向伸缩系数简化为1，即 $p=q=r=1$ ［图5-4（c）］，这样即可直接按正投影图测量作图。这种用简化系数画出的正等轴测投影比实际轴测投影要大，轴向放大比例为1.22∶1。

二、平面立体的正等轴测图的画法

1. 坐标法

先根据形体上各点的坐标画出各顶点的投影再连轮廓线。

例 1： 画图 5-5（a）所示的三棱锥的正等轴测图。

分析： 在图 5-5（a）中对形体引入坐标系 *O-XYZ*，这样就确定了三棱锥各顶点的坐标，如顶点 *A* 的坐标是（X_A，Y_A，*O*），顶点 *S* 的坐标是（X_s，Y_s，Z_s）。

作图：［图 5-5（b）］

（1）画出轴测轴 O_1X_1、O_1Y_1、O_1Z_1；

（2）按照各顶点的坐标画出它们的轴测投影；

（3）连接各顶点，并区分可见性。在轴测投影图中一般不画虚线，但为增加立体感，图 5-5（b）所示的三棱锥底边虚线也可以画出。

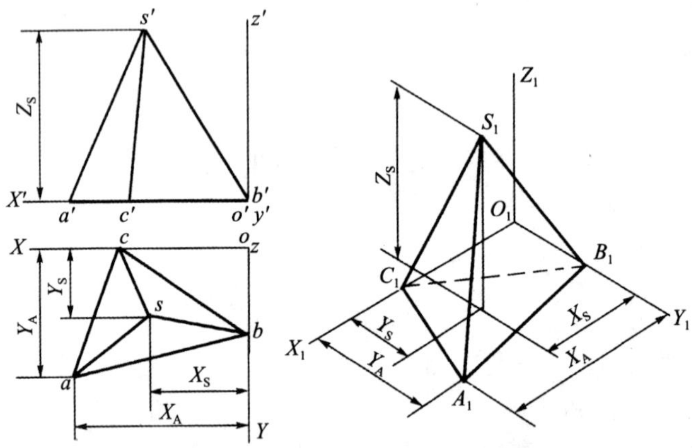

(a)　　(b)

图 5-5　坐标法画三棱锥的正等轴测图

2. 端面延伸法

对于棱柱体，先画出其反映特征的可见端面，再画其可见侧棱及不可见端面上的可见底边。

例 2： 画图 5-6（a）所示正六棱柱的正等轴测图。

分析： 由于六棱柱的前后、左右都有对称轴线，所以可把坐标原点设在顶面的中心处。因该六棱柱的顶面反映特征且可见，宜先画。

作图：

（1）作 X_1、Y_1 轴，定出相应轴上的点 1_1、4_1 和 7_1、8_1［图 5-6（b）］；

（2）分别过 7_1、8_1 作 X_1 轴的平行线，定出点 2_1、3_1 和 5_1、6_1，并画出可见的高度线［图 5-6（c）］；

（3）量取高度 *h*，画底面的可见轮廓［图 5-6（d）］；

（4）加深图线，如图 5-6（e）所示。

由本例可以看出，由可见面开始画轴测图，可以避免在作图过程中画不必要的作图线。

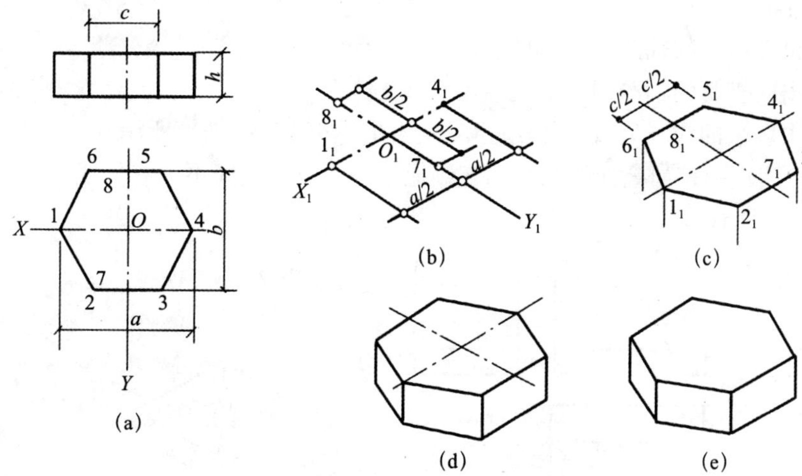

图 5-6　端面延伸法画六棱柱的正等轴测图

3. 切割法

有些形体可以看成由简单形体切割而成。画图时，先画出完整的简单形体，再进行切割，画出形体的轴测图。

例 3：画图 5-7（a）所示木榫头的正等轴测图。

分析：木榫头可视为由一长方体左上方被一水平面和一侧平面切去一块，再被一铅垂面切去一角而成。

作图：

（1）画出长方体的正等轴测图，并在左上方切去一块，如图 5-7（b）所示；

（2）切去左前方的一个角（一定要沿轴向量取 b_2 和 L_2，来确定切平面的位置），如图 5-7（c）所示；

（3）擦去多余的作图线，加深可见部分的轮廓线，如图 5-7（d）所示。

4. 叠加法

有些形体可看成由几个简单形体叠加而成，画图时，一般先画较大的形体，再加上较小的形体。特别注意它们的相对位置要正确。

例 4：画图 5-8（a）所示形体的正等轴测图。

分析：此形体由底板Ⅰ、立板Ⅱ和肋板Ⅲ组成。三部分都是棱柱体，可根据它们的相对位置关系，逐一画出其轴测图。

作图：

（1）作出底板Ⅰ的轴测图，如图

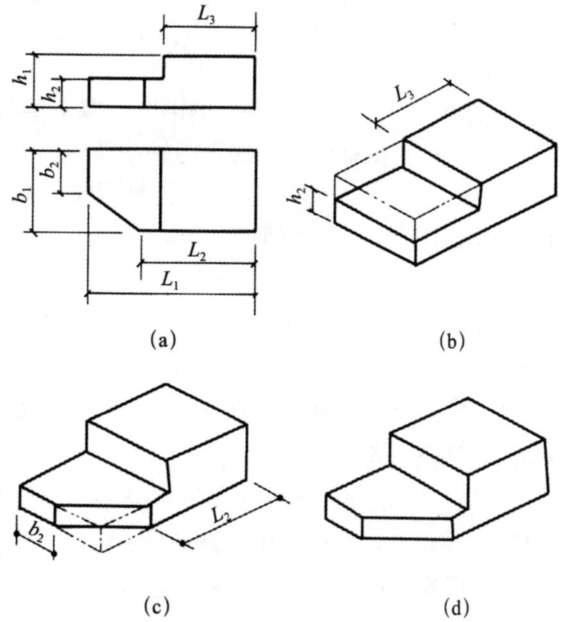

图 5-7　切割法画木榫头的正等轴测图

5-8（b）所示；

（2）作出立板Ⅱ的轴测图，如图5-8（c）所示；

（3）作出肋板Ⅲ的轴测图，如图5-8（d）所示；

（4）擦去多余的线，完成形体的正等轴测图，如图5-8（e）所示。

用这种方法作图，当叠加的两平面连续成一平面时，其间不应有界线。

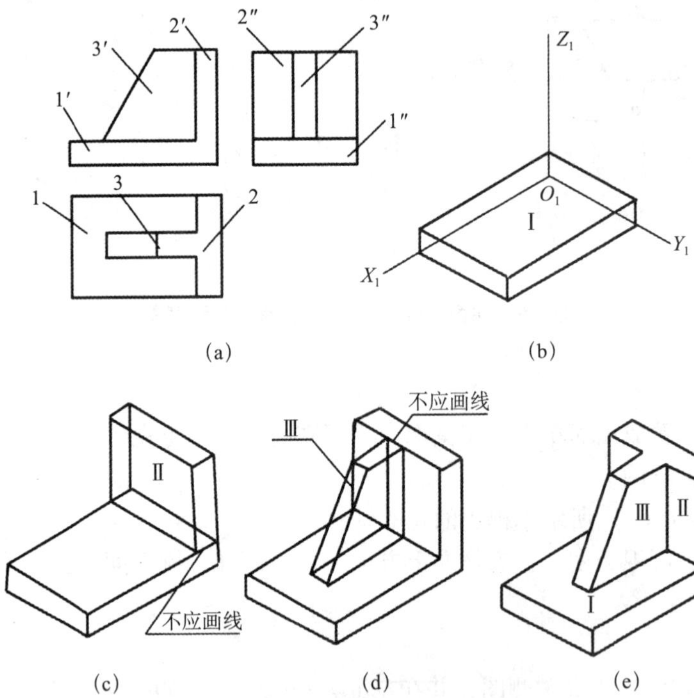

图5-8 叠加法画平面立体的正等轴测图

三、曲面立体的正等轴测图的画法

要掌握曲面立体的正等轴测图的画法，首先要掌握各种位置圆的正等轴测图的画法。

1. 平行于坐标面的圆的正等轴测图的画法

平行于三个坐标面的圆的正等轴测投影都是椭圆，为了简化作图，常采用近似画法，即用四段圆弧连接成扁圆代替画椭圆，称为四心法。图5-9（a）所示为一水平圆的V、H投影，其正等轴测图的四心画法如下：

（1）定出直角坐标的原点及坐标轴。作圆的外切正方形1234，与圆切于a、b、c、d四点［图5-9（b）］；

（2）画出轴测轴，并在X_1、Y_1轴上截取$O_1A_1=O_1C_1=O_1B_1=O_1D_1=R$，得$A_1$、$B_1$、$C_1$、$D_1$四点［图5-9（c）］。

（3）过A_1、B_1、C_1、D_1四点分别作X_1、Y_1轴的平行线，得菱形$1_12_13_14_1$［图5-9（d）］，其长短对角线互相垂直平分。

（4）连1_1C_1、3_1A_1（即菱形短对角顶点与对边中点的连线）分别与2_14_1（长对角线）交于O_2、O_3［图5-9（e）］。

（5）分别以 1_13_1（短对角顶点）为圆心，以 1_1C_1、3_1A_1 为半径画圆弧 $\overset{\frown}{C_1D_1}$、$\overset{\frown}{A_1B_1}$。再分别以 O_2、O_3 为圆心，以 O_2C_1 为半径，画圆弧 $\overset{\frown}{B_1C_1}$、$\overset{\frown}{A_1D_1}$。四段圆弧光滑连接所成的扁圆，即为近似椭圆［图 5-9（f）］，椭圆长、短轴方向与菱形长、短对角线方向一致。

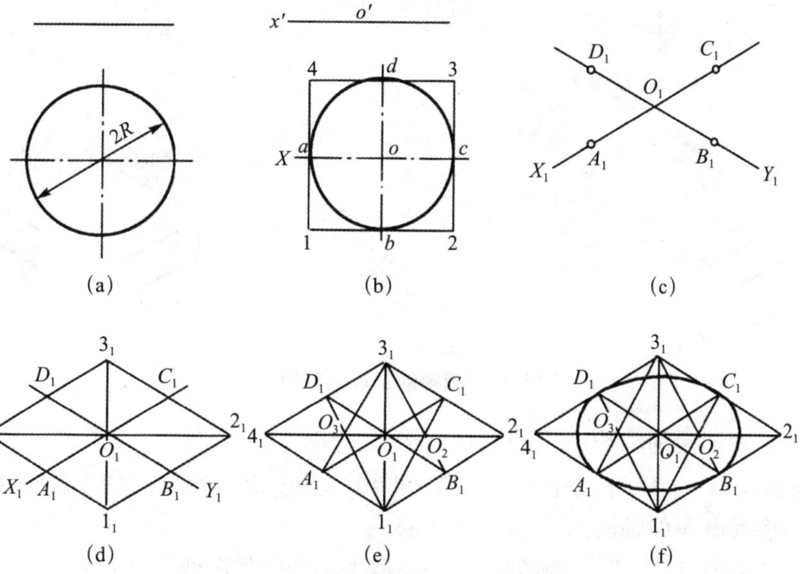

图 5-9　圆的正等轴测图的近似画法

平行于其他两个坐标面的圆的正等轴测投影——椭圆的画法与此相同，只是圆的中心线所平行的坐标轴不同，因此菱形的方位和椭圆的长短轴方向也不同。正平圆对应的近似椭圆如图 5-10（a）所示，侧平圆对应的近似椭圆如图 5-10（b）所示。

2. 圆角的正等轴测图画法

平行于坐标面的圆角，实际上是四分之一圆，其正等轴测图是上述近似椭圆的四段圆弧中的一段。

如图 5-9 所示，$\overset{\frown}{ab}$ 对应 $\overset{\frown}{A_1B_1}$，$\overset{\frown}{bc}$ 对应 $\overset{\frown}{B_1C_1}$，$\overset{\frown}{A_1B_1}$ 与 $\overset{\frown}{B_1C_1}$ 分别是以 3_1、O_2 为圆心作弧得到的。因 $\triangle 1_12_13_1$ 及 $\triangle 1_13_14_1$ 是等边三角形，$3_1A_1 \perp 1_14_1$、$3_1B_1 \perp 1_12_1$、$1_1D_1 \perp 3_14_1$、$1_1C_1 \perp 2_13_1$，所以可以看出四分之一圆弧正等轴测投影近似画法是以过切点的垂线交点为圆心，圆心到切点的距离为半径在两切点之间作出的圆弧。

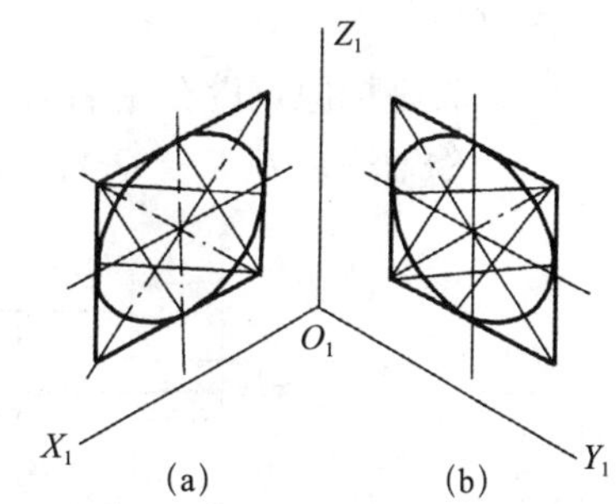

图 5-10　正平圆和侧平圆的正等轴测图

现以图 5-11（a）所示平板为例，说明圆角轴测图的简化画法。

（1）画出平板的正等轴测图，并根据圆角半径 R，在平板的上顶面相应边线上定出切点 1、2 和 3、4［图 5-11（b）］；

（2）过切点 1、2 分别作出相应边线的垂线得交点 O_1。同样过 3、4 作相应边线的垂线得交点 O_2［图 5-11（c）］；

（3）以 O_1 为圆心，以 O_11 为半径作圆弧 $\overset{\frown}{12}$；以 O_2 为圆心，以 O_23 为半径作圆弧 $\overset{\frown}{34}$，

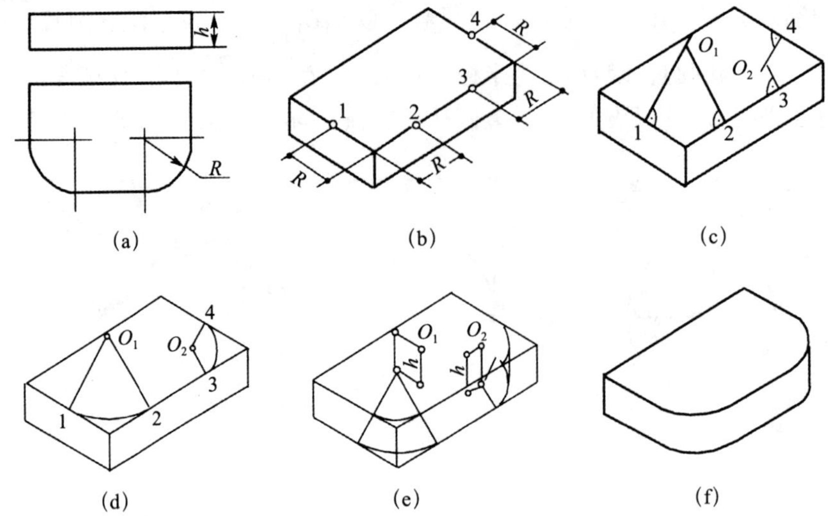

图 5-11 圆角的正等轴测图的画法

即得平板上顶面圆角的轴测图［图 5-11（d）］；

（4）将圆心 O_1、O_2 下移平板厚度 h，再用与上顶面圆弧相同的半径分别画圆弧，即得平板的下底面圆角的轴测图［图 5-11（e）］；

（5）在右端作上、下小圆弧的公切线。擦去多余的作图线，并加深可见轮廓线，即得带圆角平板的轴测图［图 5-11（f）］。

例 5：作带切口的圆柱体的正等轴测图［图 5-12（a）］。

分析：由于圆柱体的左端上下被对称地切去两块，这是轴测图重点要表达的内容，所以在画轴测图时，从左端开始先画出整个圆柱体，再按尺寸画切口部分。

作图：

（1）将坐标原点设在左端圆心处，使 X 轴与圆柱轴线重合［图 5-12（a）］；

（2）作轴测轴 O_1X_1、O_1Y_1、O_1Z_1，并以圆柱直径 D 为边长作菱形。在这里需要注意

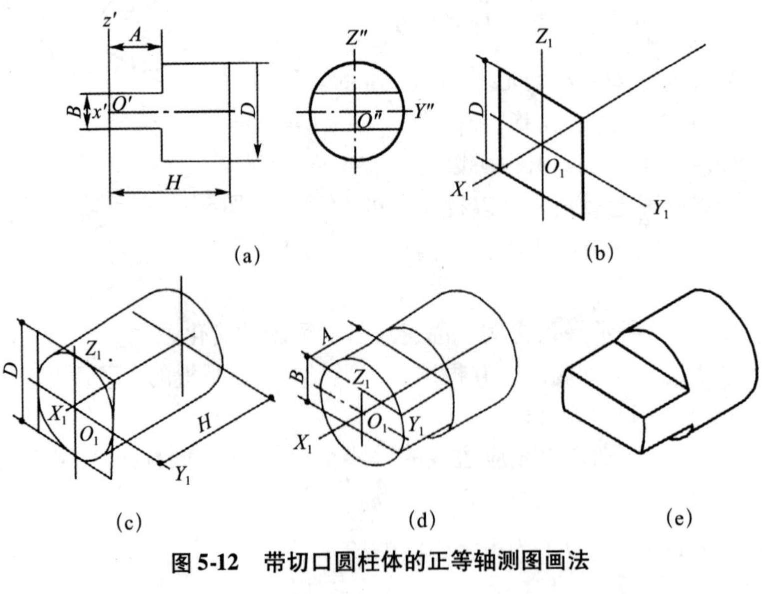

图 5-12 带切口圆柱体的正等轴测图画法

的是菱形的边应分别平行于 Y_1 轴和 Z_1 轴 [图 5-12 (b)]；

(3) 用四心法作出左端面椭圆。根据圆柱高 H 画出右端面椭圆的可见部分，并作两椭圆的公切线 [图 5-12 (c)]；

(4) 将左端面椭圆的四个圆心沿 X_1 轴向右平移距离 A，作出截断面椭圆，再按尺寸 B 画出切口部分 [图 5-12 (d)]；

(5) 擦去多余作图线，并加深可见轮廓线，即得带切口圆柱体的正等轴测图 [图 5-12 (e)]。

§5－3　斜轴测图

一、轴间角和轴向伸缩系数

§5－2 已说明，当投射方向倾斜于轴测投影面，并使两个坐标轴平行于轴测投影面时，所作出的投影，称为斜轴测投影。最常采用的是正面斜二测和水平斜等测，它们的轴间角和轴向伸缩系数如图 5-13 所示。因这些轴测轴的方向都是特殊角，可用丁字尺、三角板直接作出。

正面斜二轴测图（正面斜二测）：轴测投影面平行 V 面，因此 $\angle X_1O_1Z_1=90°$，X 轴及 Z 轴的轴向伸缩系数为 1；O_1Y_1 轴与水平线夹角取 45°，轴向伸缩系数取 0.5，如图 5-13 (a) 所示。

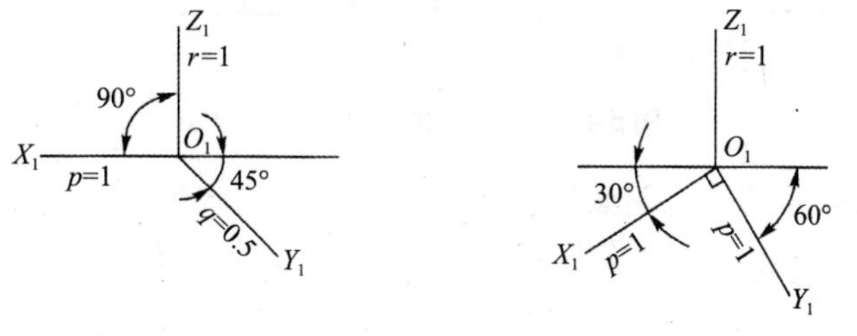

图 5-13　斜轴测图的轴间角和轴向伸缩系数

水平斜等轴测图（水平斜等测）：轴测投影面平行于 H 面，因此 $\angle X_1O_1Y_1=90°$，X 轴及 Y 轴的轴向伸缩系数为 1；O_1Z_1 轴竖直放置，轴向伸缩系数也取 1；O_1X_1 轴与水平方向夹角可以取 30°、45°、60°，如图 5-13 (b) 所示。

斜轴测图的画法与正轴测图相同。它的最大优点是平行于轴测投影面的坐标面或其平行面上的图形不变形，因此适于画某一个方面形状复杂或为圆形的形体。

二、正面斜二轴测图

正面斜二轴测图，因为 $\angle X_1O_1Z_1=90°$，即正平面上的图形投影不变形，作图时可充分利用这一特点。

例 6：作出图 5-14（a）所示平面体的正面斜二轴测图。

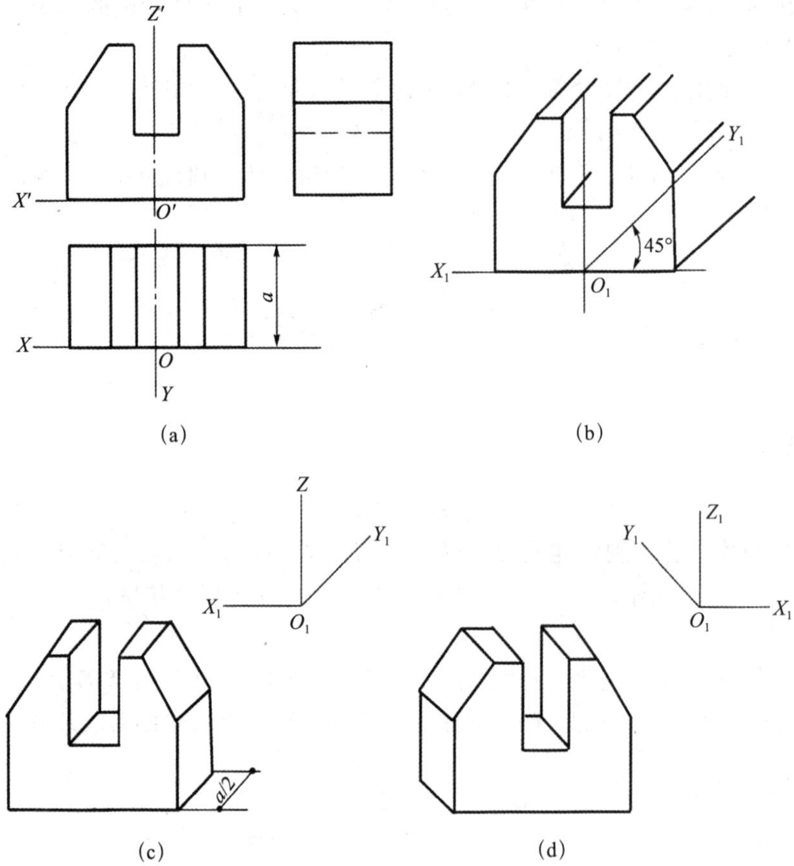

图 5-14　平面体的正面斜二轴测图

分析：该平面体的前、后端面形状大小相同，且反映形体特征，各侧面均与端面垂直。设轴测投影面与其前端面重合，则其斜二轴测投影形状不变。

作图：

（1）设坐标原点 O 位于平面体前端面底部中点，如图 5-14（a）所示；

（2）作轴测轴，并在 $X_1O_1Z_1$ 坐标面上作出柱体前端面的实形，如图 5-14（b）所示；

（3）过前端面各顶点作 O_1Y_1 轴的平行线，并量取宽度的一半，即$\frac{a}{2}$，顺次连接这些端点，即为后端面；

（4）擦去多余的线，描深可见轮廓线，即得平面体的正面斜二轴测图。图 5-14（c）、图 5-14（d）分别作出了两种观察方向的轴测图。图 5-14（c）是自右前上方观察的斜二测，可见形体的前面、顶面及右面；图 5-14（d）是自左前上方观察的斜二轴测，可见形体的前面、顶面及左面。它们的 Y_1 轴倾斜方向不同。

例 7：画出图 5-15（a）所示形体的斜二轴测图。

分析：该形体的 V 面投影为圆，所以在正面斜二轴测图中反映实形，前、后两圆心距为 b，平行于 OY 轴，每个圆心处有两个同心圆，在轴测图中，前面的同心圆可见，后面的内、外圆各见一部分。

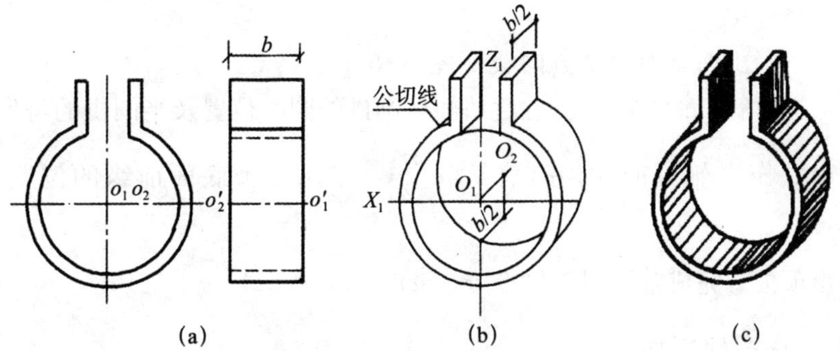

图 5-15　钢箍正面斜二测图

作图：

(1) 在适当位置定一点为圆心 O_1，过 O_1 画出垂直相交的 X_1、Z_1 轴，形体前面与坐标面重合，前后两圆心 O_1-O_2 在 O_1Y_1 轴上；

(2) 前、后两圆心距取$\frac{b}{2}$，沿 O_1Y_1 轴定 O_2；

(3) 以 O_1 为圆心，以原半径作同心圆；再以 O_2 为圆心以同样半径作出内、外可见部分圆弧，并作公切线；

(4) 画出形体上部开口，整理加深可见轮廓线，如图 5-15（c）所示。

例 8： 作拱门的正面斜二轴测图（图 5-16）。

分析： 拱门由地台、门身及顶板三部分组成，作轴测图时必须注意各部分在 Y 方向的相对位置［图 5-16（a）］。

作图：

(1) 画地台斜二轴测图，并在地台面的左右对称线上向后量取$\frac{\Delta y_1}{2}$，定出拱门前墙面

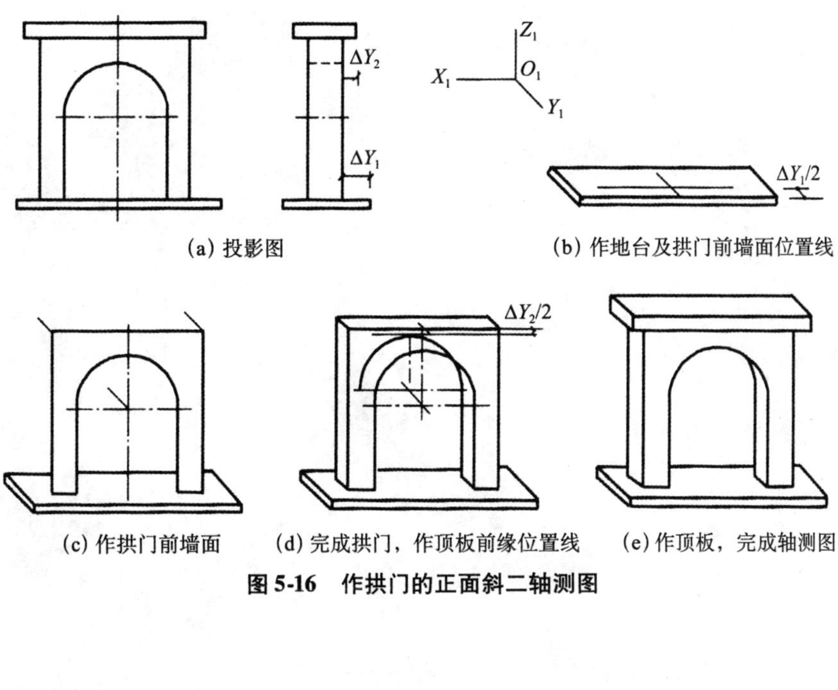

图 5-16　作拱门的正面斜二轴测图

位置线［图 5-16（b）］；

（2）按实形画出前墙面及 Y 方向线［图 5-16（c）］；

（3）完成拱门斜二轴测图。注意后墙面半圆拱的圆心位置及半圆拱的可见部分。再在前墙面顶线中点作 Y 轴方向线，向前量取 $\frac{\Delta y_2}{2}$，定出顶板底面前缘的位置线［图 5-16（d）］；

（4）画出顶板，完成轴测图［图 5-16（e）］。

三、水平斜等轴测图

因为 $\angle X_1O_1Z_1=90°$，所以 H 面投影不变形，只需按要求将平面图旋转某一角度后作出高度即可。水平斜等轴测图的轴测轴如图 5-17 所示。这种轴测图常用于表现建筑总平面中的建筑群。

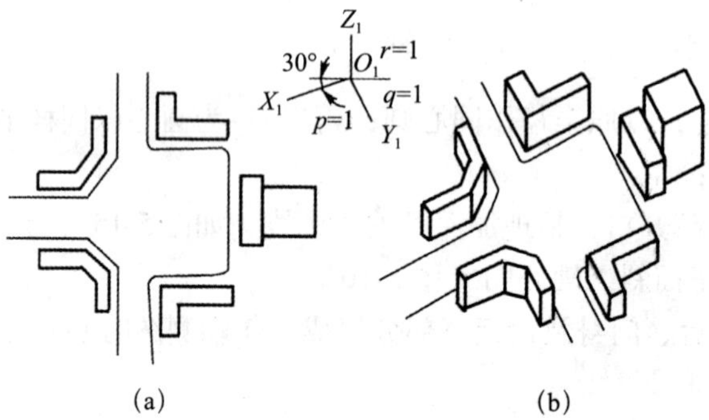

图 5-17 建筑群的水平斜等轴测图

第六章　组合体的三面图

本章主要介绍组合体三面图的画法和读法。这是绘制和阅读专业工程图样的基础。要求掌握画组合体三面图的方法和步骤，了解组合体三面图尺寸标注的基本方法和要求，掌握阅读组合体三面图的基本方法。了解各种视图的形成及其投影特性，了解第三角投影法。

§6－1　组合体三面图的画法

任何复杂的形体，总可以把它看成是由一些基本形体所组成，并称它为组合体。

一、组合体三面图

1. 组合体三面图的形成

在工程上把用正投影法得到的正面投影称为正立面图，水平投影称为平面图，左侧面投影称为左侧立面图，此统称为物体的三面图。如图 6-1（b）所示。一般不太复杂的形体，用其三面图就能够唯一地将它确定下来。

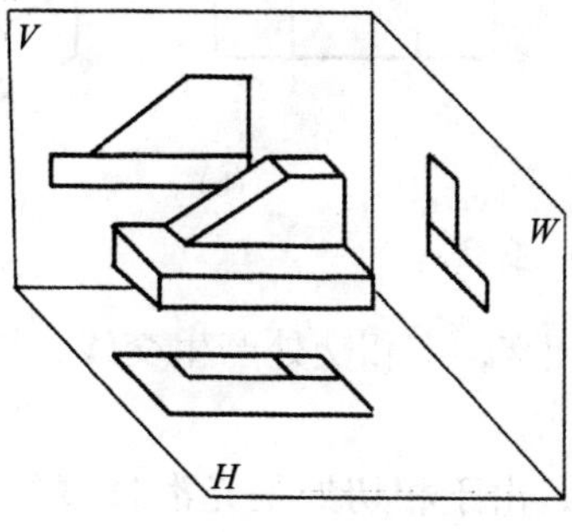

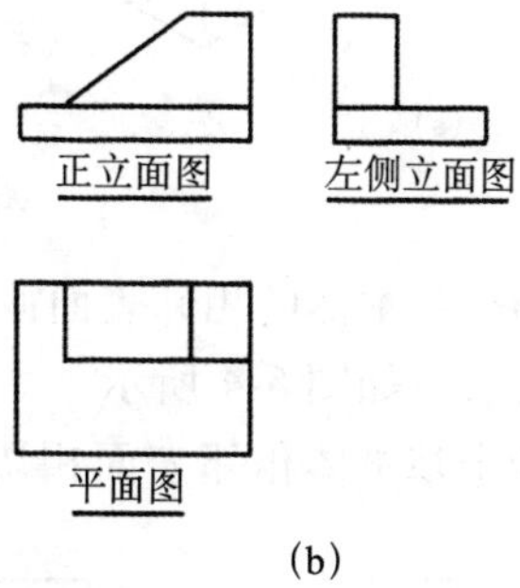

图 6-1　组合体三面图的形成

2. 组合体三面图的投影规律

在由投影面展开后所画出的三面图中可以看出：每一个图形均反映了组合体两个主要方向的位置关系和大小。正立面图反映了组合体的左右、上下的位置关系，表达了组合体的长度和高度；平面图反映了组合体的左右、前后的位置关系，表达了组合体的长度和宽度；左侧立面图反映了组合体的上下、前后的位置关系，表达了组合体的高度和宽度。此外，在三个图形之间还存在如下的投影对应关系：正立面图与平面图长对正，正立面图与左侧立面图高平齐，平面图与左侧立面图宽相等，简称“长对正、高平齐、宽相等”，如图 6-2 所示。这种投影对应关系既适合整个组合体，也适合于组合体的局部。

二、组合体的形体分析

1. 形体分析法

为了便于研究组合体，可以假想将组合体分解为若干基本体，然后分析它们的形状、相对位置以及组合方式，这种分析方法叫做形体分析法。它是组合体画图、读图和尺寸标注的基本方法。

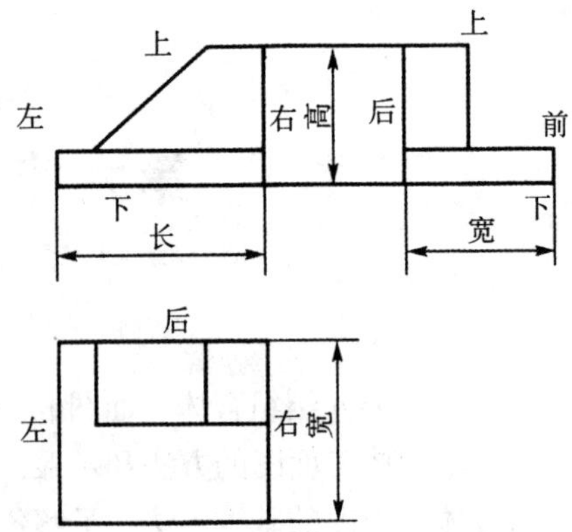

图 6-2

2. 组合体的组合方式

采用形体分析法对组合体进行分解，视其结构形状可以分为叠加和切割（包括穿孔）两类，叠加包括叠合、相交和相切等情况。

（1）叠加

①叠合（堆砌）　如图 6-3 所示，当两个基本体的表面互相重合时，其相对位置有两种情况，图（a）中Ⅰ与Ⅱ前后不共面，在正面投影中有线，图（b）中Ⅰ与Ⅱ前后共面，在正面投影中没有线。

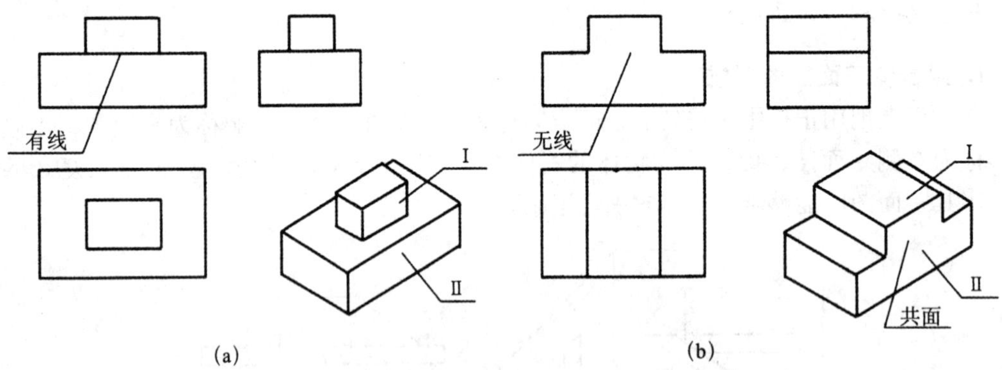

图 6-3　叠合

②相交　当两个基本体的相邻表面彼此相交，在相交处产生交线，因此在作图时必须正确画出交线的投影，如图 6-4 所示。

③相切　当两个基本体相邻表面相切时，由于相切处是光滑过渡的，不存在分界线，

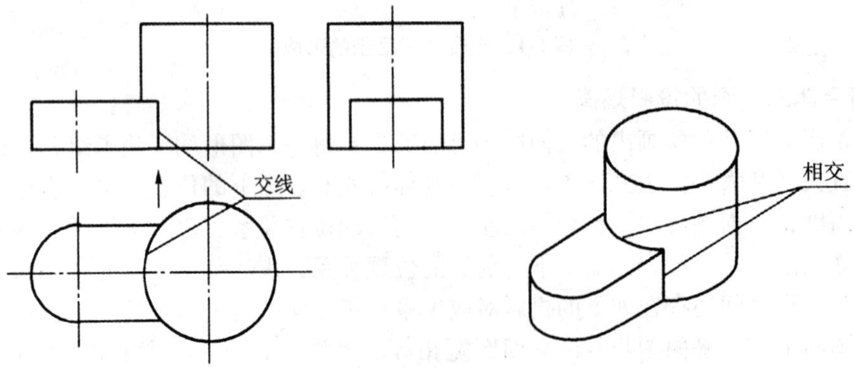

图 6-4　相交

所以在相切处不能画线，如图 6-5 所示。

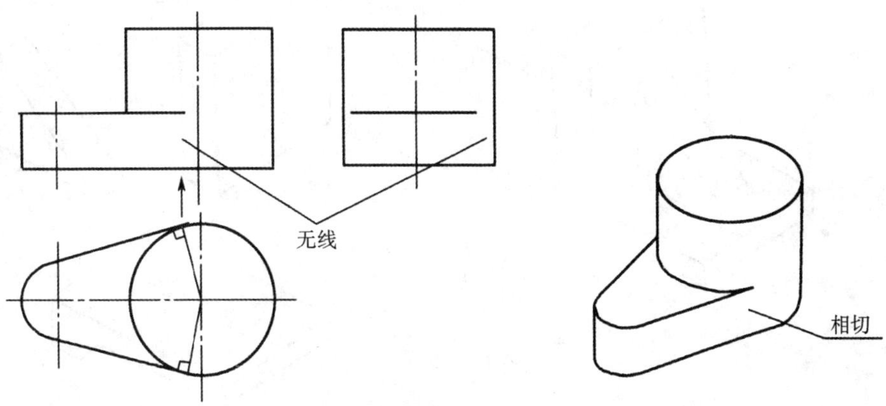

图 6-5　相切

（2）切割

切割型组合体是由基本体被一些平面或曲面切割而成。图 6-6 所示组合体可看作是由一横置“*L*”形柱体被切割去两个三棱柱体和一个圆柱体而成；也可看成一长方体左上角切去一块后再被切去两个三棱柱体和一个圆柱体而成。

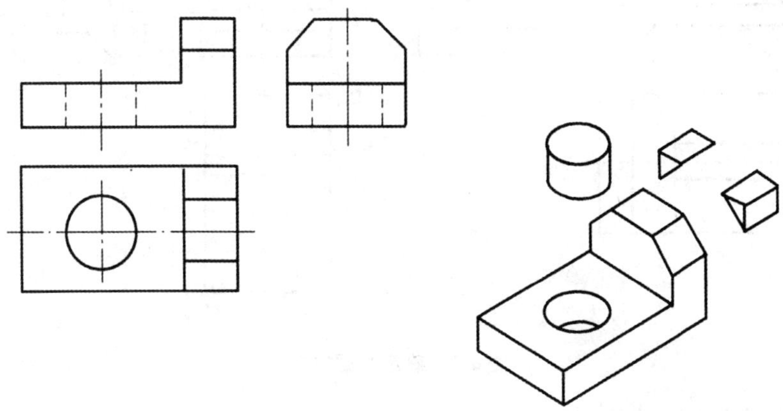

图 6-6　切割

三、组合体三面图的画法

画组合体三面图的步骤为：1. 形体分析；2. 主视方向的确定；3. 选定比例，画三面图。

1. 形体分析

画组合体三面图时，首先要对组合体进行形体分析，分析该组合体是由哪些基本体组合而成，同时还要分析这些基本体彼此之间的相对位置以及它们的组合方式。

图 6-7 所示扶壁式挡土墙由底板Ⅰ、竖板Ⅱ和支撑板Ⅲ组成。三部分以叠加的方式组合，其中Ⅰ与Ⅱ的前后表面共面。

2. 主视方向的确定

主视方向是指获得正立面图的投影方向，它的确定对各投影图的影响较大。选择主视方向的原则是：应使正立面图最能反映组合体的形状特征及各组成部分的形状和相对位

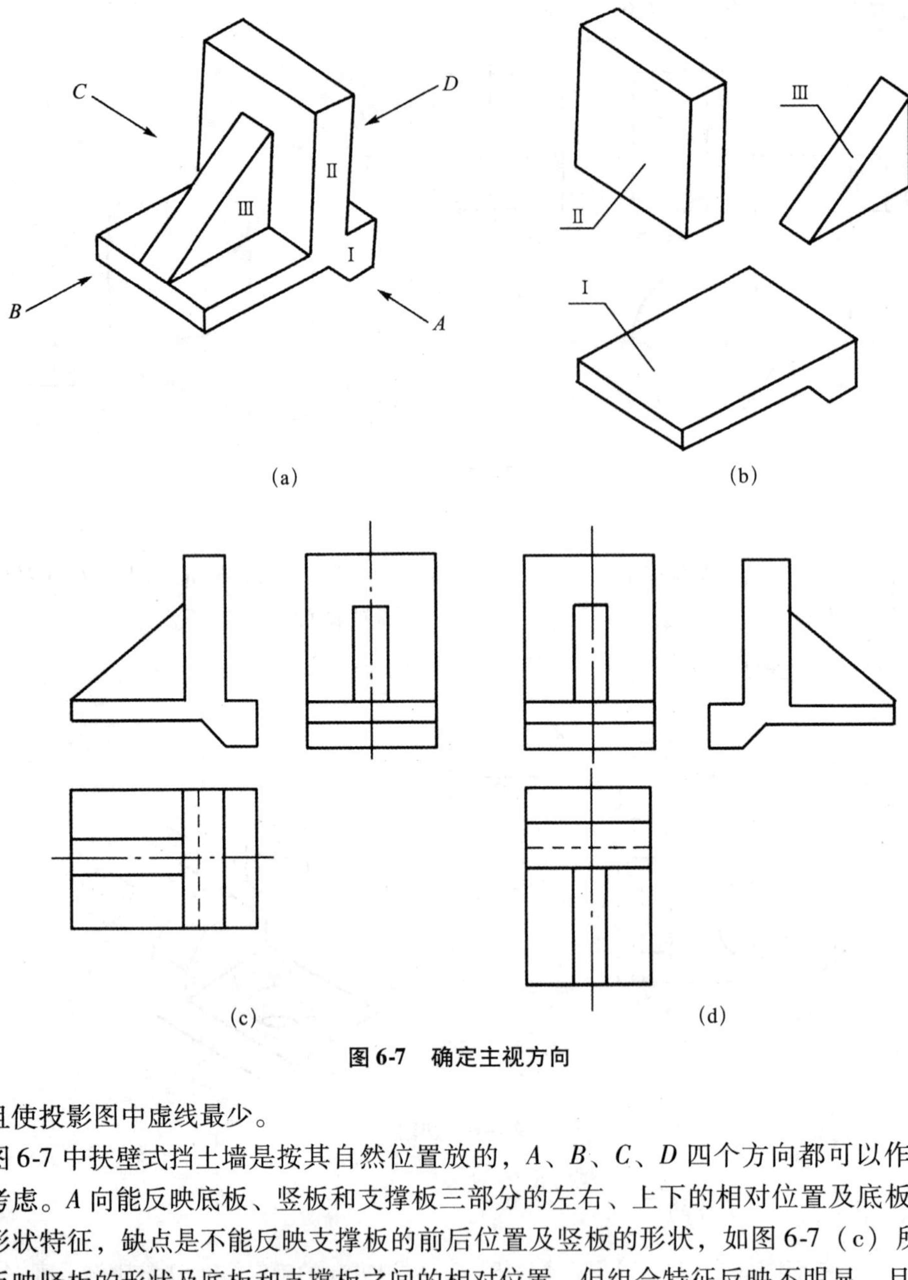

图 6-7　确定主视方向

置，且使投影图中虚线最少。

图 6-7 中扶壁式挡土墙是按其自然位置放的，*A*、*B*、*C*、*D* 四个方向都可以作为主视方向考虑。*A* 向能反映底板、竖板和支撑板三部分的左右、上下的相对位置及底板和支撑板的形状特征，缺点是不能反映支撑板的前后位置及竖板的形状，如图 6-7（c）所示；*B* 向能反映竖板的形状及底板和支撑板之间的相对位置，但组合特征反映不明显，且不能反映竖板的前后位置，也不能表达底板和支撑板的形状特征，如图 6-7（d）所示；*C* 向所得正立面图只是与 *A* 向相反，它具有与 *A* 向相同的优点和缺点，但相应的左侧立面图中会出现较多的虚线，因此不如 *A* 向；*D* 向显然比较差，它存在与 *B* 向同样的缺点，且在正立面图中出现较多的虚线。综合比较，*A* 向反映组合体的特征相对比较充分些，因此选择 *A* 向作为主视方向比较适宜。

3. 确定比例，画组合体三面图

以图 6-7 所示组合体（扶壁式挡土墙）为例，说明组合体三面图的画图步骤。

（1）选择比例，确定图幅　根据组合体的结构形状、大小和复杂程度等因素，选定适

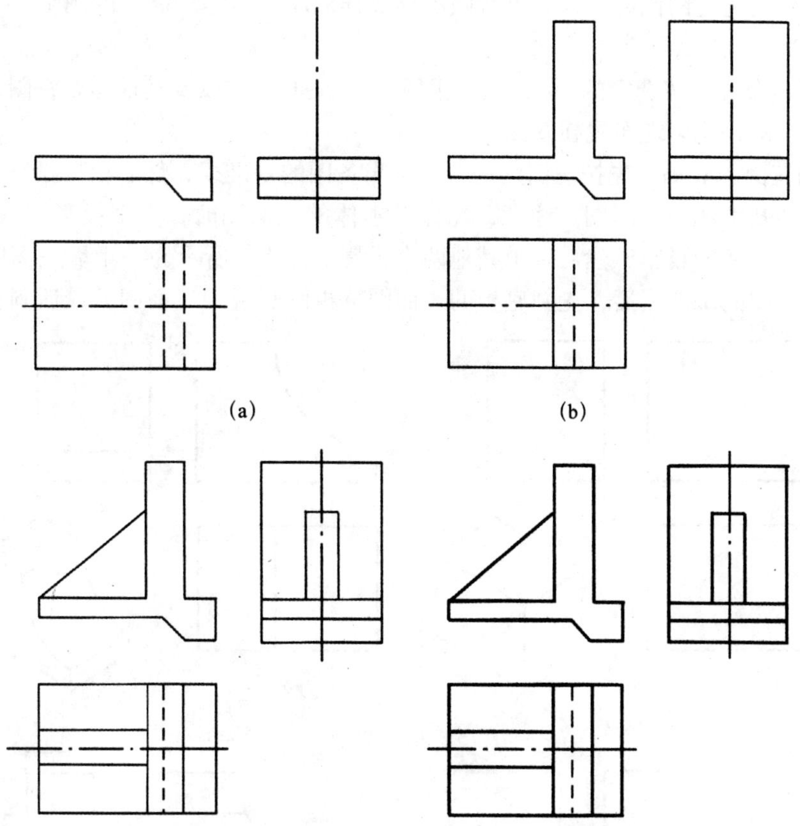

图 6-8　挡土墙三面图的作图步骤

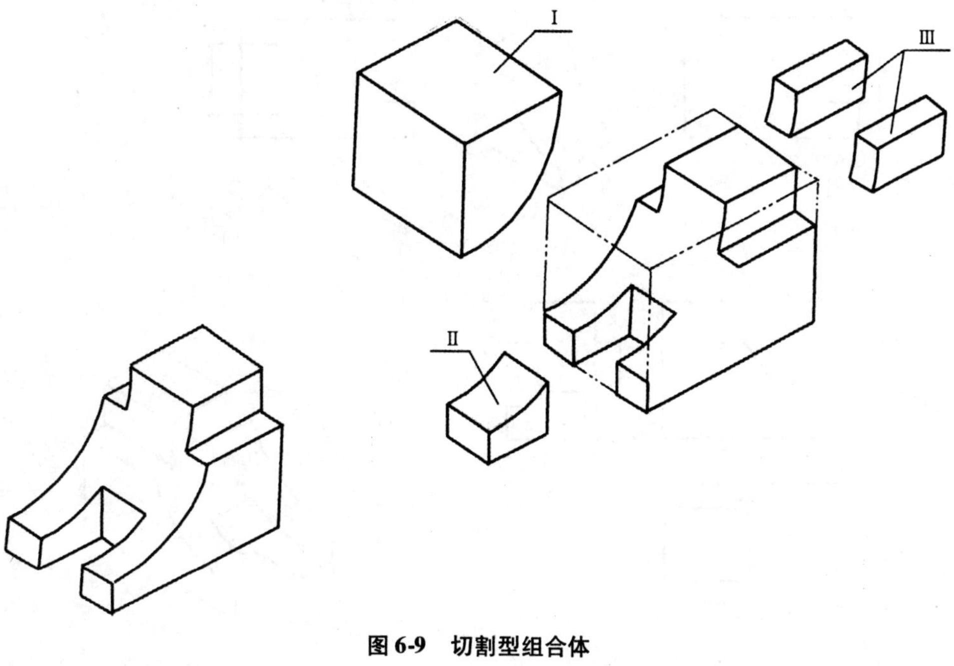

图 6-9　切割型组合体

当的比例。并按选定的比例，计算出所画图形及其标注尺寸等所需要的图纸面积，从而确定恰当的标准图幅。

（2）图面布置　按选定的图幅，根据图形、标注的尺寸以及其他需要在图纸上表达的内容，分清主次，均匀地布置在图面上。

（3）画三面图底稿　先按三面图的布置画出各图的基准线，然后根据投影规律逐个画出组合体中各基本体的三面图。注意，在作基本体的三面图时，三个投影应联系起来画，先画反映形状特征的投影，然后画出其他两个投影。图 6-8 所示为挡土墙三面图的作图步骤。在确定各图的基准线后，先画底板的三面图，再画竖板的三面图，最后画支撑板的三

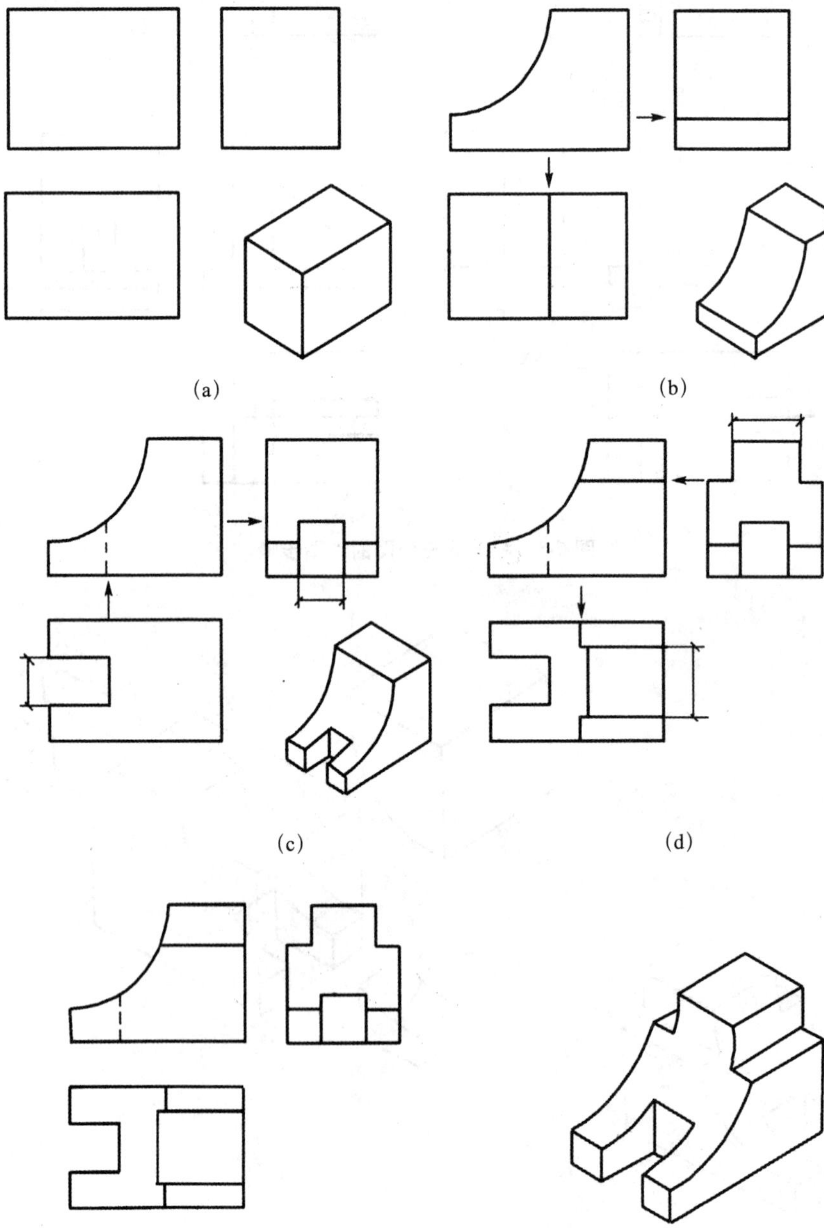

图 6-10　切割型组合体的作图步骤

面图，在画底板的三面图时，从反映其形状特征的正面投影开始，然后画其他两个投影。在画图过程中，一般是按先主（主要结构）后次（次要结构）、先大（大的形体）后小（小的形体）的顺序作图。

（4）整理、检查，加深图线　底稿完成后，经过仔细检查，在改正了错误和添补完遗漏线后，根据制图标准规定的线型一一加深，最后再全面复查一次。

图 6-9 所示为一切割型组合体。该组合体可视为一长方体，首先在左上方切去了一个四分之一的圆柱体Ⅰ，其次在左下方中部又切去了一个四棱柱体Ⅱ，最后在右上方前、后各切去了一个四棱柱体Ⅲ而形成的。

这类组合体三面图的作图步骤与上述叠加型组合体基本相似，但又有其特点。一般是先画出未切割前的整个基本体的投影，然后依次切除某一形体，并画出被切去某一形体后的投影。必须注意，在画被切去形体的投影时，首先应从反映该形体形状特征的投影画起，再画其他投影。为避免错误，每切割一次后，要将被切去的图线擦去。在加深之前，还要全面检查一次，图 6-10 表明了切割组合体的作图步骤。

§6－2　组合体的尺寸标注

组合体三面图只能表达组合体的形状，而各部分大小及其相对位置，需要由图上标注的尺寸来确定，因此在三面图上还必须标注尺寸。在组合体三面图上标注尺寸的基本方法是形体分析法。

一、基本体的尺寸标注法

组合体是由基本体所组成的，为了正确标注组合体的尺寸，应该熟悉基本体的尺寸标注法。

图 6-11 所示为常见的棱柱、棱锥、圆柱、圆锥等基本形体尺寸的标注法。

二、组合体的尺寸标注法

在组合体三面图中标注尺寸，应做到完整、清晰、合理，并符合国家标准关于尺寸标注法的有关规定。

下面就如何把尺寸标注得完整和清晰予以介绍。

1. 完整地标注尺寸

组合体三面图上标注的尺寸一般分为三种类型：

（1）定形尺寸　确定组合体中各基本体形状大小的尺寸。

（2）定位尺寸　确定组合体中各基本体之间相对位置的尺寸。

（3）总体尺寸　确定组合体总长、总宽、总高的尺寸。

要使组合体尺寸标注完整，应首先对组合体进行形体分析，然后将各基本体的定形尺寸以及确定它们相互位置的定位尺寸一一标注齐全。总体尺寸有时已作为组合体中某一基本形体的定形尺寸而注出。如果在某一方向上，没有这种可以作为总体尺寸的定形尺寸时，为了标注组合体总体尺寸而又不使所注尺寸重复，可在减去该方向上的某一定形尺寸

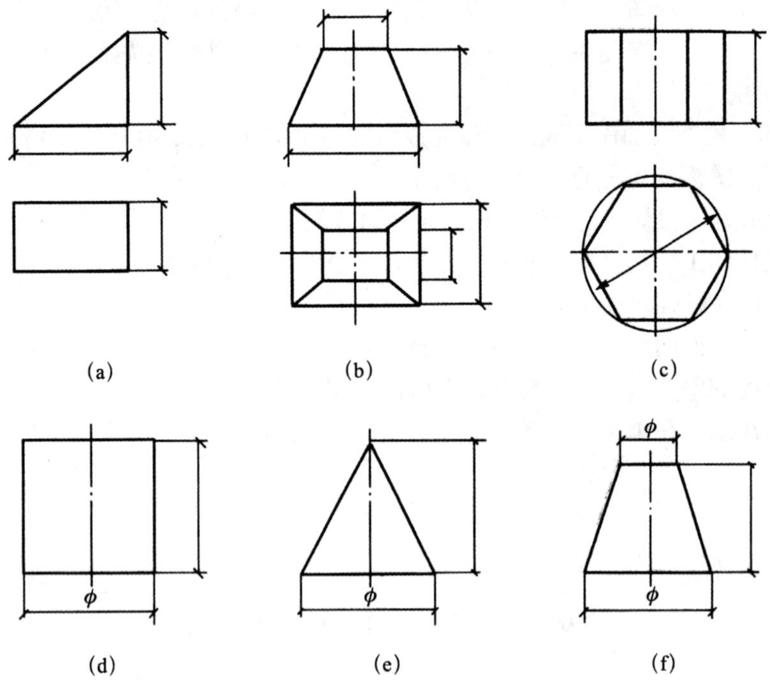

图 6-11 基本形体尺寸标注法

或定位尺寸后，再加注总体尺寸。

标注定位尺寸时，应该在长、宽、高三个方向分别选定尺寸基准。通常是以组合体的底面、大端面、对称面、回转体轴线等作为尺寸基准。

下面以图 6-12（a）所示铰支承为例，说明如何使组合体的尺寸标注完整。

根据形体分析，铰支承由底板、立板和肋板三种基本形体叠加而成。各形体应标注的尺寸如图 6-12（b）所示。

底板：定形尺寸有 176、110、10、ϕ6；
定位尺寸有 130、64。

立板：定形尺寸有 60、110、80、10、ϕ30；
定位尺寸有 50。

肋板：定形尺寸有 43、25、8。

图 6-12（c）所示为整个铰支承的尺寸标注法。根据上述各形体应标注的定形尺寸，加注了基本形体的定位尺寸，且为了统一尺寸基准及标注总体尺寸，对其中一些尺寸进行了调整。图中加注了确定两立板在长度方向上相互位置的定位尺寸 70，并将立板圆孔高度方向定位尺寸调整为 60；为了加注总高 90，因而减去了原立板的定形尺寸 80。

从图 6-12（c）中可以看出，标注该铰支承尺寸的基准，在长度方向上选取了左右对称面，在宽度方向上选取了前后对称面，在高度方向上选取了铰支承的底面。

2. 清晰地标注尺寸

要使组合体的尺寸标注清晰，必须注意下列几点：

（1）尺寸应尽量注在最能反映形体特征的图上，尽量避免在虚线上标注尺寸，如图 6-12（c）中的尺寸 ϕ30、ϕ16。

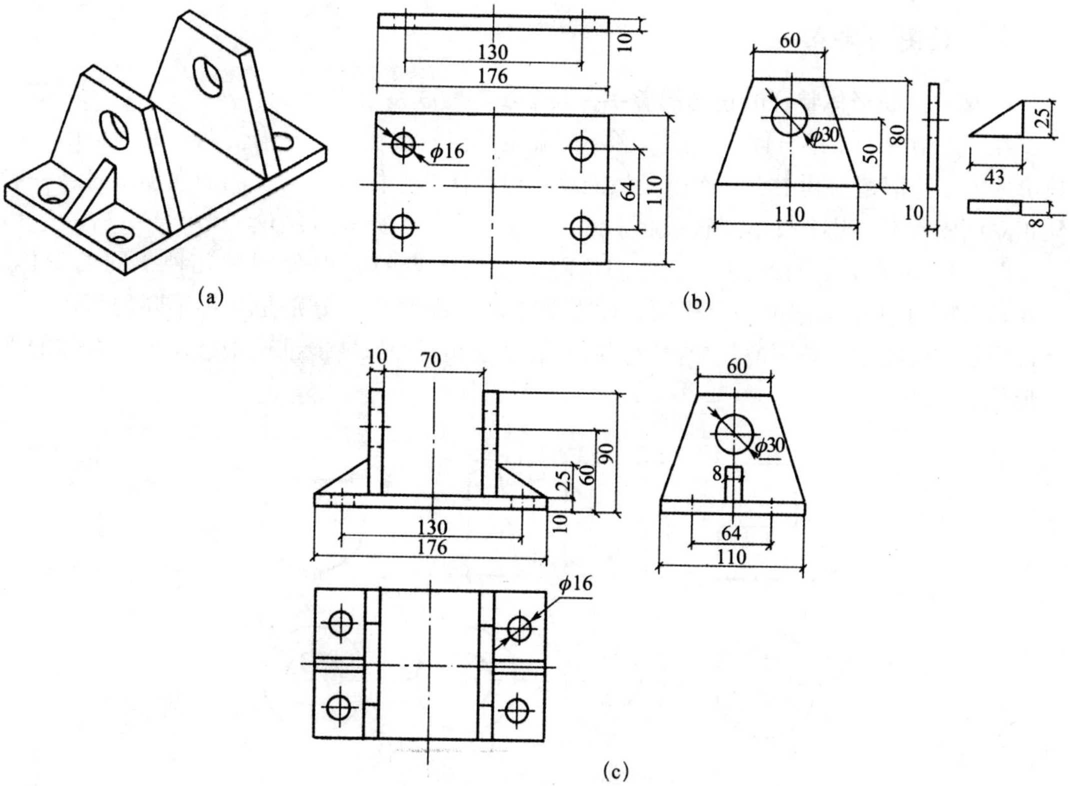

图 6-12　铰支承尺寸标注

（2）表示同一结构的尺寸应尽量集中标注，如图 6-12（c）中正立面图的尺寸 176、10 及左侧立面图的尺寸 60、110、$\phi30$。

（3）尺寸尽可能标注在图形之外，如图 6-12（c）中的大部分尺寸。但为了避免尺寸界线过长或与过多的图线相交，在不影响图形清晰的情况下，也可以注在图形内部，如左侧立面图中的尺寸 8、$\phi30$。

（4）与两个投影图有关的共有尺寸，应尽量标注在两个图形之间，如 6-12（c）图中的长度方向尺寸 176、130，高度方向尺寸 10、25、60、90。宽度方向尺寸 110、64 不宜标注在平面图的左边。

（5）尺寸要布置恰当，排列整齐。在标注同一方向的几排直线尺寸时，要做到间隔均匀，由小到大向外排列，以免尺寸线与尺寸界线相交，如图 6-12（c）中的尺寸 130、176 和 64、110 等。

§6－3　组合体三面图的阅读

组合体三面图的阅读是指根据已画出的投影图，运用投影规律，想象出组合体的空间形状。这是学习本课程的主要目的之一，也是难点之一，应给予充分重视。

一、读图的要点

1. 要从反映形体特征的投影图着手，几个投影图联系起来读

在一般情况下，组合体的一个投影不能确定其空间形状，通常需要两个或两个以上的投影才能表达清楚。其中正立面图是最能反映组合体的形体特征的，因而在读图时，一般从正立面图着手，几个投影图联系起来读，切忌看了一个图就下结论。

图 6-13 列举了平面图虽完全相同，而正立面图表明它们分别是几种不同的形体。图 6-14 列举了正立面图虽完全相同，而左侧立面图表明它们分别是几种不同的形体。这就说明了在读图时，必须把几个投影图联系起来互相对照，才能准确地想象出组合体的真正形状。

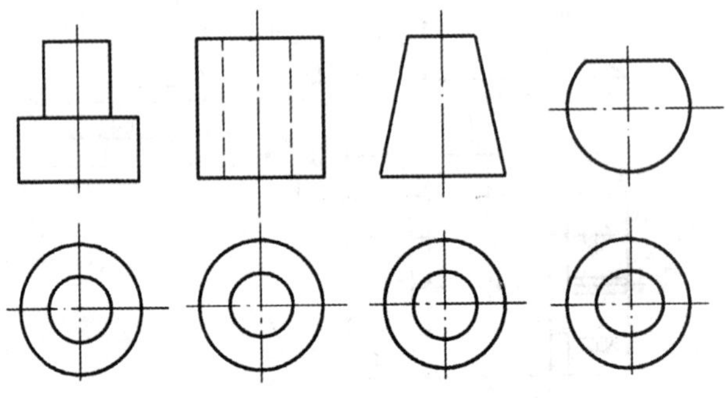

(a) (b) (c) (d)

图 6-13　依据一平面图不能确定其空间形状

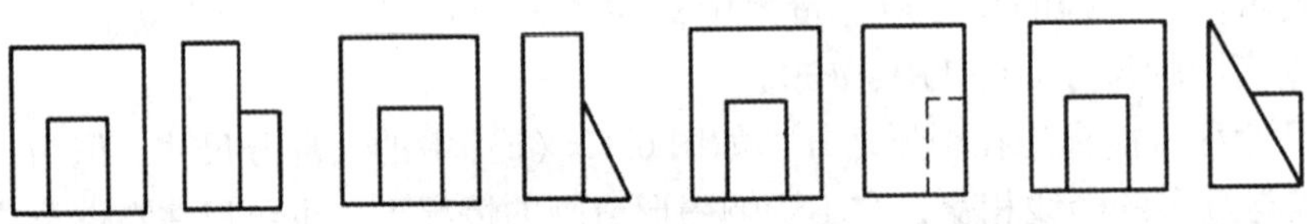

(a) (b) (c) (d)

图 6-14　依据一正立面图不能确定其空间形体

2. 了解投影图中图线的含义

投影图中的每条图线，可能表示三种情况：平面或曲面的积聚性投影，两个面交线的投影，曲面轮廓素线的投影。图 6-15 中 Ⅰ 所指图线是平面或圆柱面的积聚性投影；Ⅱ 所指图线是两个平面交线的投影；Ⅲ 所指图线是圆柱正视轮廓素线的投影。因此，在读图时不能只凭一个投影图，就片面地认定某一段图线就是某种含义，而必须对照其他有关投影图才能判定其真正的含义。

3. 了解投影图中线框的含义

投影图中的每一个封闭线框，在一般情况下均表示形体的一个面（平面、曲面、组合面）。特殊情况下（线框中的线框）可能表示孔或凸台。如图 6-16 所示，正立面图中的线框 1′是正平面的投影，线框 2′是凹圆柱面的投影；平面图中的线框 3 是曲面与相切平面组合面的投影；正立面图中的线框 4′被线框 3′套在里面，对照平面图可知，它是一圆孔。在图 6-15 平面图中，圆线 Ⅰ 被套在长方形线框 Ⅱ 中，对照正立面图可知，它是凸圆柱。

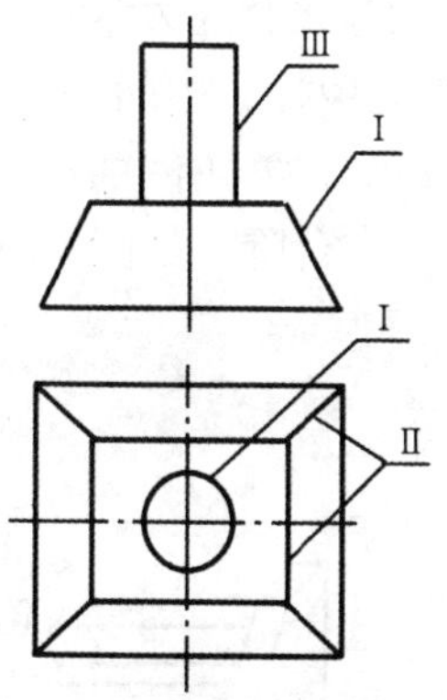

图 6-15　投影图中图线的含义

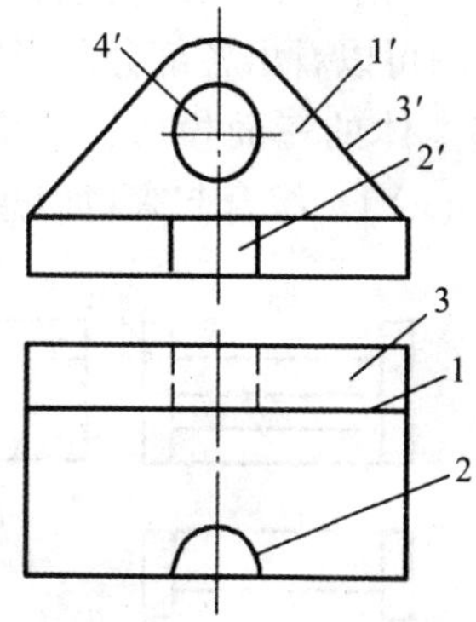

图 6-16　投影图中线框的含义

投影图中两个相邻的线框，如果分隔线段是两面交线的投影，则相邻两线框表示相邻两表面，如图 6-17（a）的正立面图中的线框 1′、2′。如分隔线段是一个角的积聚性投影，则相邻两线框并不表示两相邻的面。在这种情况下，应该根据投影关系，找出它们对应的投影，从而区分出它们的上下、左右、前后的相对位置。如图 6-17（b）中正立面图所指明的三个线框由平面图可判别它们的前后位置关系；图 6-17（c）中平面图所指明的三个线框由正立面图可判别它们的上下位置关系。

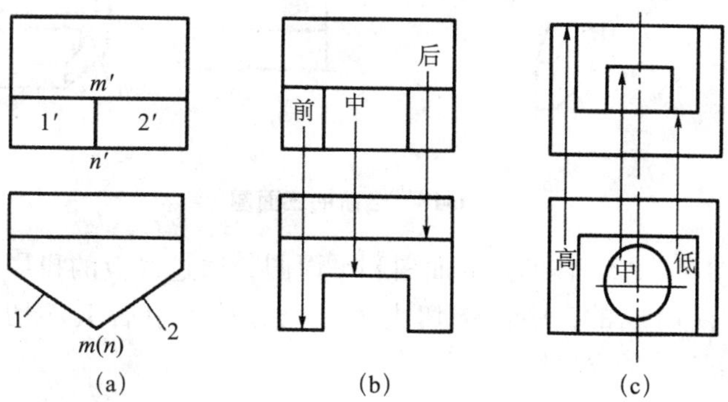

图 6-17　投影图中相邻线框的分析

4. 灵活多思，反复对照

根据组合体三面图想象组合体的空间形状，要有空间想象力，而这种想象力要通过读图的实践得到提高和发展。在初步掌握形体分析和线面分析的基础上，在读图过程中要灵活多思，要不断地把想象的组合体与给定的三面图进行对照，比较想象中的组合体投影与给定的三面图是否完全一致，边对照边修正，直到符合给定条件，这样读图才能收到好的效果。

二、读图的基本方法

1. 形体分析法

读图最基本的方法也是形体分析法。一般是从反映组合体形体特征较多的投影图着手，对照其他投影图，通过对应线框，初步分析该组合体由几部分组成及组成的方式；然后按投影规律逐个找出各基本体在其他投影图中的投影，并确定各基本体之间的相对位置；最后综合想象组合体的整体形状。

图6-18（a）所示形体的正立面图和平面图明显反映该形体由左、中、右三部分组成。对照左侧立面图可以看出各部分的形状，左、右两块为五棱柱，中间一块是多棱柱体。分别画出两个基本体的三面投影，它们的左侧立面图反映了两柱体的形状特征［图6-18（b）、图6-18（c）］。综合起来可以想象出这个形体是一个台阶，如图6-18（d）所示。

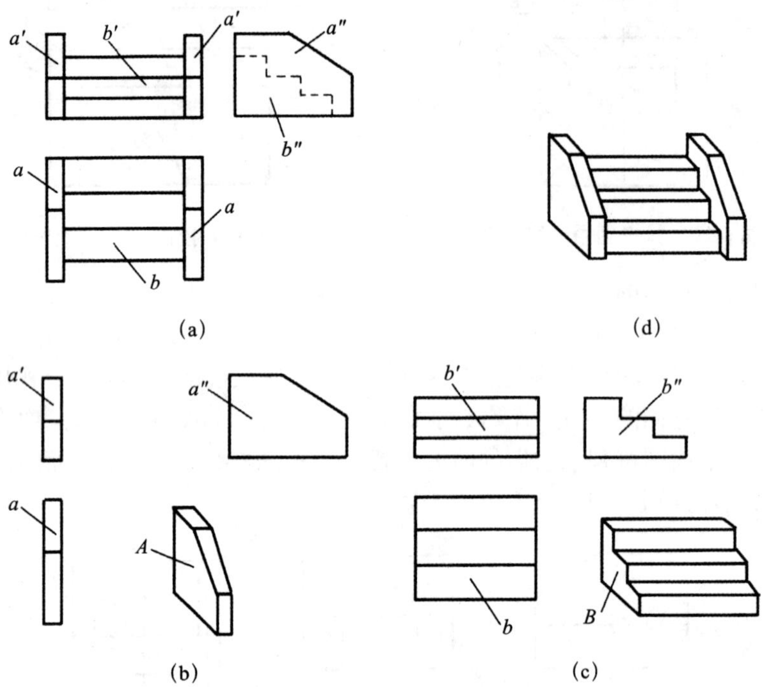

图6-18　台阶的三面图

图6-19（a）给出一组合体的正立面图和平面图，通过对应的投影，分析出该组合体是由一长方体被切割而成的，中前部切去了一长方体，中后上部切去了一小半圆柱。图6-19（b）是该组合体的立体图。

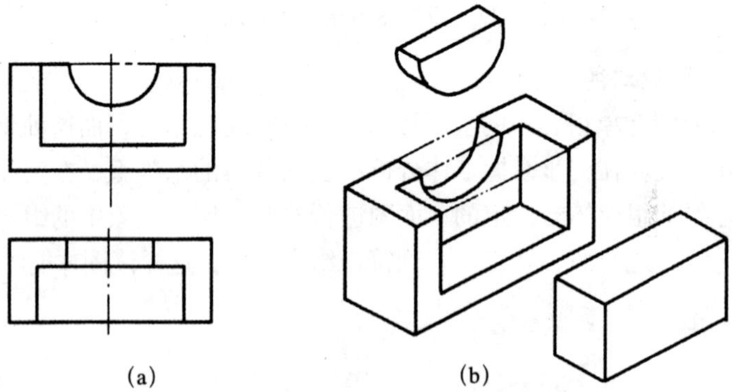

图6-19　组合体的三面图

2. 线面分析法

读一些较复杂的组合体三面图时，通常在形体分析法的基础上，对不易读懂的局部，还要结合线、面的投影分析，一条线一个线框地分析其线面关系，来帮助读懂和想象这些局部的形状，这种方法称为线面分析法。

图6-20（a）给出了一组合体的正立面图和平面图。通过对投影的分析，从反映形体特征的正立面图中可以划分为两个线框，对照平面图可知形体由左、右两部分组成。右半部分比较容易想象，是一个五棱柱。左半部分就不能立即看出它是什么形状的基本体，此时可以用线面分析法，一条线、一个线框地分析投影关系，以想象其空间形状。如图6-20（b）所示，在左半部分的平面图上有三个线框：线框1在正立面图上找不到符合投影关系的类似图形，只能对应斜线1′，可知它是正垂面；线框2、3都对应正立面图上的类似图形2′（3′），由于它们的底边是侧垂线，可知它们是前、后两个侧垂面。再分析出该形体的底面是矩形，右面是三角形，因此可以判定组合体的左半部分是一斜四棱锥。左、右两部分合并，可知该组合体的整体形状如图6-20（c）所示。

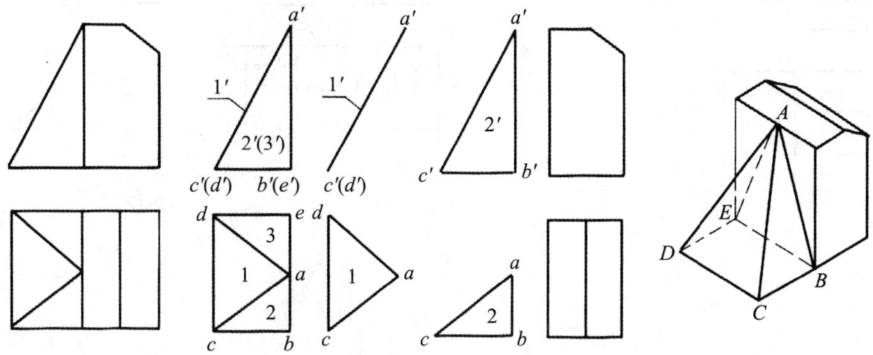

(a)　　(b)　　(c)

图6-20　组合体的线面分析

三、读图训练

1. 读图一般步骤

前面介绍了阅读组合体三面图的方法和要点，现对阅读组合体三面图的一般步骤归纳如下。

（1）分析视图

首先，从反映形体特征较明显的投影图（正立面图或其他投影图）着手，分析各投影图之间关系及每一个投影图主要反映了形体上哪部分的形状特征。其次，初步划分线框。划分线框不一定都在正立面图上进行，也可以在其他投影图上划分。但要注意，所划分的线框应能代表一个基本形体的投影，而且其形状比较简单，相互关系也要明确。

（2）找对应投影

根据所划分的线框找对应投影，用形体分析法或线面分析法，还可以借助轴测图进行判断，想象出各部分的形状及相互位置。

（3）综合起来想象组合体的整体形状。

2. 由组合体的两投影补画第三投影

根据组合体的两个投影补画第三个投影是训练读图能力的一种方法。因为在这种作图过程中，除了要求根据已知的两个投影读懂组合体的形状，还要求按照投影规律能正确地画出其相应的第三个投影。这样就包含了由图到物和由物到图的反复思维的过程。因此，它是提高读图能力，培养空间想象力的一种有效手段。读者应多作练习。

例1：如图6-21（a）所示，已知一组合体的正立面图和平面图，求作其左侧立面图。

解：分析所给出的两个投影图，其正立面图反映形体的组合特征，它由五部分叠加组成，且左右对称，可以划分出三种线框［图6-21（a）］。从平面图看出，该形体不仅左右对称，而且前后也对称。由两个投影图对照看可知三种线框表明：一块是长方形底板（扁四棱柱体）；两块立板也是长方体，且与底板等宽，左右对称放置；四块带切角的长方板（扁五棱柱）左右、前后对称放置在底板之上、立板外侧。根据上述分析，可以综合想象

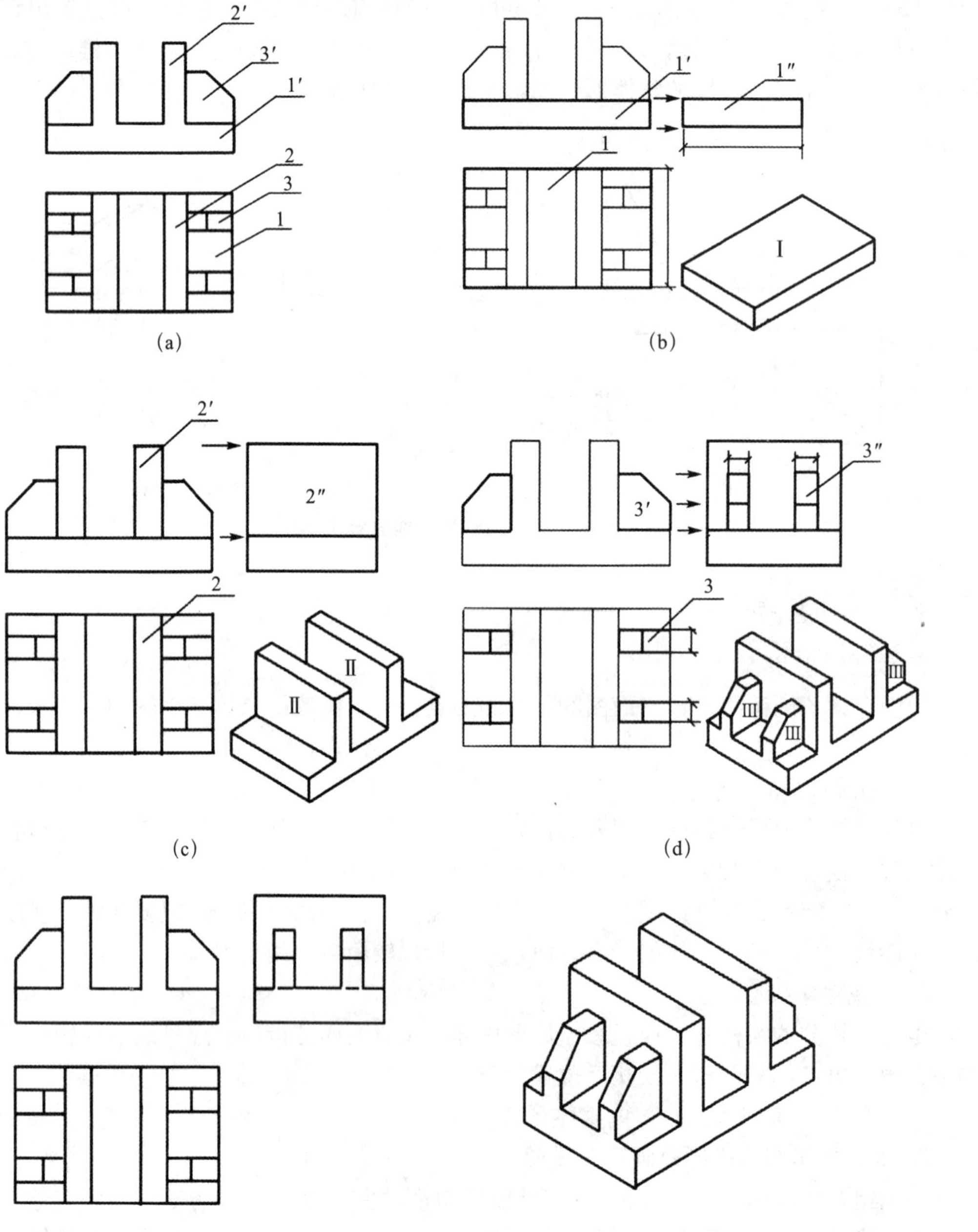

图6-21 读图举例一

出该组合体的完整形状。

在分析过程中，宜边读图边补作投影，图 6-21（b）、图 6-21（c）、图 6-21（d）分别表示了读图和补作投影的过程。在补完每一部分的投影后，要检查各部分连接处图线有否多余、遗漏或应改为虚线。待检查无误后，加深图线。

例 2：如图 6-22（a）所示，已知一组合体的正立面图、左侧立面图，求作其平面图。

解：分析已知的两个投影图，可以知道该组合体是由一长方体被多次切割形成的。从正立面图分析，长方体的左上部被一正垂面截切掉；从左侧立面图分析，在右上部又被前后对称的两个侧垂面截切掉，中下部左右被挖通。由此可以想象出这个组合体的大致形状。

在补画平面图时，先补出形体未被截切时的平面图，然后按组合体的成形，逐一切割，逐一补出相应的平面图，待切割完毕，按相应要求所作的平面图即已完成。图 6-22（b）、图 6-22（c）、图 6-22（d）、图 6-22（e）表明了平面图的作图过程。

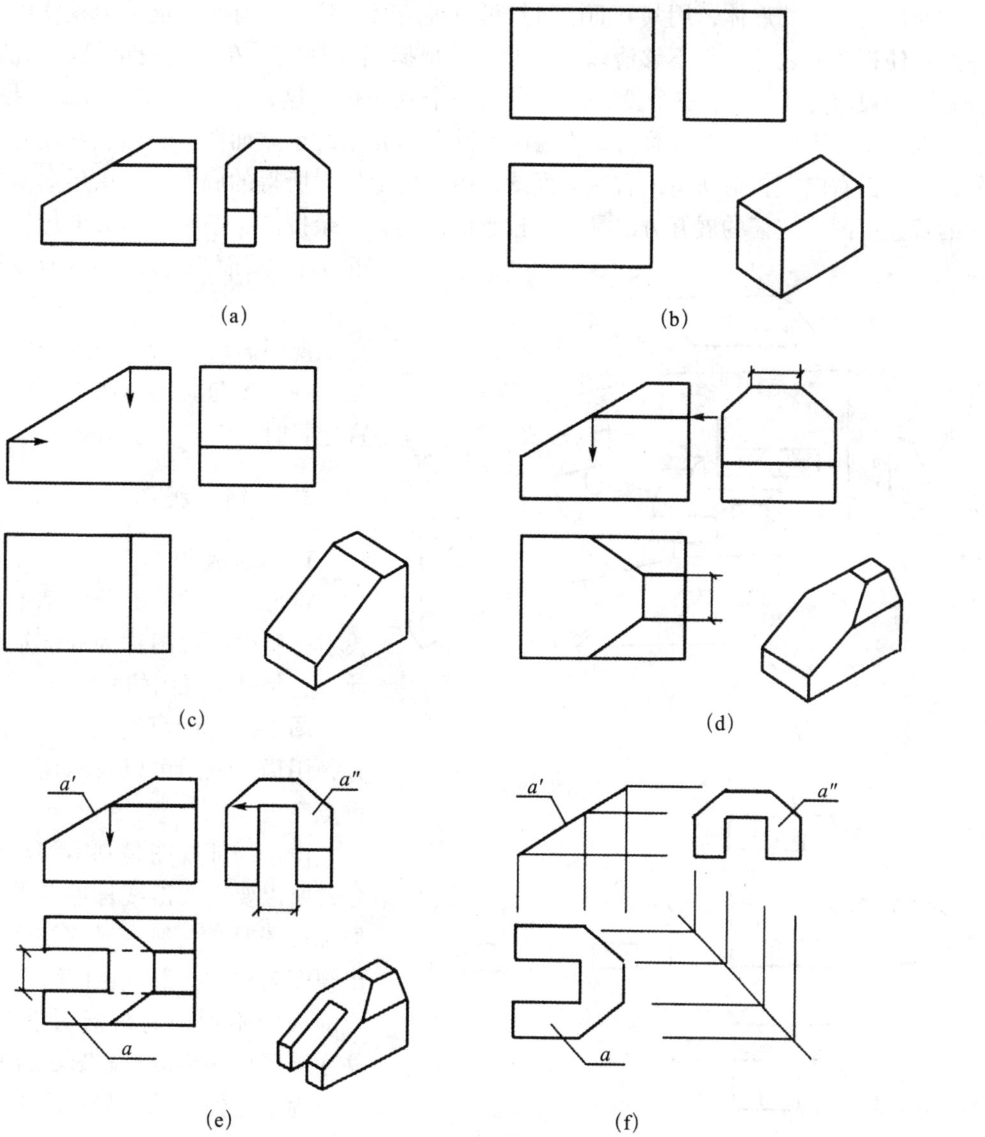

图 6-22　读图举例二

为了检查所补作的投影图是否正确，往往要对一些投影面垂直面进行投影分析。如图6-22（e）中对 A 面进行了投影分析。A 面是正垂面，其水平投影 α 与侧面投影 α'' 一定是类似图形，其边数、顶点数完全相同，各边的平行关系也相同。

在“二求三”过程中，如能根据已知的两个投影，作出相应的轴测图，那么，补画第三个投影就比较容易了。因此，掌握轴测图的画法，对学习读图是很有帮助的。

§6－4 各种视图

一、基本视图

对比较复杂的形体，用其三面图虽然可以确定其形状，但有时可能因为视图中有很多虚线，使视图的表达变得不够清晰。此时，可根据国标规定，在原有三个投影面的对面，分别再增设 H_1、V_1、W_1 三个投影面，组成一个六面体。这六个投影面称为基本投影面，形体在基本投影面上的投影称为基本视图。除前面介绍的正立面图、平面图和左侧立面图外，还有由右向左投射所得的右侧立面图，由下向上投射所得的底面图，由后向前投射所得的背立面图。它们的展开方法是正立投影面不动，其余按图中箭头所指方向旋转，并与正立投影面共面，如图6-23（a）所示。

视图名称一般注在视图的下方。在同一张图纸内按6-23（b）所示位置配置时，一律不注视图名称。

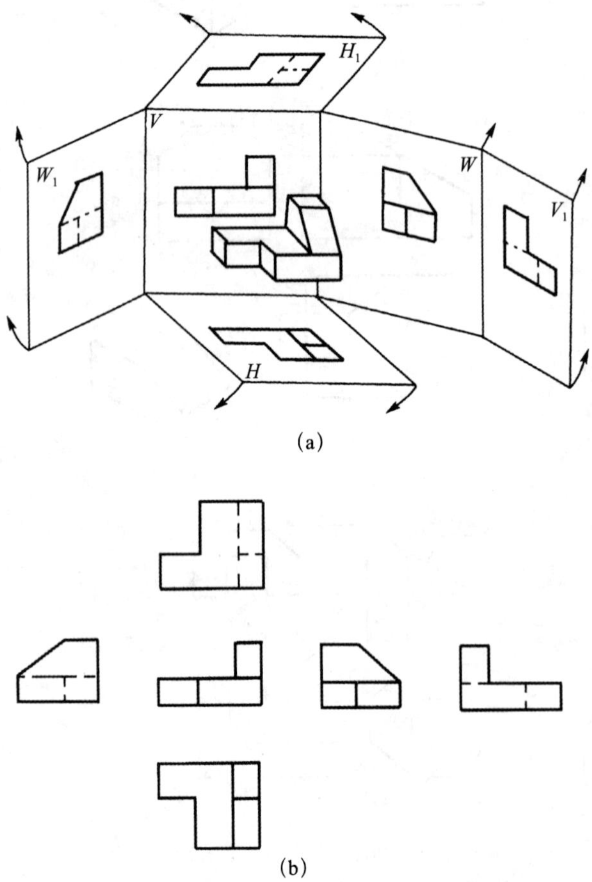

图6-23　基本视图

二、辅助视图

1. 局部视图

将形体的某一部分向基本投影面投射，所得的视图称为局部视图。因此，它是基本视图的一部分。

图6-24所示形体左侧的凸出部分，用局部视图可以表示清楚，而且重点突出。

由于局部视图是基本视图的一部分，所以要用波浪线标明其范围。画局部视图时，一般在局部视图上方标出视图名称“×”（拉丁字母），在相应的视图附近用箭头指明投射方向，并注上同样的字母，如图6-24所示。

为了方便看图，局部视图应尽量配置在箭头所指的方向，并与原有视图保持投影关系。也可以根据实际需要，配置在图纸的适当位置。

2. 斜视图

当形体上某一部分的结构形状是倾斜的，不平行于任何基本投影面时，它在基本投影面上的投影不能反映实形和真实尺寸。为了将这一部分的真实形状表示出来，可以设置一个与该部分表面平行的辅助投影面，然后把该部分向辅助投影面作正投影，所得到的视图称为斜视图，如图 6-25 所示。

斜视图也是形体某一局部形状的视图，因此它的配置和标注方法，以及波浪线标明范围的作法与局部视图基本相同。不同点是，为了合理利用图纸或画图方便，可将图形旋转到水平或直立位置，但要注上旋转符号，而且旋转角度不能大于90°。

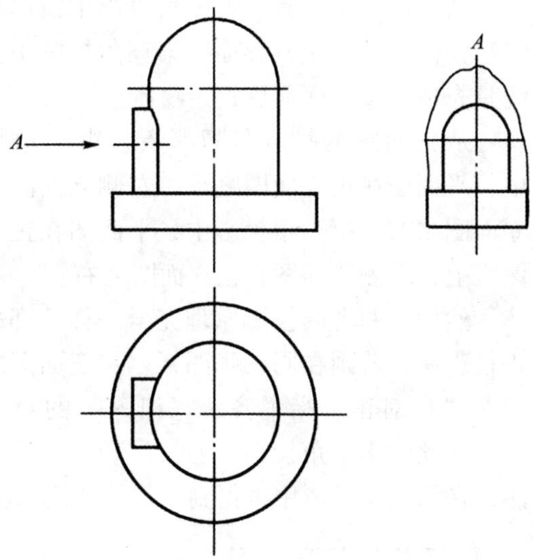

图 6-24　局部视图

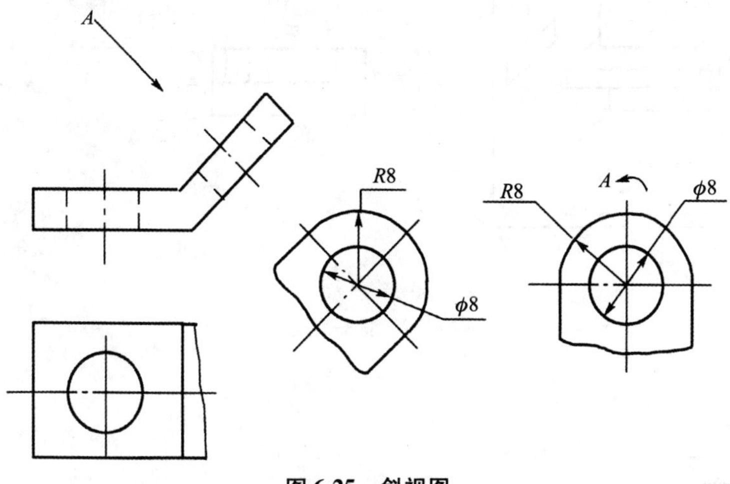

图 6-25　斜视图

§6－5　第三角投影简介

把三投影面体系中的三个投影面（V、H、W）扩大，将空间分成八个分角，如图6-26所示。如将物体放在第一分角中向各投影面进行正投影，得到的三面图如图 6-27 所示。如将物体放在第三分角中向各投影面进行正投影，如图 6-28（a）所示。按箭头所示方向展开，便得到第三角投影的三面图［图 6-28（b）］。我国规定采用第一角投影法，美国、日本以及其他一些西方国家采用第三角投影法。

若采用第三角画法时，必须在图样中画出第三角画法的识别符号，见图 6-28（c）。

从投影过程来看，第一角投影中投射线先经过物体而后到达投影面，第三角投影中投射线是先透过投影面而后到达物体。

从三面图的排列位置来看，第一角投影中，平面图在正立面图之下，左侧立面图在正立面图之右。第三角投影中，平面图在正立面图之上，右侧立面图在正立面图之右。

然而，两者的投影原理完全一样，都采用正投影法，若画在同一张图纸上，三面图之间存在“长对正、高平齐、宽相等”的对应关系。因此，第一角投影中的投影理论和作图方法，在第三角投影中也得到类似的结论和应用。

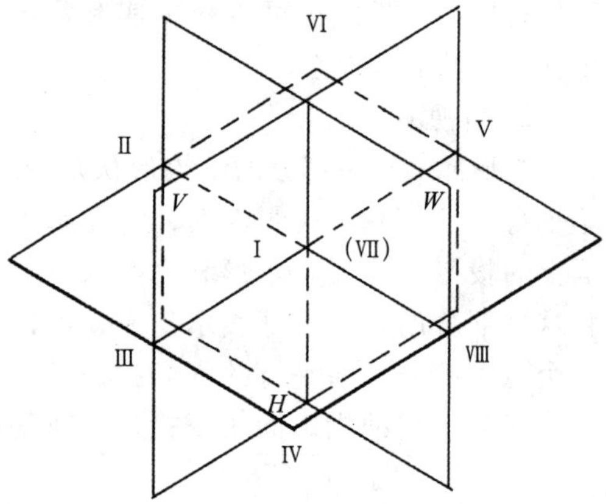

图 6-26 八个分角

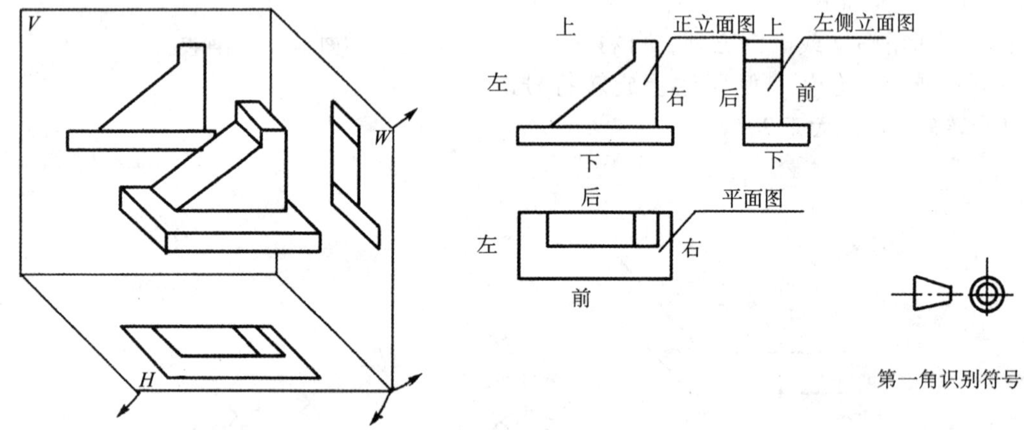

(a) (b) (c)

图 6-27 第一角画法

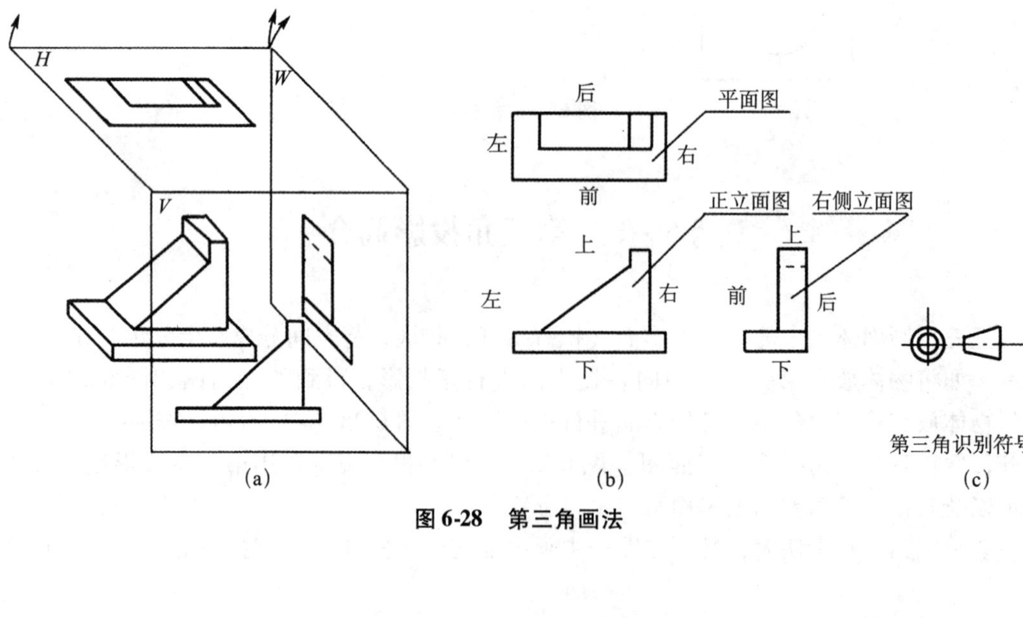

(a) (b) (c)

图 6-28 第三角画法

第七章　剖视图、断面图

本章主要内容是介绍剖视图和断面图的形成及画法。

按照国家标准《房屋建筑制图统一标准》（GBJ 1—88）和《技术制图》中的有关规定，了解剖视图和断面图的基本概念和用途，掌握剖视图和断面图的画法及标注方法。

§7－1　剖视图

前面介绍过画形体的投影图时，不可见的轮廓线要用虚线画出，但图中虚线多了会给读图带来困难，又不便于标注尺寸。为此，可采用各种视图的办法来减少或取消部分虚线。但对形体内部的不可见轮廓线却无法用视图的办法来解决，如图 7-1 所示，形体的正立面图和侧立面图中的虚线即为此例。

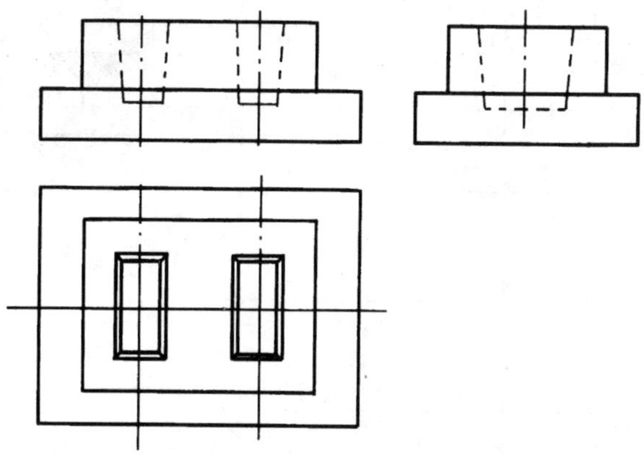

图 7-1　双柱杯形基础图

为了能在投影图中直接表达出工程形体的内部形状、构造和材质，常采用作剖视图的办法来解决。

一、剖视图的基本概念

假想用剖切面剖开形体，将处在观察者和剖切面之间的部分移去，将其余部分向相应的投影面投影，所得视图称剖视图，简称剖视，如图 7-2 所示。

1. 剖面区域表示法

假想用剖切面剖开形体，剖切面与形体的接触部分称剖面区域。为区分形体的内部和实体及剖面区域的形状、范围，若不需在剖面区域中表示材料的类别时，可采用通用剖面线表示。通用剖面线用细实线绘制，并与剖视图的主要轮廓线或剖面区域的对称线成 45°角，同一形体的各个剖面区域，其剖面线画法（方向、间距）应相同。

为了突出剖面区域，可以用加粗轮廓线的方法表示，窄剖面区域可全部涂黑，允许在剖面区域内用点阵或涂色代替通用剖面线。当剖面区域较大时，可以只沿着剖面区域轮廓线画出部分剖面线。在各专业图中，剖面区域内的材料符号应遵照各专业的材料图例来填画。表 7-1 为建筑材料常用剖面符号。

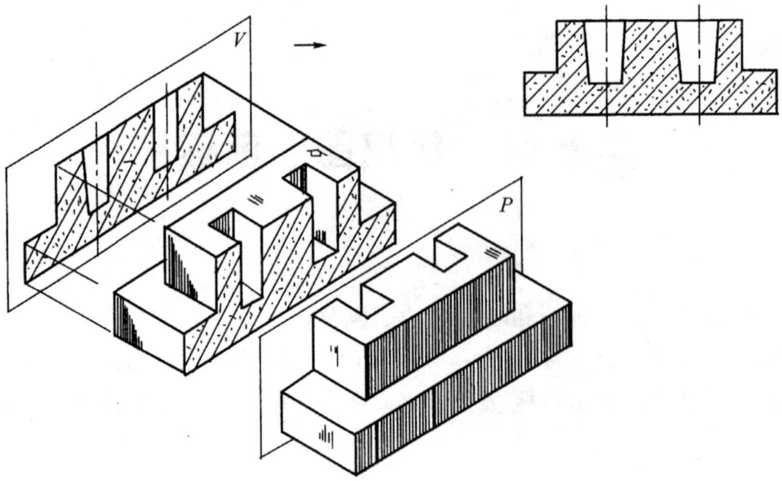

(a) 假想用剖切平面P剖开基础并向V面进行投影　　(b) 基础的V向剖面图

图 7-2　剖视图的形成

表 7-1　建筑材料常用剖面符号

序　号	名　称	图　例	说　明
1	自然土壤		包括各种自然土壤
2	夯实土壤		
3	砂、灰土	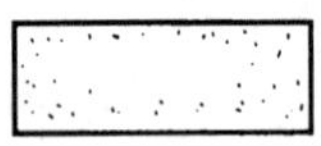	靠近轮廓线点较密的点
4	粉刷	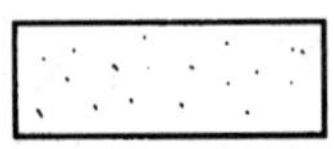	本图例点以较稀的点
5	普通砖	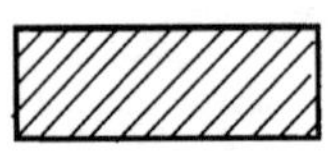	1. 包括砌体、砌块； 2. 断面较窄，不易画出图例线时，可涂红
6	混凝土		1. 本图例仅适用于能承重的混凝土及钢筋混凝土； 2. 包括各种标号、骨料、添加剂的混凝土； 3. 在剖视图上画出钢筋时，不画图例线； 4. 断面较窄，不易画出图例线时，可涂黑
7	钢筋混凝土	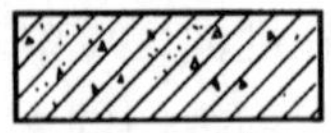	
8	饰面砖		包括铺地砖、马赛克、陶瓷锦砖、人造大理石等
9	毛石	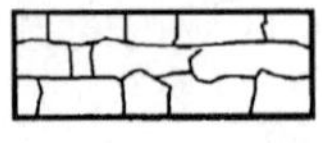	

续表

序　号	名　称	图　例	说　明
10	多孔材料		包括水泥珍珠岩、沥青珍珠岩、泡沫混凝土、非承重加气混凝土、泡沫塑料、软木等
11	木材		1. 上图为横断面，为垫木、木砖、木龙骨； 2. 下图为纵断面
12	金属		1. 包括各种金属； 2. 图形小时，可涂黑
13	防水材料		构造层次多或比例较大时，采用上面图例

2. 剖视图的标注

为了明确剖视图与有关视图的关系，一般在剖视图及相应的视图上应加以标注，注明剖切位置、剖切方向和视图名称。

（1）剖切位置

用剖切线标注剖切面位置（用点画线画出）可将剖切线与剖切符号组合起来标注剖切位置，如图7-3（a）所示。

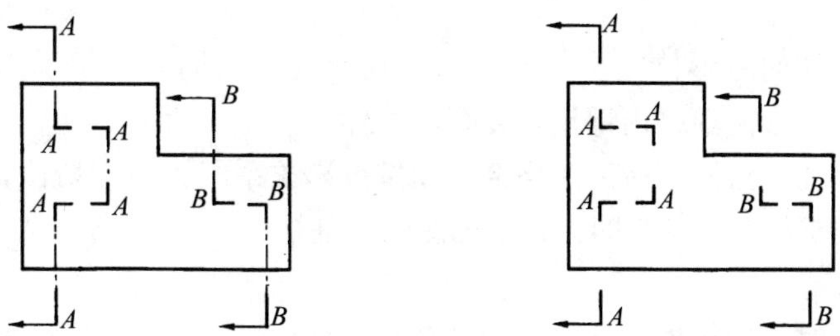

(a)　　(b)

图7-3　剖视图的标注

省略剖切线，用剖切符号标注剖切面位置如图7-3（b）所示，在与剖视图相应的视图上，在剖切平面的起讫、转折处，各画上长度6～10 mm的短粗实线。

（2）投射方向

在剖切符号的两端画长度4～6 mm的短粗实线或箭头，如图7-3所示。表示投射方向。

（3）视图名称

用相同的数字或大写拉丁字母依次注写在剖切符号的附近，并一律水平书写，在相应的剖视图的下方或上方用相同字母或数字注写出名称，中间画一短横线。如图7-4所示。

3. 画剖视图的注意事项

（1）剖切面的位置，应根据形体的形状特点来确定。一般应平行于投影面，且通过形体内部结构的对称平面、轴线或其他适宜的位置，如图7-2所示。

（2）由于剖视图是假想将形体切开后投影所得到的，实际上形体并没有被切开。所以把一个投影画成剖视图后，其他投影仍应按完整形体画出，如图 7-4 所示。

（3）画剖视图时，在剖切面后方可见轮廓线都应画出，不能遗漏，也不可多线，如图 7-4（a）所示。

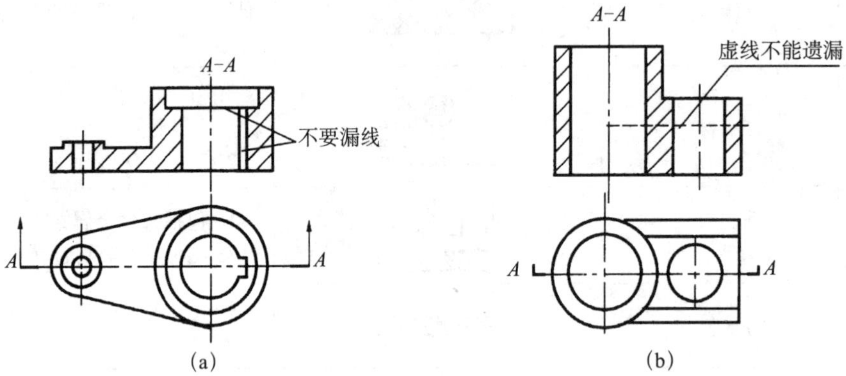

图 7-4　剖视图的画法

（4）为了使剖视图清晰，在剖视图上可省略不必要的虚线。如果在必须画出虚线才能清楚地表示形体时，仍应画出虚线。如图 7-4（b）所示，保留立面图中的虚线，才能确定台面的位置。

二、常用剖视图

1. 全剖视图

假想用单一剖切面将形体完全剖开，所得到的剖视图称为全剖视图，如图 7-5 所示。全剖视图一般用于外形简单，内部比较复杂的形体。

全剖视图的标注方法同前所述。当剖视图按投影关系配置，剖切位置又通过形体的对称面时，可以省略标注。图 7-5 即为省略标注的全剖视图。

2. 半剖视图

当采用全剖视时，形体外部的一些可见轮廓线被切去，需对照另一视图才可了解其外

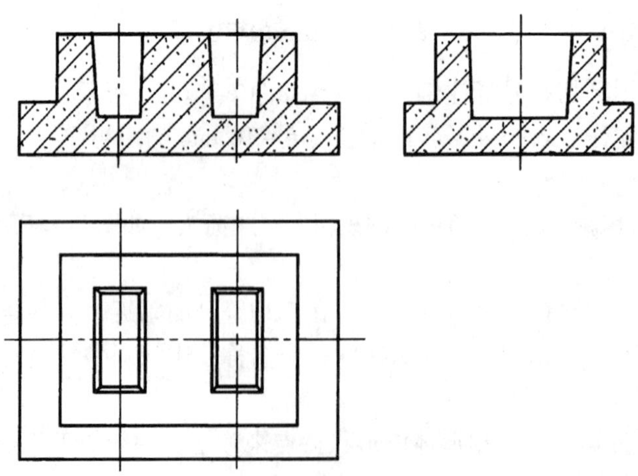

图 7-5　全剖视图

形。因此，当形体具有对称平面时，作全剖后，在垂直于对称平面的投影面上的投影，可用对称线为界，一半画成剖视，另一半仍画成外形视图，这种视图称为半剖视图。如图7-6所示，因正锥壳基础具有左右、前后对称面，故正立面图、左侧立面图采用半剖。由于内部形状在剖视图的半边已表示清楚，所以在表示外形的半个视图上不画表示内部的虚线，半剖视图的标注方法与全剖视图相同。半剖视图在视图中的位置：当图形左右对称

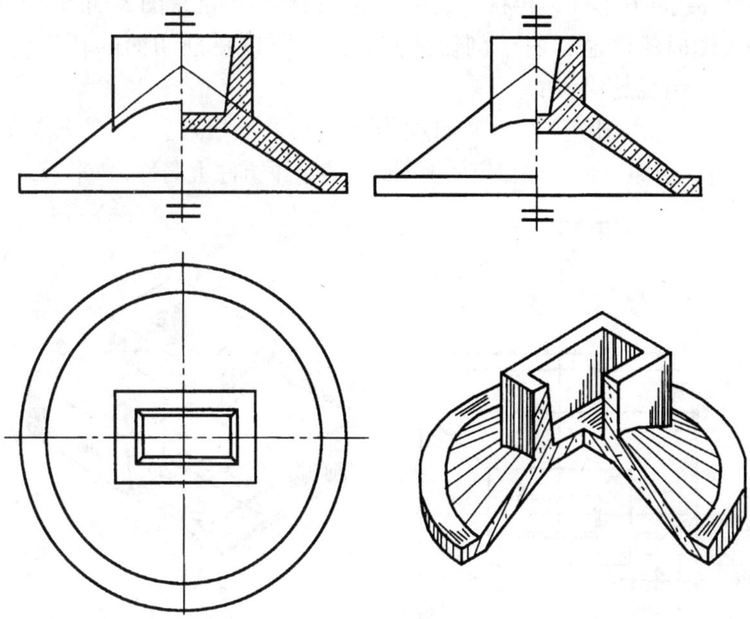

图 7-6 正锥壳基础的半剖视图

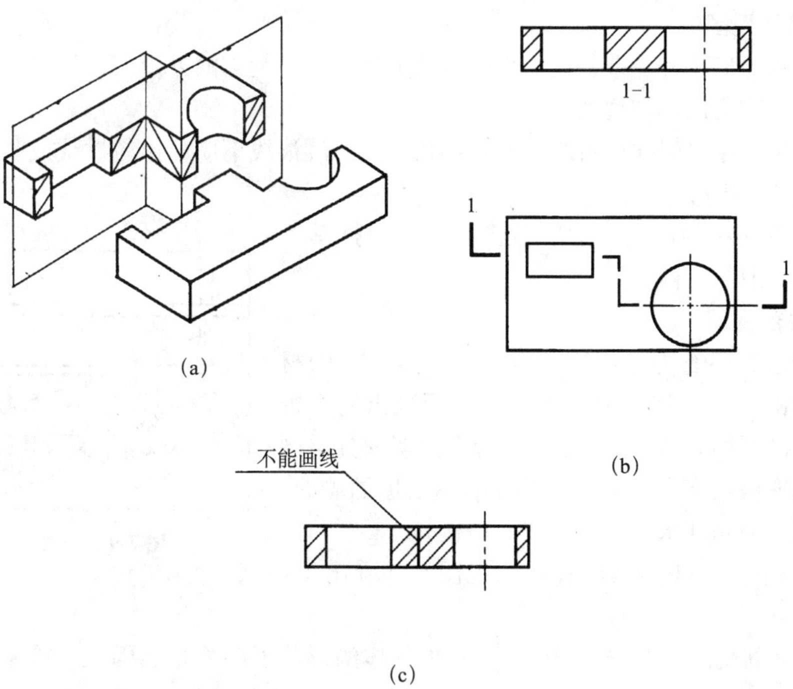

图 7-7 阶梯剖视图

时，左边画外形，右边画剖视；当图形上下对称时，上边画外形，下边画剖视。

3. 阶梯剖视图

用几个互相平行的剖切平面剖开形体所得到的视图称阶梯剖视图。如图 7-7（a）所示，形体上有两个不同形状的孔和槽，它们的中心不在同一个正平面内，因此用一个正平面不可能同时将孔和槽剖开。为在一个剖视图中同时表达孔和槽的内部结构，采用了两个正平面分别通过它们的中心线剖开形体，再投影到正立面，得到阶梯剖视图，如图 7-7（b）所示。

画阶梯剖视图时应注意：由于剖切是假想的，所以在剖切面的转折处不应画线。如图 7-7（c）所示，画线是错误的。

画阶梯剖视图应标注剖切位置，在起讫、转折处应注上相同字母，当转折地位有限，又不至引起误解时，允许省略字母。在相应剖视图的上方或下方注上名称，如图 7-7（b）所示。

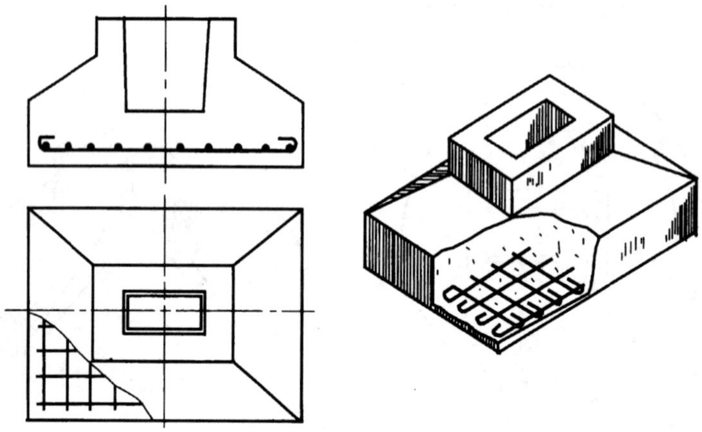

图 7-8　局部剖视图

4. 局部剖视图

当形体的外形比较复杂，完全剖开后就无法表示清楚它的外形时，可以只将局部地方画成剖视图，称为局部剖视图。

局部剖视图用波浪线或折断线表示剖切范围，波浪线不应超出轮廓线或与图上其他线重合，如图 7-8 所示。

局部剖视图中的剖切位置、范围大小应根据具体情况确定，一般不需标注。

5. 分层剖视图

按层次以波浪线将各层次隔开，以表示各层的材料、构造等的方法，称为分层剖切法，所画出的剖视图称为分层剖视图。图 7-9 所示是一轻质隔墙的分层剖视图。这种方法在土木工程中多用于表示房屋的墙面、地面、屋面、公路和水工建筑的码头面板等。

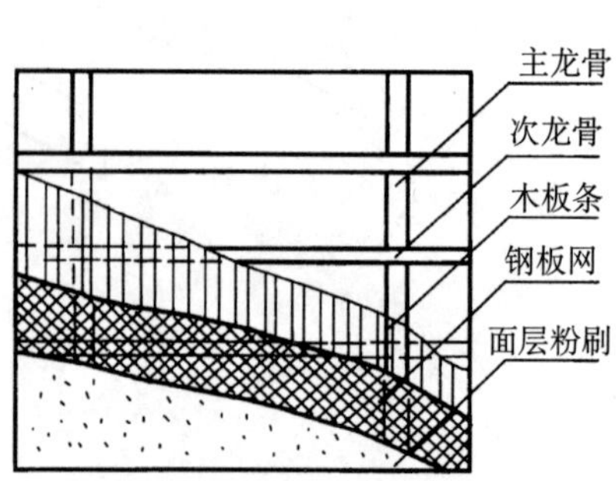

图 7-9　分层剖视图

例 1：读懂图 7-10（a）所示二视图，并画出 1-1 剖视图。

欲作 1-1 剖视图，需对二视图所表达的形体的形状了解清楚。因此，首先可根据已掌握的读图方法（已在第六章中介绍过）对二视图进行阅读分析。读懂之后，再根据画剖视图的要求作图。

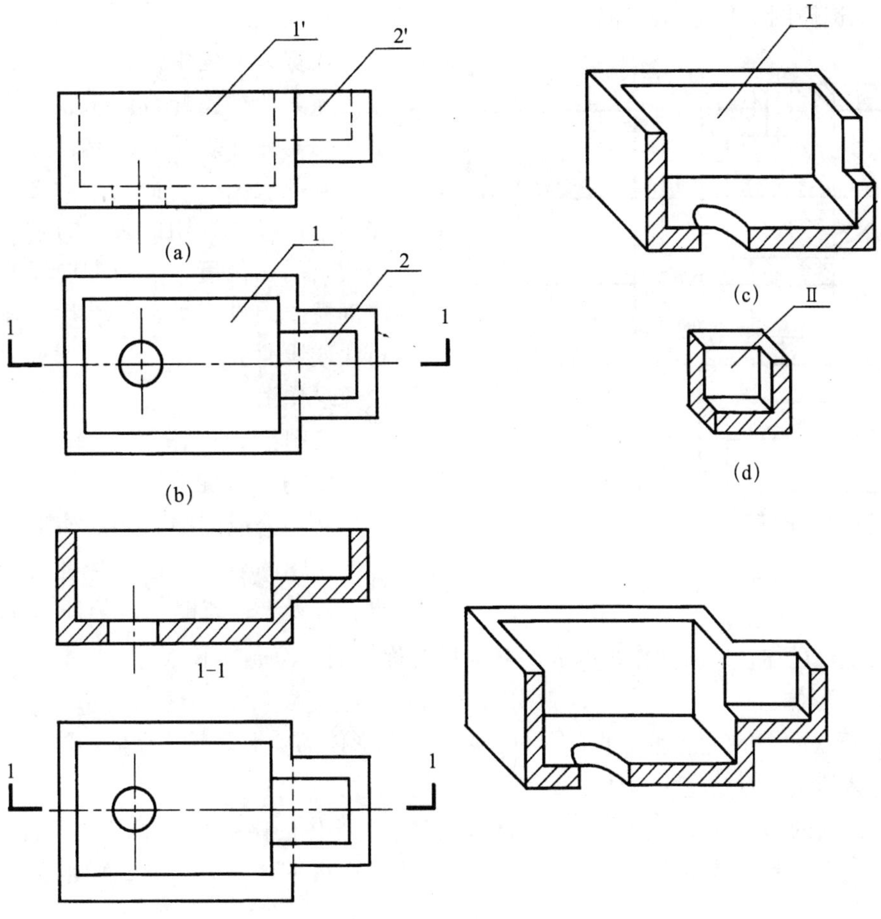

图 7-10　作 1－1 剖视图

读图：

(1) 分析视图　首先对照正立面图和平面图的投影关系，如图 7-10（a）可以看到该形体前后对称，左右不对称，由两个长方体组成。左边的称Ⅰ体，右边称Ⅱ体。两体上顶面平齐，并相通。

(2) 分析形体

Ⅰ体：从左向右，长对正，从下向上（或从上向下）对照投影关系可知：平面图无虚线，表明都可见，图中有两个套在一起的多边形边线框，表明中间部分凸或凹；再与正立面图最左最右两条实、虚线对应，表明中间为凹下去的空槽，它是由长方体挖槽形成的，并反映空槽长方体的壁厚。平面图中的实线圆与正立面图中底板处虚线对应，表明是圆孔；右边壁上表示开有小方口与Ⅱ体相通，如图 7-10（c）所示。

Ⅱ体：Ⅱ体是与Ⅰ体相连的小长方体，也是由长方体挖槽形成的，左边开口与Ⅰ体相通，如图 7-10（d）所示。

(3) 综合起来想象出整体，如图 7-10（e）所示。

作图：由上述阅读分析已知，该形体前后对称，1-1 为全剖视图，如图 7-10（b）所示。这样的两个视图将该形体表达清楚。

例 2：读懂图 7-11 所示三视图，将左侧立面图改画成剖视图。

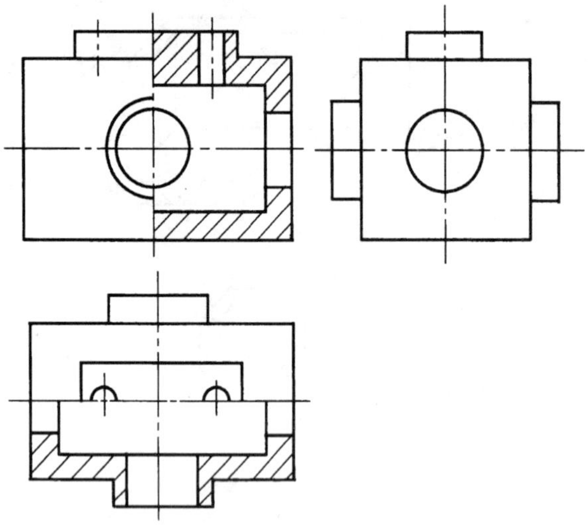

图 7-11 形体三视图

在实际工程中，常采用剖视图、断面图与其他视图配合起来表示土木工程建筑物的内外形状和结构。因此，在阅读带有剖视图的多面正投影图时，应首先了解该形体采用的表达方法，在视图上找出剖切位置、投射方向及它们与相应剖视图的投影关系。然后，按形体分析法或线面分析法读图。读懂之后，再按要求作图。

读图：

1. 分析视图

从所给视图中看到，该形体采用了半剖视图的表达方法。半剖视图配置在投影位置上，省略标注。正立面图作半剖表明其左右对称；平面图作半剖表明其前后对称，剖切面通过形体的对称平面。

2. 分析形体

（1）正立面图的左半部、平面图的后半部表示形体的外形，与侧立面图配合起来可以看出该形体的基本形状是长方体。

正立面图的右半部、平面图的前半部共同表示长方体的内部结构情况，其剖面区域清楚地显示其实体和空腔的关系。实体为长方体的四周板壁，厚度一致；内部为长方体的空腔。

（2）正立面图中的两同心圆与平面图、左侧立面图对应表明为圆孔，在前后板壁的对称位置上，且凸出前后表面；在左侧立面图中的对称位置处有一实线圆，由正立面图、平

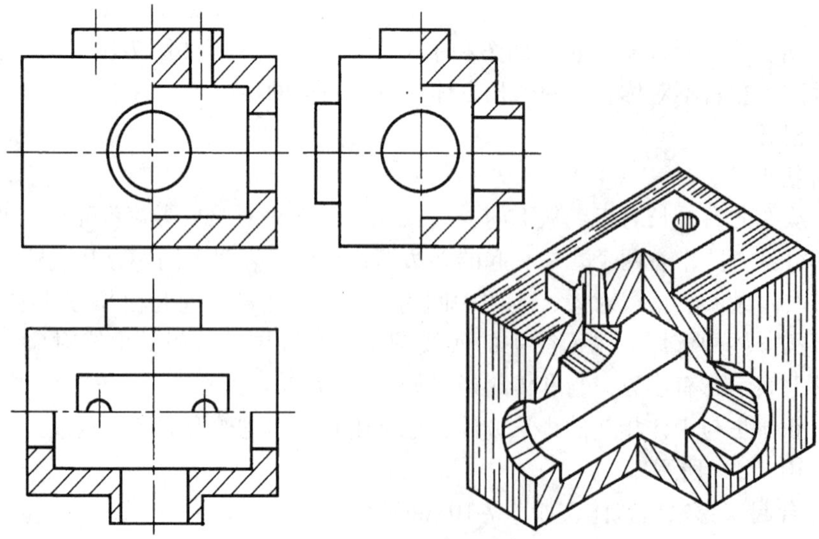

(a) (b)

图 7-12 形体剖视图的表达

面图的对应投影关系可知在左右板壁上有一圆孔。

(3) 从平面图中半个外形视图上看到半个长方形，其内有两个左右、前后对称的小圆，由正立面图、左侧立面图对应的投影关系表明它是位于长方体上部的扁长方体，小圆为圆孔，与内部空腔相通。同时，从正立面图、平面图中半个剖视图看到空腔长方体的底板平整无孔。

(4) 综合起来想整体，如图 7-12 所示。

作图：由上述分析可知，该形体前后对称，故左侧立面图取半剖，放在图形的右边，如图 7-12（a）所示。它与正立面图、平面图配合将该形体的内、外形状表达得更加清楚。因三个视图按投影关系配置，故不标注视图名称。

§7－2　断面图

对于某些单一的杆件和需要表示某一局部的截面形状及材料时，采用断面图表示。

一、断面图的基本概念

假想用剖切面将形体的某处切断，剖视图要画出形体被剖开后整个余下部分的投影，如图 7-13（c）所示，除画出断面外，还画出牛腿的投影（1-1 剖面）和柱脚部分的投影（2-2 剖面）。但如图 7-13（d）所示仅画出该剖切面与形体接触部分的图形，该图形称为断面图，简称断面。

二、移出断面图和重合断面图

1. 移出断面图

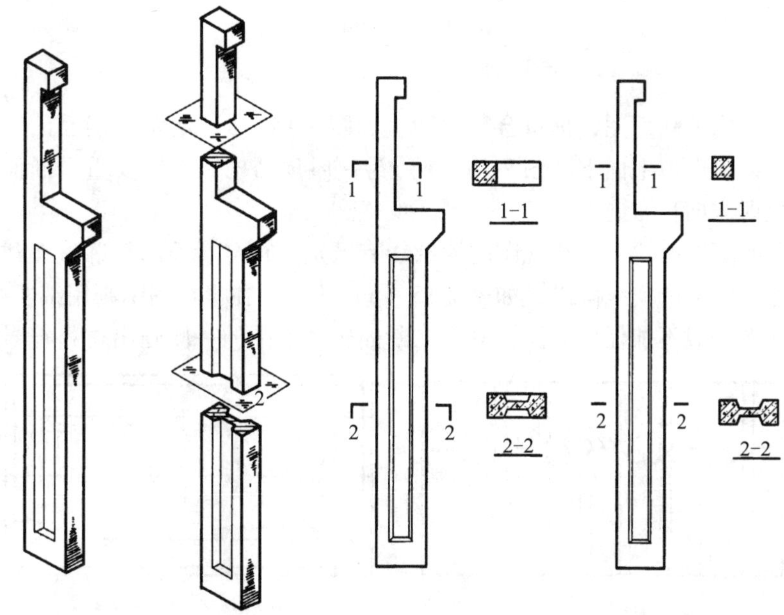

(a) 工字柱　(b) 剖开后的工字柱　(c) 剖面图　(d) 断面图

图 7-13　断面图的形成

画在视图的轮廓线外面的断面图称移出断面图，如图 7-13 所示。

移出断面图的轮廓线用粗实线画出。移出断面图可以画在剖切线的延长线上、视图中断处，或其他适当的位置，如图 7-14 所示。

断面图一般应标注剖切位置（6 ~ 10 mm 短画或点画线），用大写拉丁字母或数字的注写位置来表示投射方向，如图 7-13 所示。字母或数字写在剖切线下方，表示向下投射，反之则向上投射。用相同的两个字母或数字在断面图的下或上方写出名称，如图 7-13 所示。

若移出断面图画在剖切线的延长线上或中断处时，不需注视图名称，如图 7-14（a）、图 7-14（b）、图 7-14（c）所示；若断面图形不对称，则要标注投射方向，如图 7-14（b）所示。当形体有多个断面时，断面图名称宜按顺序排列，如图 7-14（d）所示。

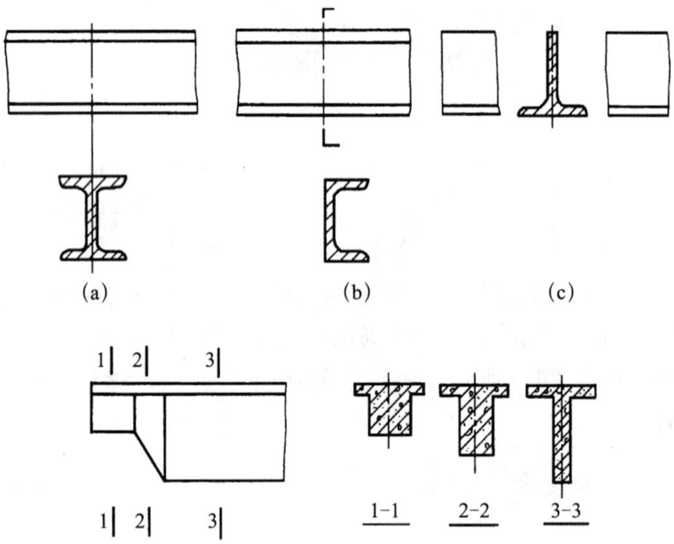

(d)

图 7-14　移出断面图

2. 重合断面

画在视图之内的断面图，称重合断面图。如图 7-15（a）所示为墙面的纹饰，剖切面为水平面，投射方向由上向下。图 7-15（b）为一屋顶结构平面图及重合断面图，剖切面为侧平面，投射方向自右向左。

为使重合断面图的轮廓线与视图的轮廓线有区别，重合断面的轮廓线在建筑图中一般采用比视图轮廓线粗的实线画出，如图 7-15（a）所示。在机械图中则用细实线画出。

重合断面图一般不加任何标注，只需在断面轮廓范围的一侧画出材料符号或通用剖面

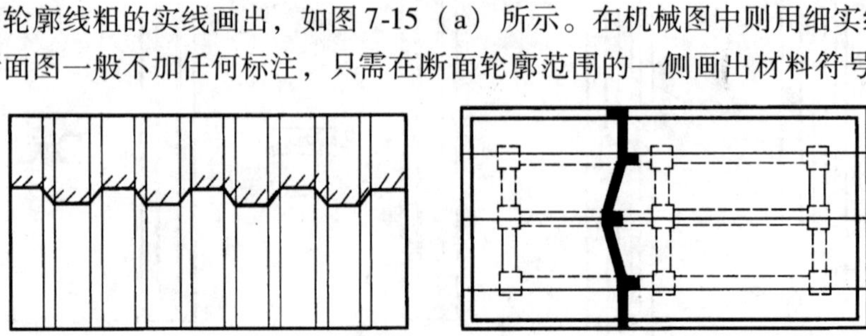

(a) 墙面装饰花纹　　(b) 工业厂房屋面断面图

图 7-15　重合断面图

线，如图 7-15（a）所示。当断面尺寸较小时，可将断面图涂黑，如图 7-15（b）所示。

例 3：读懂图 7-16 所示梁的一组视图，画出梁的正等测图。

读图：从图 7-16 中可知，梁是由一正立面图配有两个移出断面图表示。从两个断面图的形状及剖切位置可知，梁的两端是四棱柱，中部是 T 形柱。从而想出此梁是一变截面的柱形梁。

作图：画出梁的正等测图，如图 7-17 所示。

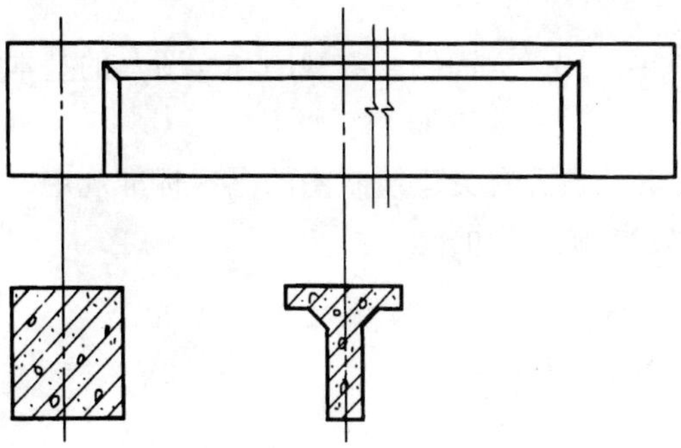

图 7-16　梁的一组视图

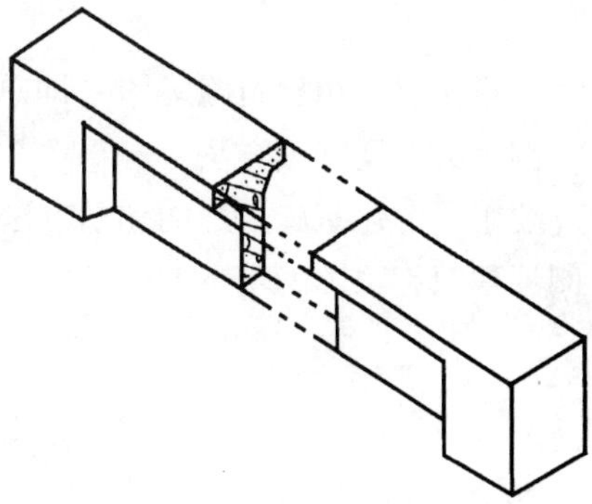

图 7-17　梁的正等测图

第八章　建筑施工图

本章主要介绍建筑施工图（即总平面图、平面图、立面图、剖视图和详图）的基本内容、图示方法及阅读方法。

要求了解建筑施工图的图示方法、图示内容，熟悉有关建筑制图的国家标准规定，掌握阅读建筑施工图的基本方法，培养初步阅读建筑施工图的能力。

§8-1　概　述

建造一幢房屋要经历设计和施工两大过程。设计房屋时，房屋的内外形状、大小、结构、构造、装修、设备等内容均需用图表示出来，这些图都是依据投影原理绘制的，统称为房屋工程图。按照有关建筑制图的国家标准规定，详细准确地画出用于指导房屋建造安装的工程图，称为“施工图”。

一、房屋的分类

房屋是供人们生活、生产、工作、学习和娱乐的场所，按其使用性质分为民用建筑和工业建筑两大类。民用建筑根据其使用功能的不同，又可分为居住建筑和公共建筑，如住宅、宿舍属于居住建筑，礼堂、商场、医院、车站等属于公共建筑。各类房屋用工程图样表达的原理和方法是基本相同的。本章以民用建筑为例介绍房屋工程图。

二、房屋的构造组成

一幢民用房屋从构造角度讲，主要由基础、墙（柱）、楼板（地坪）层、屋顶、楼梯、门窗等部分组成。它们处于房屋的不同位置，起着不同作用。基础、墙（柱）、楼板（地坪）层、屋顶起直接或间接地支撑风、雪、人、物和房屋自重等荷载的作用，外墙、外门窗、屋顶起抵御自然界侵袭的作用，门窗起采光、通风、分隔和围护的作用，楼梯、门起交通联系的作用，内墙起分隔房间的作用。天沟、雨水管、散水、明沟起着排水的作用，勒脚、防潮层起着保护墙身的作用。

房屋除上述基本组成部分外，一般还常有台阶、雨篷、阳台、花池等附属部分及其他各种构配件和装饰等，这些构成了建筑物的土建工程。

图 8-1 为一栋学生宿舍楼的剖切轴测示意图。该楼属于民用多层公共建筑，其结构形式是钢筋混凝土构件和砖墙组成的混合结构，由图可见其基本组成、构配件及其名称和装饰情况。以上所列土建工程中的许多内容都是建筑施工图表达的内容。

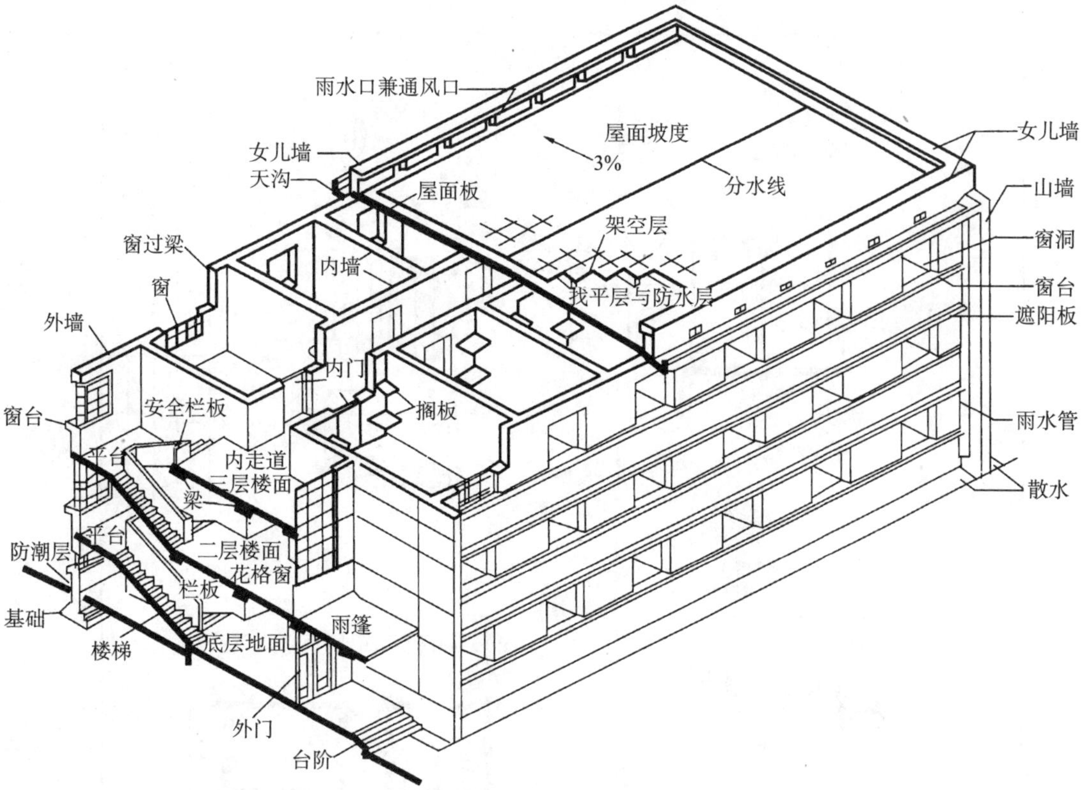

图 8-1　房屋的基本组成

三、房屋建筑的设计阶段及其图纸

建造房屋必须经过一个设计过程，设计工作一般分为初步设计和施工图设计两个阶段。对于大型的、较为复杂的工程，则要采用三个设计阶段，即在两个设计阶段之间，增加一个技术设计阶段。

初步设计阶段，一般需经过收集资料，调查研究等一系列设计前的准备工作，然后提出设计方案，有时需提出几个方案，经比较后确定设计方案，绘制初步设计图纸。

初步设计的图纸主要有：建筑总平面图，房屋主要的平面图和立面图，剖视图。根据需要，也可辅以形象直观的建筑透视图或建筑模型。初步设计图纸的深度较为简略，主要反映建筑物的内外形状、结构、选型、立面艺术处理、地理环境等。初步设计要送交有关部门审批。图 8-2 为学生宿舍楼的初步设计图。

施工图设计阶段：它是在已经批准的初步设计基础上，各专业工种进行深入细致的设计，完成建筑设计、结构设计，水、暖、电等设备设计，绘制出各专业工种的施工图。施工图是建造房屋的技术依据，应做到整套图纸完整统一，细致齐全，明确无误。本书主要介绍这一阶段的工程图。

技术设计阶段：用来深入解决各专业工种之间的协调和各工种的技术问题。此阶段的建筑工种图纸要标明与其他专业工种有关的尺寸，结构工种应有房屋结构布置方案图，设备工种也要有相应的设备图纸。有时可将技术设计的一部分工作纳入初步设计阶段，称为

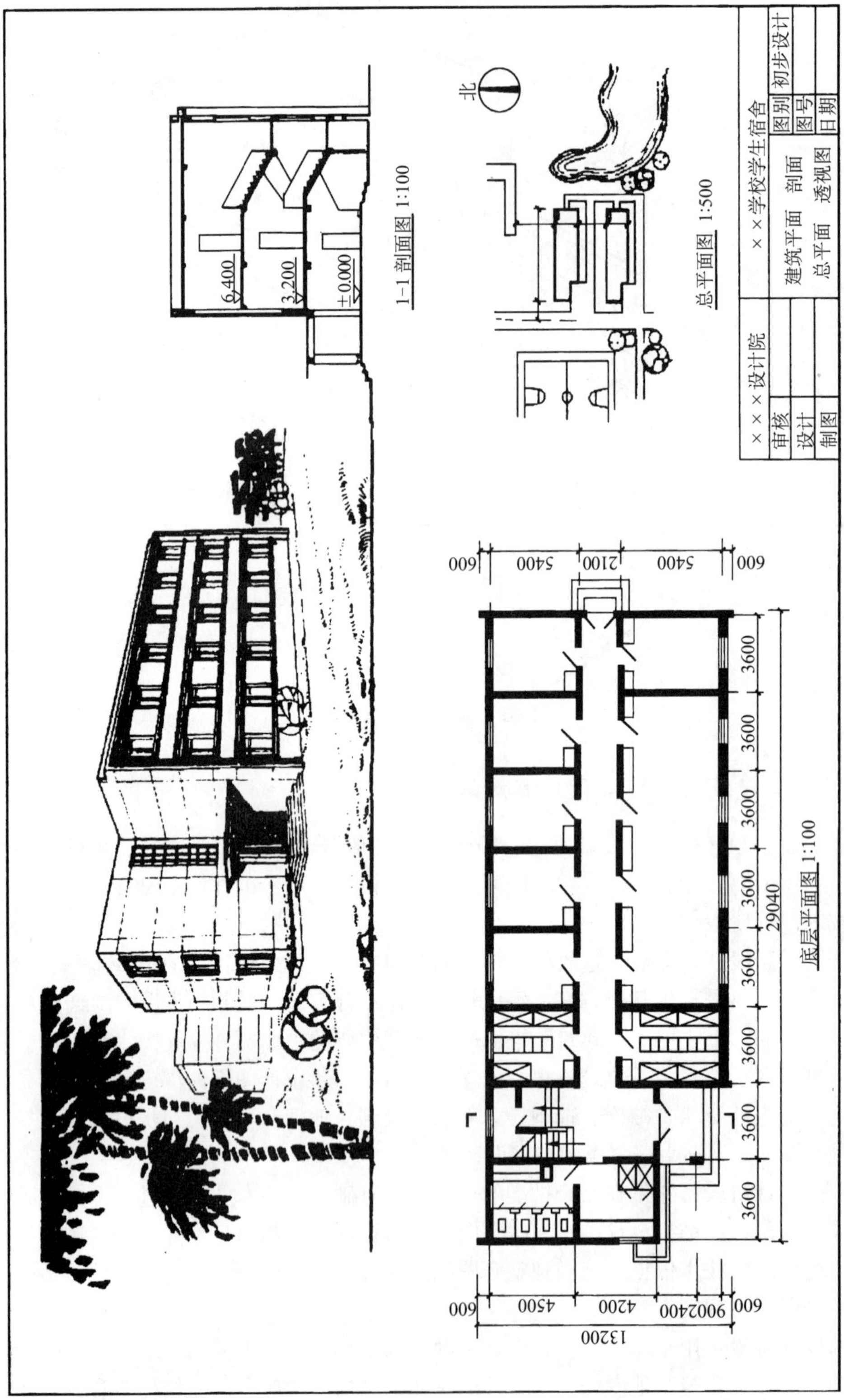
1-1 剖面图 1:100
6.400
3.200
±0.000
北
总平面图 1:500
底层平面图 1:100
××设计院
××学校学生宿舍
图别 初步设计
图号
日期
审核
设计
制图
建筑平面 剖面
总平面 透视图
29040
13200

图8-2 初步设计图

扩大初步设计，简称“扩初”，另一部分工作则留待施工图设计阶段进行。

四、施工图的分类

一套完整的房屋建筑施工图根据其内容和作用的不同，可分为三类。

建筑施工图（简称“建施”），包括建筑总平面图、建筑平面图、建筑立面图、建筑剖视图和建筑详图。

结构施工图（简称“结施”），包括基础图、上部结构平面布置图和结构构件详图。

设备施工图（简称“设施”），包括建筑给水排水、建筑采暖通风、建筑电气等设备专业的总平面图、平面图、系统图以及制作安装详图等。当各设备专业较为复杂，图纸数量较多时，又可分为：给排水施工图（简称“水施”）、采暖施工图（简称“暖施”）、电气施工图（简称“电施”）。

各专业工种的施工图前面都有设计说明和图纸目录，有时还要写出设计总说明和图纸总目录，放在整套图纸的前面。

为了便于图纸的阅读和查找，一套工程图纸要按专业类别分别顺序编号，各专业的图纸按内容的主次关系依次排列。图纸的编号通常称为图号，其编号方法一般是用专业施工图的简称和排列序号作为图号，如建施－1、建施－2、……结施－1、结施－2……（不同地区编号方法不尽相同）。

五、建筑施工图的一般阅读方法

阅读建筑施工图，应具备投影理论和图示方法的知识，熟识有关国家标准中规定的建筑施工图中常用的图例、符号、线型、尺寸的意义，了解房屋的基本构造，掌握各种建筑施工图样的形成原理和图示内容。此外，因图中涉及许多专业内容，还应注意学习积累专业知识。

阅读建筑施工图的基本方法是：先概括了解，后深入细读；先整体，后局部；最后综合分析形成对房屋建筑的全面认识。具体步骤如下：

1. 概括了解

（1）看图纸目录，了解建筑物的整套图纸有多少类，每类图有多少张。

（2）按图纸顺序先粗略地翻阅一遍建筑施工图纸，对房屋的建设地点、周围环境、建筑造型、结构形式、建筑的规模、层数等有一个概括的了解。

2. 深入细读

按照建筑总平面图和建筑平面图、立面图、剖视图、详图的顺序，仔细阅读每张图纸所表达的内容，深入了解建筑物的各个部分、节点和构配件的详细构造、形状、尺寸、材料、工程做法和施工要求等。

3. 综合

一套施工图纸中，每张图仅表达建筑物的一部分内容，各图纸间是相互配合、紧密联系的，在分张阅读时要注意与其他图纸对照着阅读，有时甚至要查阅其他专业的图纸。清楚了各图表示的内容之后，再经过综合分析，才能清楚建筑物的全部情况。

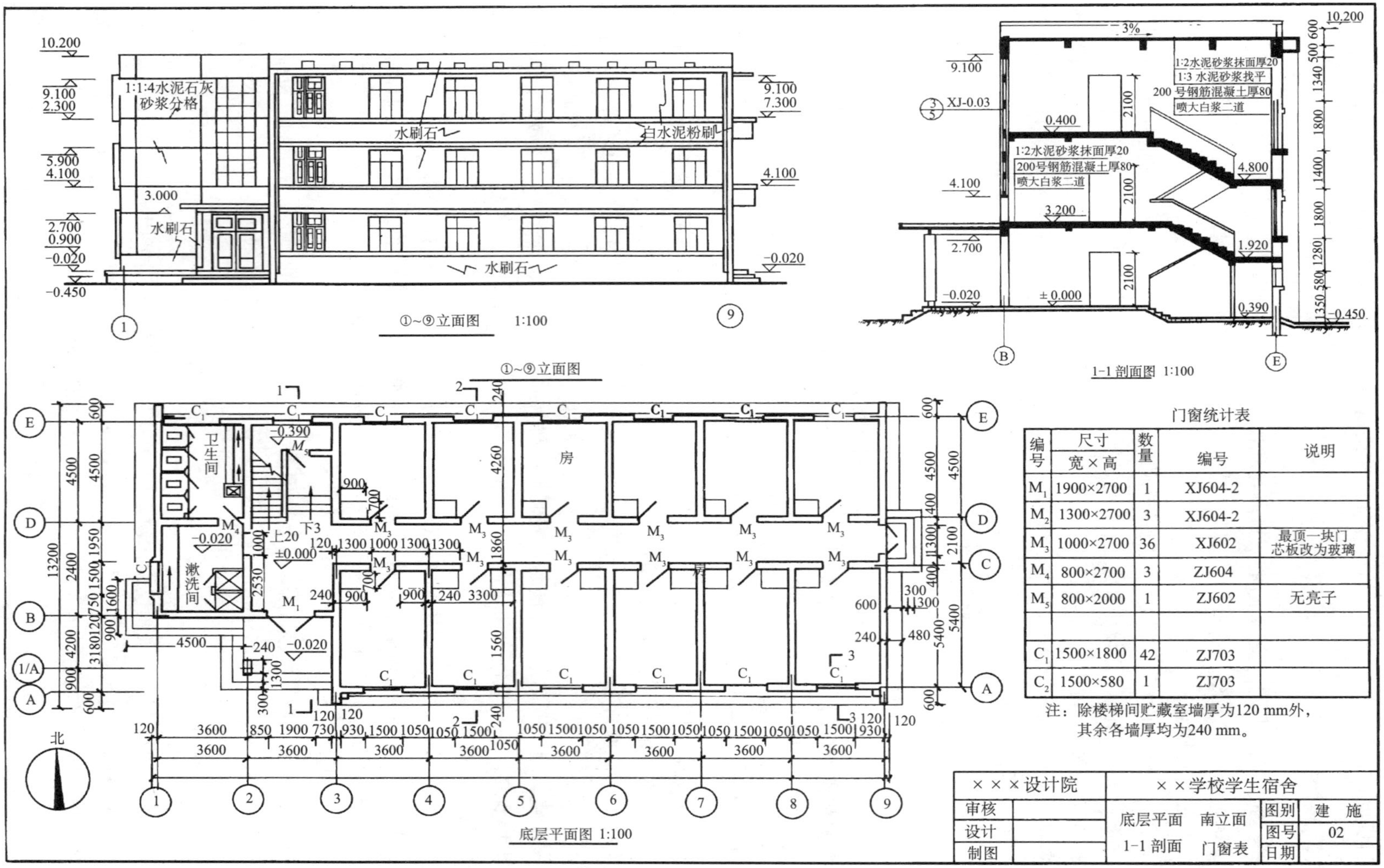

图8-3 学生宿舍楼的建筑平、立、剖面图（1）

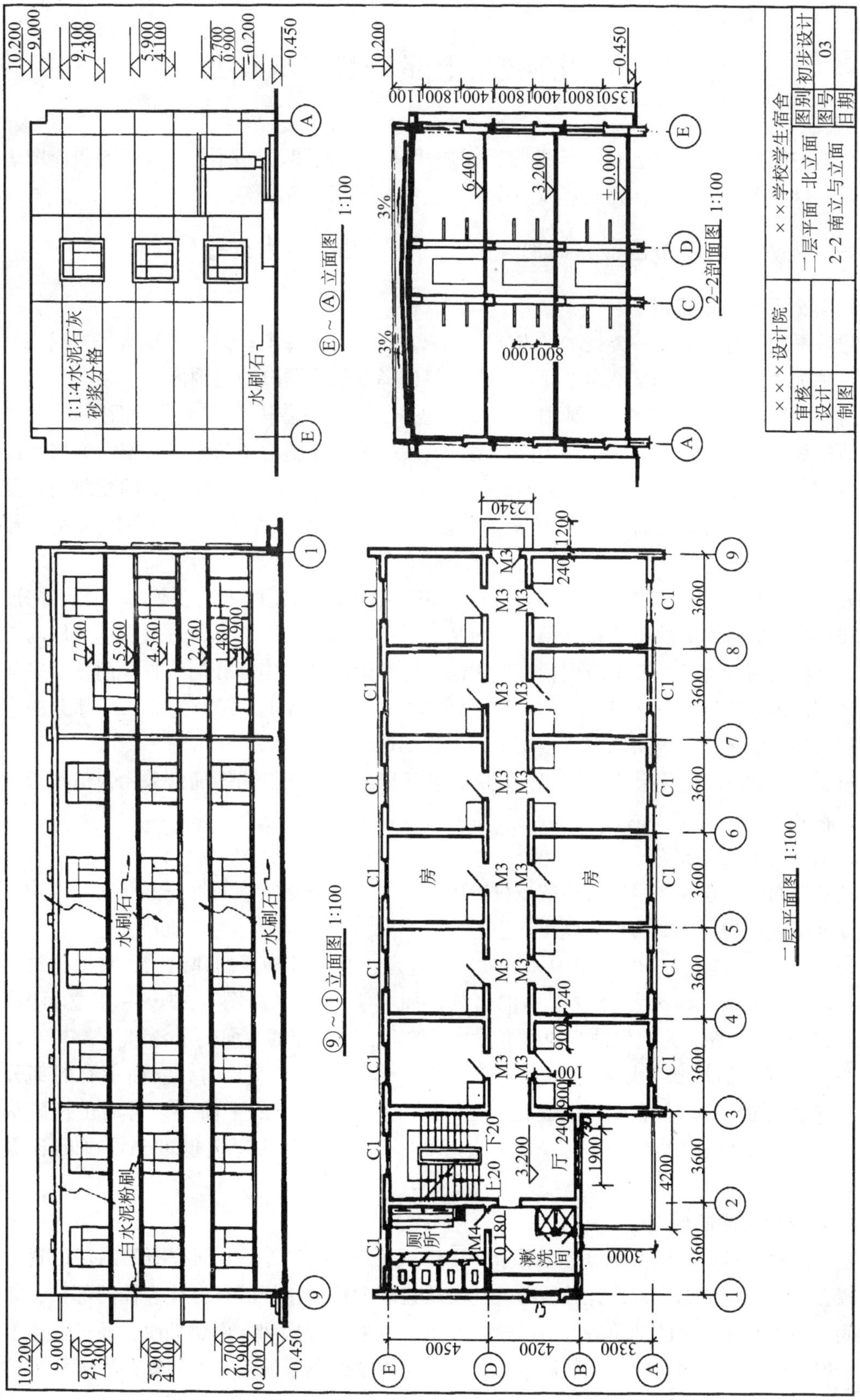

图8-4　学生宿舍楼的建筑平、立、剖面图（2）

§8－2 房屋建筑图的一般图示方法

一幢房屋的内外形状、建筑构造等，需要用建筑平面图、立面图、剖视图和详图表达。绘制这些图必须采用有关国家标准规定的线型、图例、符号等。

一、房屋建筑平面图、立面图、剖视图和详图的基本概念

1. 建筑平面图的形成

建筑平面图有两类：一类是水平方向的视图，如屋顶平面图；另一类是水平方向的剖视图，称为楼层平面图，其剖切平面的位置一般选择在门窗洞口的范围内。

对于多层建筑物，原则上应画出每一楼层的平面图，图名称为“×层平面图”。如果一幢建筑物的中间各楼层平面布局相同，则可共用一个平面图，图名为“×层～×层平面图”（或称中间层平面图，也可称标准层平面图）。因此，三层及三层以上的建筑物，至少应有三个楼层平面图，即底层平面图、中间层平面图、顶层平面图。图 8-10 为宿舍楼底层平面图。

底层平面图是一层范围内的水平投影，即表达剖切平面以下，室外地坪以上的部分，其中应包括室外台阶和散水等；二层平面图是二层范围内的水平投影，它是表达一层与二层剖切平面之间的部分，其中应包括底层大门上方的雨篷和一层部分的屋顶；而顶层平面图是顶层的水平投影，它表达三层与二层剖切平面之间的部分，其中包括二层部分的屋顶。值得指出的是，在施工图中各楼层平面图的剖切位置无须标出。

至于水平视图，除屋顶平面图以外还有顶棚平面图。顶棚平面图通常采用镜像投影法绘制，在其图名后需加“镜像”二字。

2. 建筑立面图的形成

建筑立面图是建筑物竖向立面的正投影图。原则上一幢建筑物的每一方向的立面均需画出立面图，对相同的立面可只画出其中的一个。如图 8-11 为宿舍楼立面图。

《建筑制图标准》（GB/T 50104—2001）中规定，有定位轴线的建筑物，宜用建筑物立面两端定位轴线的编号标注立面图的名称，如“①～⑨立面图”“⑨～①立面图”“Ⓐ～Ⓔ立面图”等。无定位轴线的建筑物，可按平面图各面的方向确定名称。

当房屋的平面形状不规则（如曲线形、折线形、圆弧形等）时，立面中有的部分不平行于投影面，这时可将该部分立面展开到与投影面平行的平面上，再用正投影法画出立面图，但要在图名后注明“展开”字样。对折线型的建筑也可分段画出各立面图。

3. 建筑剖视图的形成

建筑剖视图是房屋竖直剖切所形成的剖视图，如图 8-12 所示。剖视图的剖切位置一般选择在建筑物的结构和构造比较复杂、能反映建筑物构造特征的具有代表性的部位，如楼梯间、层高发生变化的部位等。可以全剖，也可以采用阶梯剖，剖切平面宜通过墙体上的门、窗洞口，以便表达门、窗的高度和位置。剖视图的数量视建筑物的复杂程度和表达

需要而定。剖切平面的剖切位置、投射方向和编号一般应在首层平面图中标注。

4. 详图的形成

将建筑平面图、立面图、剖视图中表达不清楚的建筑细部，单独用较大的比例详细绘制出来的图样叫建筑详图，简称详图（也叫大样图）。它是建筑平面图、立面图、剖视图的必要补充。详图可以是局部视图，可以是局部剖视图，也可以是断面图（图 8-13）。

二、建筑施工图的一般规定

为了使房屋制图基本统一，图样清晰简明，提高制图效率，便于阅读，建筑施工图要遵守国家标准《房屋建筑制图统一标准》（GBJ 1—86）和《建筑制图标准》（GB/T 50104—2001）。以下介绍这两个国家标准中的部分内容。

1. 图线

建筑施工图中的图线应按国家标准的规定使用，表 8-1 摘录了一部分，供查阅。

表 8-1 线 型

名称	线宽	用途
粗实线	b	平面图、剖视图中被剖切的主要建筑构造（包括构、配件）的轮廓线 建筑立面图的外轮廓线 建筑构造详图中被剖切的主要部分的轮廓线 建筑构配件详图中构配件的外轮廓线
中实线	$0.5b$	平面图、剖视图中被剖切的次要建筑构造（包括构配件）的轮廓线 建筑平面图、立面图、剖视图中建筑构配件的轮廓线 建筑构造详图及建筑构配件详图中一般轮廓线
细实线	$0.35b$	小于 $0.5b$ 的图形线、尺寸线、尺寸界线、图例线、索引符号、标高符号等
中虚线	$0.5b$	建筑构造及建筑构配件不可见的轮廓线 平面图中的起重机（吊车）轮廓线 拟扩建的建筑物轮廓线
细虚线	$0.35b$	图例线、小于 $0.5b$ 的不可见轮廓线
粗点画线	b	起重机（吊车）轨道线
细点画线	$0.35b$	中心线、对称线、定位轴线
折断线	$0.35b$	不需画全的断开界线
波浪线	$0.35b$	构造层次的断开界线、不需画全的断开界线

注：地坪线的线宽可用 $1.4b$。

2. 比例

房屋建筑图采用的比例，宜符合表 8-2 的规定。

表 8-2 比 例

图 名	比 例
建筑物或构筑物的平面图、立面图、剖视图	1:50 1:100 1:200
建筑物或构筑物的局部放大图	1:10 1:20 1:50
配件及构件详图	1:1 1:2 1:5 1:10 1:20 1:50

3. 定位轴线

定位轴线（图 8-5）是用来确定建筑物主要承重构件位置的基准线，用细点画线表示，并在线的端头画直径为 8 mm 的细实线圆（详图可增为 10 mm）。平面图上定位轴线的横向编号用阿拉伯数字从左至右顺序编写，竖向编号由下向上用大写拉丁字母顺序编号（其中，*I*、*O*、*Z* 三个字母不能用于编号），字母数量不够用时，可用双字母或单字母加下角标，如 *AA*、*BB* 或 A_1B_1 等。

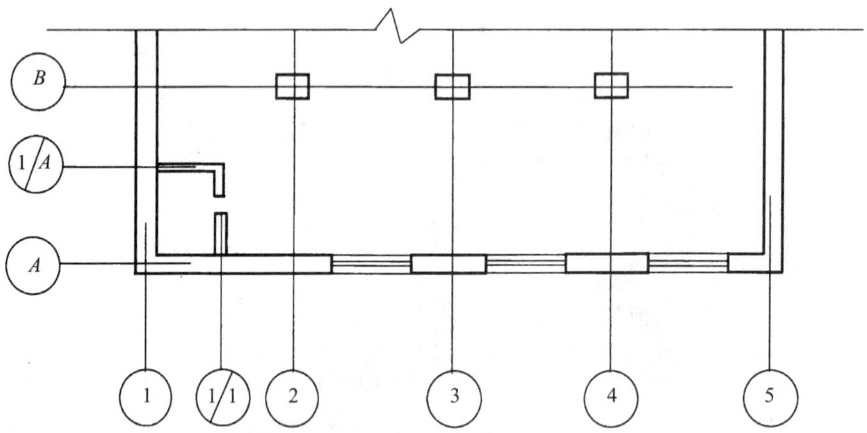

图 8-5 定位轴线

对于一些次要构件，常用附加轴线定位。其编号以分数表示，分母表示前一基本轴线的编号，分子表示附加轴线的编号，编号采用阿拉伯数字，如图 8-5 所示。

4. 详图索引符号与详图符号

图样中的某一部位，如需另见详图，应用索引符号加以注明。详图索引符号的形式如图 8-6（a）所示，它由直径为 10 mm 的圆和水平直径及引出线组成（均采用细实线）。索引符号的标注分四种情况：

（1）详图与被索引的图样在同一张图纸上，索引符号上半圆中用阿拉伯数字或字母注明详图的编号，在下半圆中画一水平的细实线，如图 8-6（b）表示索引的 8 号详图就在本张图纸内。

（2）详图与被索引的图不在同一图纸内，上半圆内仍为详图的编号，下半圆中注明该详图所在图纸的图号，如图 8-6（c）表示索引出的 12 号详图在图号为 14 的图纸中。

（3）索引出的详图，如果采用标准图，则在水平直径的延长线上注明标准图册的编号，如图 8-6（d）表示索引出的详图是在代号为 88J6 的标准图集第 25 页中的 22 号详图。

（4）索引符号如用于索引剖视详图，则在被剖切的部位绘制剖切位置线（粗实线），引出线所在的一侧为投射方向［图 8-6（e)］。

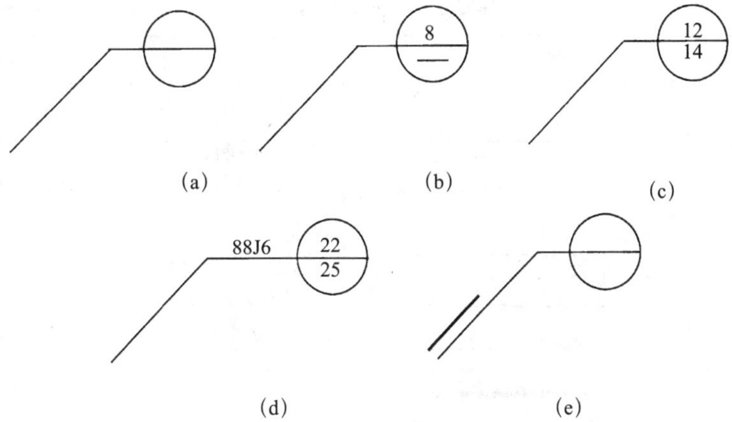

图 8-6　详图索引符号

（5）详图符号

详图符号是详图的标志，常作为图名注在详图的下方。它以粗实线圆和相应的标注组成，圆的直径为 14 mm，如图 8-7 所示。其标注分两种情况：详图与被索引的图样在同一张图纸内，在圆中注明详图的编号，如图 8-7（a）表示该详图是本张图纸中的 5 号详图，被索引的图在本张图纸中；详图与被索引的图不在同一张图纸内，则圆中用细实线画一水平直径，上半圆中注写详图编号，下半圆中注写被索引的图所在的图号，如图 8-7（b）表示被索引的图在图号为 10 的图纸中。

5. 标高符号

标高的基本符号是直角等腰三角形，用细实线绘制，三角形高为 3 mm 左右［图 8-8（a)］。

标高符号如图 8-8（b）所示，细横线上方注写标高数字。总平面图中，标注室外地坪标高用涂黑的三角形［图 8-8（c)］。

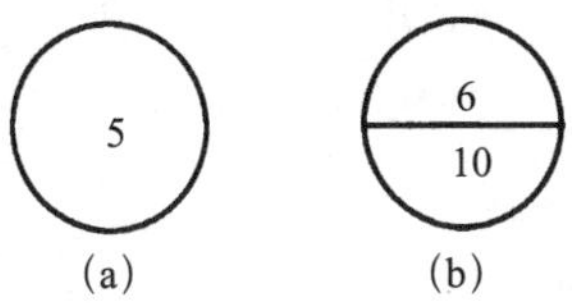

图 8-7　详图符号

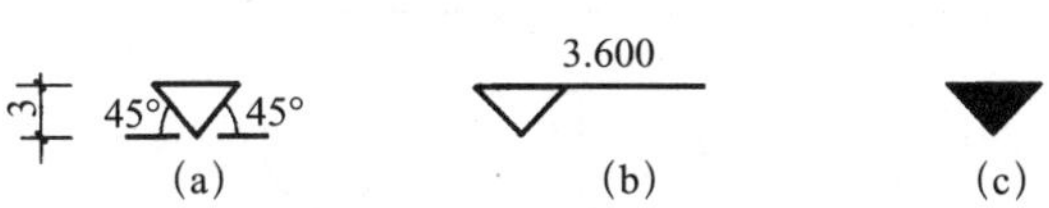

图 8-8　标高符号

标高分绝对标高、相对标高。我国的绝对标高是以黄海的平均海平面为标高零点（±0.000)，其他各地的标高都以它作为基准。房屋建筑多采用相对标高，它是以房屋的首层地面为标高的零点。建筑总平面图中可以标注绝对标高，也可以标注相对标高。当标注相对标高时，则要说明两种标高的关系，即相对标高的零点的绝对标高值是多少。

标高以米为单位（图中不注明)，在总平面图上取至小数点后第二位，在建筑平面图、立面图、剖视图及详图中一般采用相对标高，取至小数点后第三位。

6. 图例

房屋建筑中的某些构配件及建筑材料在建筑图中常常是用图例表示的。表 8-3 列出了

《建筑制图标准》（GB/T 50104—2001）中规定的一部分常用的构造和配件的图例。

表 8-3 构造及配件图例

序号	名 称	图 例	说 明
1	隔 断		（1）包括板条抹灰、木制、石膏板、金属材料等隔断； （2）适用于到顶与不到顶隔断
2	栏 杆	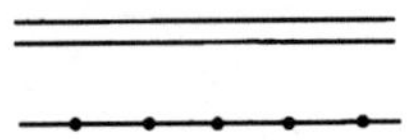	上图为非金属扶手 下图为金属扶手
3	楼 梯	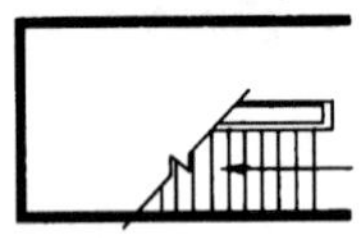 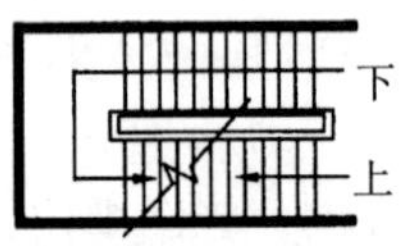 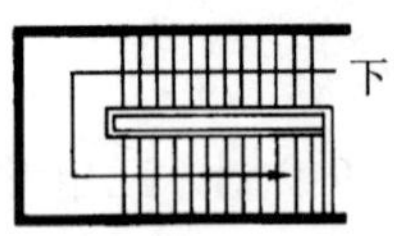	（1）上图为底层楼梯平面，中图为中间层楼梯平面，下图为顶层楼梯平面； （2）楼梯的形式及步数应按实际情况绘制
4	检查孔	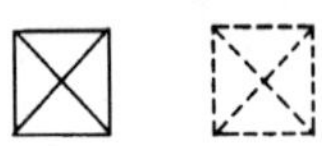	左图为可见检查孔 右图为不可见检查孔
5	孔 洞	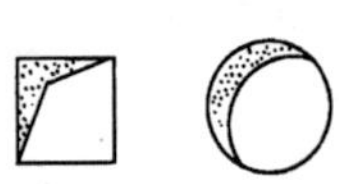	
6	坑 槽	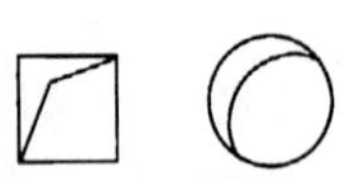	
7	墙预留洞	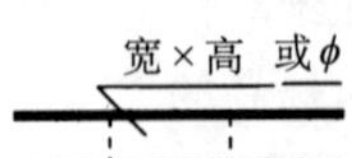	
8	墙预留槽	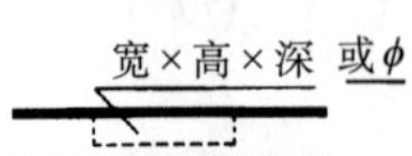	

续表

序号	名 称	图 例	说 明
9	烟 道	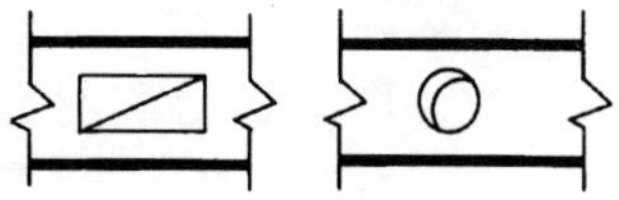	
10	通风道	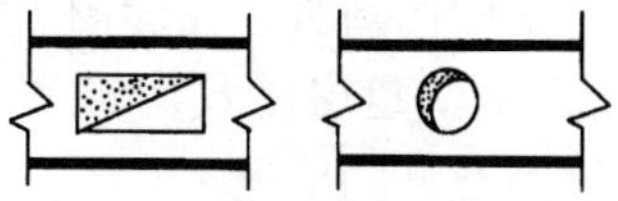	
11	单扇门（包括平开或单面弹簧）	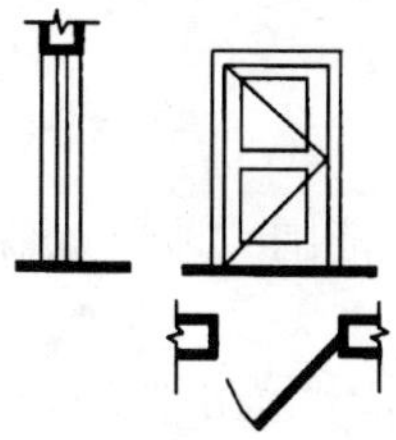	（1）门的名称代号用 M 表示； （2）剖视图上，左为外、右为内；平面图上，下为外、上为内； （3）立面图上开启方向线交角的一侧为安装合页的一侧，实线为外开、虚线为内开； （4）平面图上的开启弧线及立面图上的开启方向线，在一般设计图上不需表示，仅在制作图上表示； （5）立面形式应按实际情况绘制
12	双扇门（包括平开或单面弹簧）	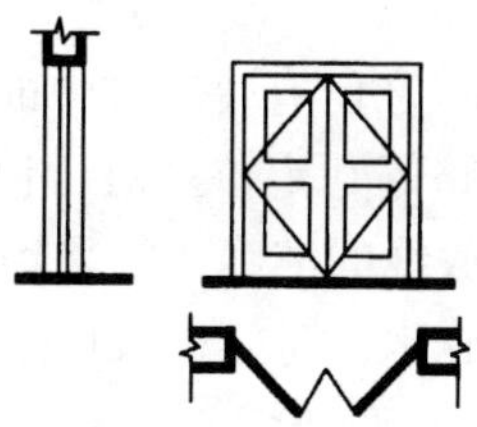	
13	双扇双面弹簧门	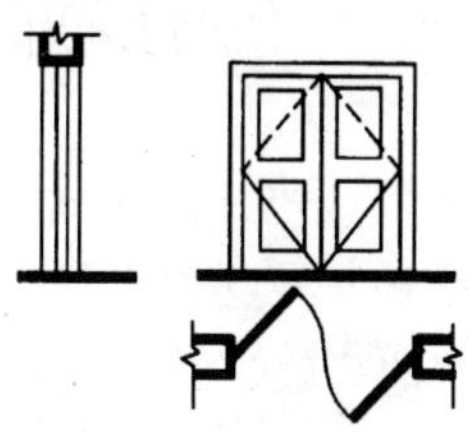	
14	单层外开平开窗	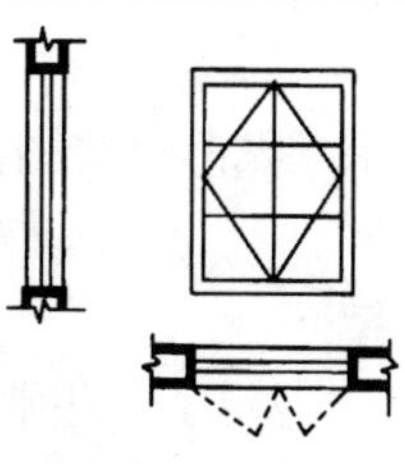	（1）窗的名称代号用 C 表示； （2）立面图中的斜线表示窗的开关方向，实线为外开，虚线为内开；开启方向线交角的一侧为安装合页的一侧，一般设计图中可不表示； （3）剖视图上，左为外、右为内；平面图上，下为外、上为内； （4）平面图、剖视图上的虚线仅说明开关方式，在设计图中不需表示； （5）窗的立面形式应按实际情况绘制
15	单层内开平开窗	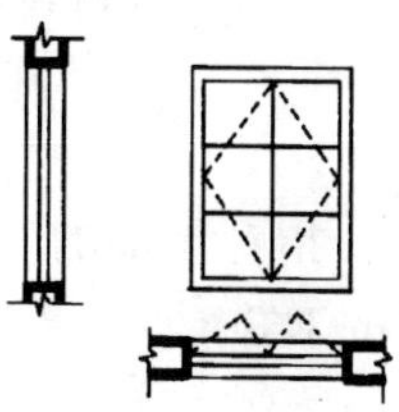	

§8－3 建筑总平面图

一、建筑总平面图的形成及作用

建筑总平面图是新建房屋所在地域的一定范围内的水平投影图。它主要表明建筑工程地域内的自然环境和规划设计的总体布局。它是新建房屋及构筑物施工定位，规划设计水、暖、电等专业工程总平面图及施工总平面图设计的依据。

二、建筑总平面图的主要内容及图例

1. 建筑总平面图的图示内容

（1）建筑地域的环境状况：地理位置、基地范围、地形地貌、原有建筑物、构筑物、道路等。

（2）新建（扩建、改建）区域的总体布置：新建建筑物、构筑物、道路、广场、绿化等的布置情况及建筑物的层数。

（3）新建工程的具体定位：对于小型工程或在已有建筑群中的新建工程，一般是根据地域内或邻近的永久性固定设施（建筑物、道路等）定位。对于包括工程项目较多的大型工程，往往占地广阔，地形复杂，为保证定位放线的准确，常采用坐标网格来确定它们的位置。一些中小型工程，不能用永久性固定设施定位时，也采用坐标网格定位。

（4）新建建筑物首层室内地坪、室外设计地坪和道路的标高，新建建筑物、构筑物、道路、管网等之间有关的距离尺寸。总平面图中的标高、距离均以 m 为单位（图中不标明），精度取至小数点后两位。

（5）表明建筑地域方位、建筑物朝向的指北针或当地的风向频率玫瑰图。

建筑总平面图表达的内容因工程的规模、性质、特点和实际需要而定，如工程所在位置地势起伏变化比较大，则需要画出等高线；而地势较平坦时，则不必画出。对一些简单的工程，坐标网格或绿化规划的布置等也不一定画出。

2. 图例和符号

总平面图中许多内容要采用图例和符号来表示，熟悉这些图例和符号对于读图或绘图都是很有必要的。

（1）图例

国家标准《总图制图标准》（GBJ 103—87）中规定了一些常用图例的画法，表 8-4 摘录了一部分，以供查阅。国标中没有规定的图例可由设计者自行设计规定，但要在总平面图中的适当位置绘制图例说明。

（2）指北针

指北针的外圆用细实线绘制，直径为 24 mm，指针尾部的宽度为 3 mm。当需要较大直径绘制指北针时，指针尾部的宽度宜为圆直径的 1/8（见图 8-2、图 8-3）。

（3）风向频率玫瑰图

风向频率玫瑰图是根据当地的气象统计资料将一年中不同风向的吹风频率用同一比例

画在十六方位线上连接而成，图中实折线上距中心点最远的顶点表示该方向吹风频率最高，称为常年主导风向，图中虚折线表示当地夏季 6 月、7 月、8 月三个月的风向频率（图 8-9）。

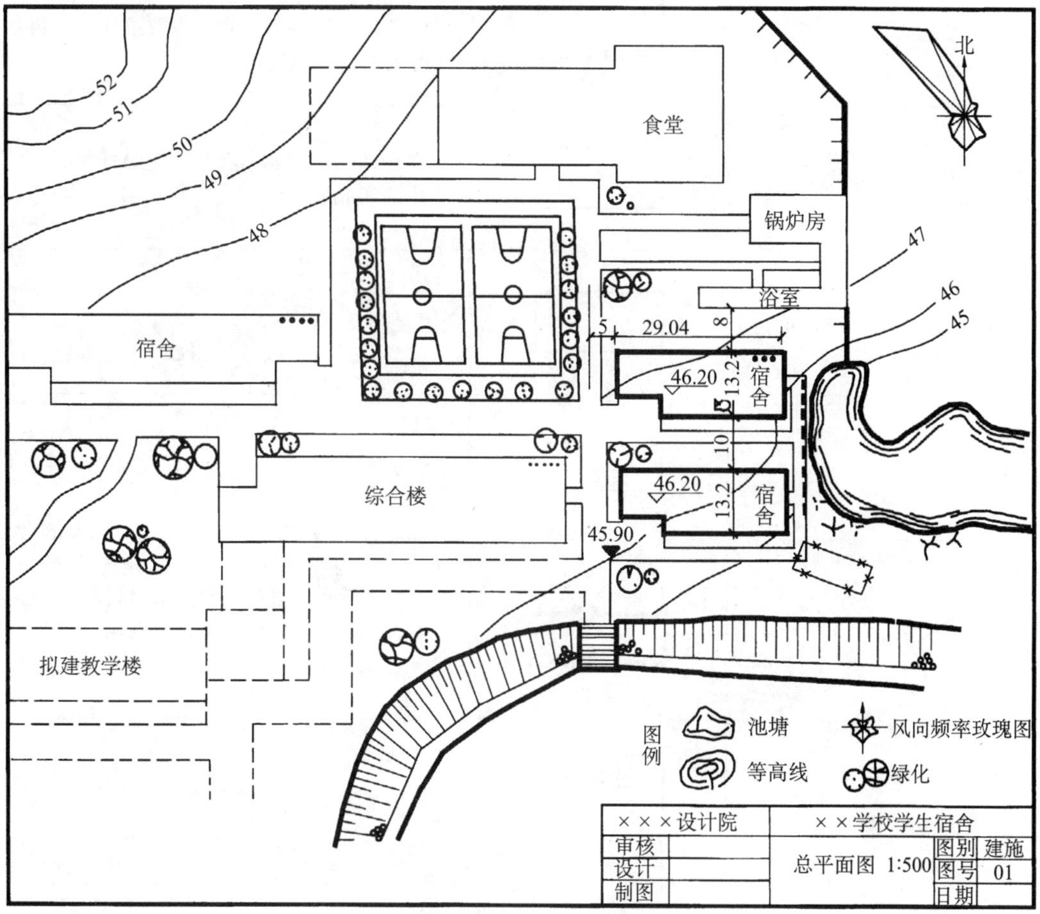

图 8-9　建筑总平面图

（4）坐标网

坐标网有两种形式，测量坐标网和施工坐标网。测量坐标网是由国家或地区测绘的，*X* 轴方向为南北方向（地球的经线），*Y* 轴方向为东西方向（地球的纬线），以 100 m×100 m 或 50 m×50 m 为一方格，在方格交点处画交叉十字线表示坐标网。用新建房屋的两个角点或三个角点的坐标值标定其位置。对于朝向偏斜的房屋也可以采用施工坐标网。施工坐标网的轴线用 *A*、*B* 表示，*A* 相当于测量坐标网的 *X* 轴，*B* 相当于测量坐标网的 *Y* 轴。施工坐标网用细实线画成网格通线。施工坐标网的轴线应与主要建筑物的基本轴线平行，这样，就可以方便地用 *A*、*B* 坐标轴确定建筑物的位置。总平面图上有测量和施工两种坐标系统时，应在附注中注明两种坐标系统的换算公式。建筑物朝向偏斜时，如不采用施工坐标网，则应标出主要建筑群的轴线与测量坐标轴线的交角。

表 8-4 总平面图例

名　称	图　例	说　明
新建的建筑物	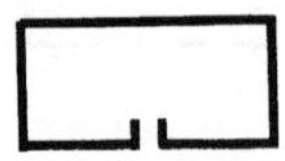	1. 用粗实线表示，可以不画出入口； 2. 需要时，可在右上角以点数或数字（高层宜用数字）表示层数
原有的建筑物		1. 在设计图中拟利用者，均应编号说明； 2. 用细实线表示
计划扩建的预留地或建筑物		用中虚线表示
拆除的建筑物	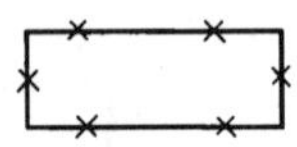	用细实线表示
围墙及大门	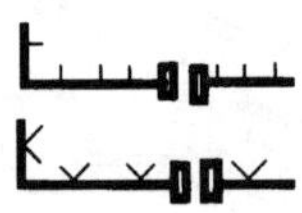	上图表示砖石、混凝土或金属材料围墙 下图表示镀锌铁丝网、篱笆等围墙 如仅表示围墙时不画大门
坐　标	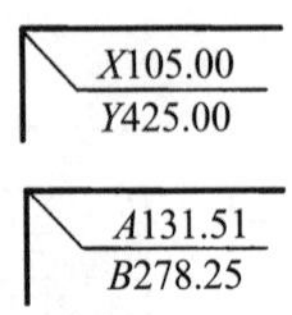	上图表示测量坐标 下图表示施工坐标
护　坡	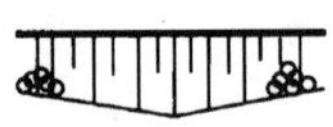	边坡较长时，可在一端或两端局部表示
原有的道路		
计划扩建的道路	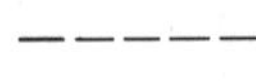	
新建的道路	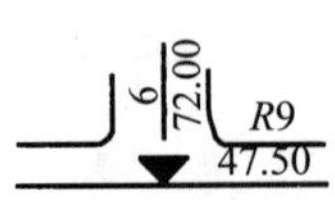	“R9”表示道路转弯半径为 9 m，“47.50”为路面中心标高，“6”表示 6%，为纵向坡度，“72.00”表示变坡点间距离

续表

名　　称	图　　例	说　　　明
拆除的道路		
挡土墙		被挡的土在“突出”的一侧
桥　梁	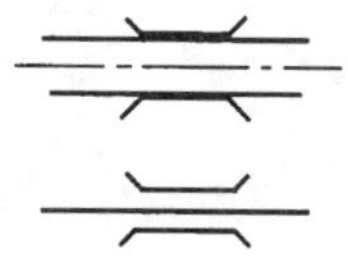	1. 上图表示公路桥， 下图表示铁路桥； 2. 用于旱桥时应注明

三、建筑总平面图的阅读

1. 阅读步骤

（1）阅读标题栏，了解新建工程的名称。

（2）看指北针、风向频率玫瑰图，了解新建建筑物的地理位置和朝向及与当地常年主导风向的关系。

（3）了解新建建筑物的定位、形状、层数、室内外标高等，以及道路、绿地、原有建筑物、构筑物等周边环境。

2. 读图实例

图 8-9 为一张建筑总平面图，阅读时应注意几个问题：

（1）由标题栏可知其新建工程为两栋相同的学生宿舍楼，该总平面图的比例为 1∶500。总平面图因包括的地方范围较大，绘制时都用较小的比例，如 1∶1000、1∶500 等。图中列有图例的说明。从等高线注写的数值，可知该地势是自西北向东南倾斜。

（2）从图上所画的风向频率玫瑰图，可确定该房屋的朝向。风向频率玫瑰图一般画出十六个方向的长短线来表示该地区常年的风向频率。有箭头的方向为北向。图中所示该地区全年最大的风向频率为西北风。

（3）图中用粗实线画出了新建建筑物的轮廓，新建宿舍楼的层数是三层。房屋的位置可用定位尺寸或坐标确定。定位尺寸由距主干道路中心线和原建筑物的尺寸确定。如图中的 10、8、5 等。坐标确定位置时，宜注出房屋三个角的坐标，如房屋与坐标轴平行时，可只注出其对角坐标。

（4）新建宿舍楼的室内首层地坪的标高为 46. 20 m（绝对标高），是根据新建宿舍楼所在位置的前后等高线的标高（图中是 45 和 47），并估算到填挖土方基本平衡而决定的。室外设计地坪的标高为 45. 90 m。图中用细实线画出了原有的综合楼、食堂、宿舍、锅炉房等，用中虚线画出了计划拟建的教学楼。

（5）从图中可了解到周围环境的情况。如新建筑的东向有一池塘，池塘的西边有一挡土墙；南向有一护坡，护坡下有一排水沟，护坡中间有一台阶，以作上下交通之用；东南角有一待拆的房屋，西北向有两个篮球场；东北角有一围墙；周围还有写上名称的原有和拟建屋、道路等。

§8－4 建筑平面图

建筑平面图主要表示建筑物某一层的平面形状和布局，是施工放线、墙体砌筑、门窗安装、室内外装修的依据。

一、图示内容

1. 楼层平面图的图示内容

（1）表明建筑物某一层的平面形状，墙、柱的位置、尺寸、材质、形式，各房间的形状、大小、位置及相互关系，门窗的位置、形式，并用文字注明各房间的用途，对居住建筑还常标出房间的净面积。

（2）一般在底层平面图附近画出指北针，用来确定建筑物的朝向。

（3）表明楼梯和电梯、走道及门厅的位置，楼梯的形式及上下方向。

（4）示出属于本层的构配件和固定设施的位置，如阳台、雨篷、台阶、雨水管、散水、卫生器具、水池等。在剖切平面以上但属于本层的设施，如吊柜、洞槽等用虚线画出。雨水管仅在一层平面图上表达。

（5）在底层平面图上注明剖视图的剖切位置、投射方向和编号。

（6）标出定位轴线和编号。

（7）标注足够的尺寸和标高。建筑平面图的尺寸分为外部尺寸和内部尺寸。

（8）注明门窗的代号和编号，门的代号为 *M*，窗的代号为 *C*，代号后面是编号，如 *M*－1，*M*－2……*C*－1，*C*－2…。同一编号表示门窗类型相同，其构造、尺寸都一样。当门窗类型较多时，除了图中注明编号外，常另附有门窗表，列出门窗的编号、名称、洞口尺寸、樘数、材料等。门窗的具体做法要看门窗详图。

（9）在平面图的下方注写图名及比例。

2. 其他平面图的图示内容

屋顶平面图，主要表示屋面坡度、分水线、排水口、檐沟、挑檐、女儿墙、上人孔、天窗等情况。

顶棚平面图，主要表示顶棚的图案布置情况。

二、建筑平面图的阅读

1. 阅读步骤

一个建筑物有多个平面图，应逐层阅读，注意各层的联系和区别。

（1）阅读图名、比例。明确平面图表达的楼层。

（2）看指北针，了解房屋的朝向。

（3）分析总体情况：包括建筑物的平面形状、总长、总宽、各房间的位置和用途。

（4）分析定位轴线，了解各房间的进深、开间，墙柱的位置及尺寸。了解各层楼面或地面以及室外地坪、其他平台、板面的标高。

（5）阅读细部，详细了解建筑构配件及各种设施的位置及尺寸，各楼面、地面等处的

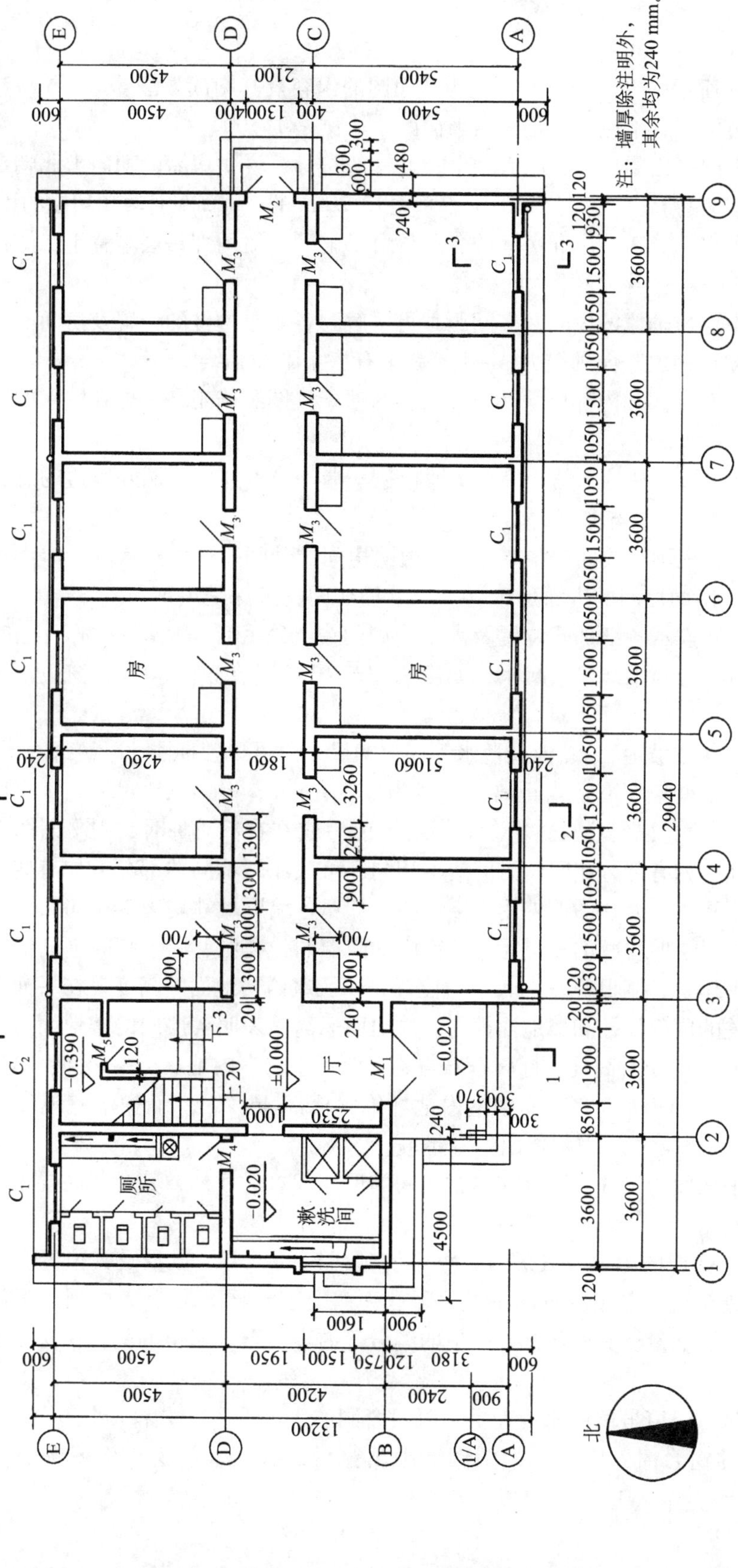

底层平面图 1:100

图8-10 建筑平面图

标高，并查看索引符号。

（6）查看剖视图的剖切标注符号。

2. 阅读实例

现以图 8-10 所示的平面图为例，说明平面图的内容及其阅读方法。

（1）从图名可了解本例画的是底层平面图，比例是 1∶100。

（2）在此底层平面图形外，画有一个指北针的符号，说明房屋的朝向坐北朝南。

（3）从平面图的形状与总长 29.04 m、总宽 13.20 m 的尺寸，可计算出房屋的用地面积。

（4）从图中墙的分隔情况和房间的名称，可了解到房屋内部每层配置十二间宿舍，结合其他图了解全楼共三层、三十六间宿舍。

（5）从图中定位轴线的编号及其间距，可了解到各承重构件的位置及房间的大小。本例的横向轴线为 1 – 9，竖向轴线为 A – E，其中有一条附加轴线。

（6）图中注有外部和内部尺寸。外部尺寸为便于读图和施工，一般在图形的下方及左侧注写三道尺寸：

第一道尺寸，表示外轮廓的总尺寸，即指从一端外墙边到另一端外墙边的总长和总宽尺寸。总长 29.04 m、总宽 13.20 m。

第二道尺寸，表示轴线间的距离，用以说明房间的开间及进深的尺寸。本例房间的开间都是 3.60 m，南面房间的进深是 5.40 m，北面房间的进深是 4.50 m。

第三道尺寸，表示各细部的位置及大小，如门窗洞宽和位置、墙柱的大小和位置等。标注这道尺寸时，应与轴线联系起来，如房间的窗 *C*1，宽度为 1.50 m，窗边距离轴线为 1.05 m。

另外，台阶（或坡道）、花池及散水等细部的尺寸，可单独标注。

三道尺寸线之间应留有适当距离（一般为 7 ~ 10 mm，但第三道尺寸线应离图形最外轮廓线 10 ~ 15 mm），以便注写数字。如果房屋前后或左右不对称时，则平面图上四边都应注写三道尺寸。如有部分相同，另一些不相同，可只注写不同的部分。如有些相同尺寸太多，可省略不注出，而在图形外用文字说明，如：各墙厚尺寸均为 240 mm。

内部尺寸为了说明房间的净空大小和室内的门窗洞、孔洞、墙厚和固定设备（如卫生间、洗漱间、工作台、搁板等）的大小与位置，以及室内楼地面的高度，在平面图上应清楚地注写出有关的内部尺寸和楼地面标高。楼地面标高是表明各房间的楼地面对标高零点（注写为 ±0.000）的相对高度。标高符号与总平面图中的室内地坪标高相同。本例底层地面定为标高零点（即相当于图 8-9 中室内地坪绝对标高 46.20）。而盥洗室地面标高是 -0.020，即表示该处地面比门厅地面低 20 mm。

其他各层平面图的尺寸，除标注出轴线间的尺寸和总尺寸外，其余与底层平面相同的细部尺寸均可省略。

（7）从图中门窗的图例及其编号，可了解到门窗的类型、数量及其位置。一般情况下，在首页图或在与平面图同页图纸上，附有一门窗表（图 8-3），表中列出了门窗的编号、名称、尺寸、数量及其所选标准图集的编号等内容。至于门窗的具体做法，则要看门窗的构造详图。

要注意的是，门窗虽然用图例表示，但门窗洞的大小及其型式都应按投影关系画出。如窗洞有凸出的窗台时，应在窗的图例上画出窗台的投影。门窗立面图例按实际情况绘制。

图例中的高窗，是表示在剖切平面以上的窗，按投影关系它是不应画出的。但为了表示其位置，往往在与它同一层的平面图上用虚线表示。门窗立面图例上的斜线及平面图上的弧线，表示门窗扇开关方向（一般在设计图上不需表示）。实线表示外开，虚线表示内开。在各门窗立面图例之下方为平面图，左方为剖面图。

（8）从图中还可了解其他细部（如楼梯、搁板、墙洞和各种卫生设备等）的配置和位置情况。有关图例如表 8-3 所示，其余可参看“国标”有关规定。

（9）图中还表示出室外台阶、花池、散水和雨水管的大小与位置。有时散水（或排水沟），在平面图上可不画出，或只在转角处部分表示。

（10）在底层平面图，还画出剖面图的剖切符号，如 1－1、2－2 等，以便与剖面图对照查阅。

§8－5　建筑立面图

建筑立面图是展示建筑物外貌的工程图样，是建筑施工中控制高度与外墙面装修的技术依据。

一、图示内容

1. 建筑立面图的外轮廓和地面线。外轮廓线用粗实线，地面线用特粗实线。

2. 表示出投影可见的外墙、柱、梁、挑檐、雨篷、遮阳板、阳台、室外楼梯、门、窗及外墙面上的装饰线、雨水管等。门窗等构配件的外轮廓线用中实线绘制，其他线用细实线绘制。

3. 表明外墙面装修材料和做法的文字说明及表示需另见详图的索引符号。

4. 注明各主要部位的标高，如室外地坪、台阶、窗台、门窗洞口顶面、阳台、腰线、线角、雨篷、挑檐、女儿墙等处的完成面标高。

5. 标出立面两端的轴线，并注写编号。

6. 在图的下方注写图名及比例。

二、建筑立面图的阅读

1. 读图步骤

（1）读立面图的名称和比例，可与平面图对照以明确立面图表达的是房屋哪个方向的立面。

（2）分析立面图图形外轮廓，了解建筑物的立面形状。读标高，了解建筑物的总高、室外地坪、门窗洞口、挑檐等有关部位的标高。

（3）参照平面图及门窗表，综合分析外墙上门窗的种类、型式、数量、位置。

（4）了解立面上的细部构造，如台阶、雨篷、阳台等。

（5）阅读立面图上的文字说明和符号，了解外装修材料和做法，了解索引符号的标注及其部位，以便配合相应的详图阅读。

2. 阅读实例

现以本章实例的南立面图为例（图 8-11），说明立面图的内容及其阅读方法：

（1）从图名或轴线的编号可知该图是表示房屋南向的立面图。比例与平面图一样（1∶100），以便对照阅读。

（2）从图上可看到该房屋的整个外貌形状，也可了解该房屋的屋顶、门窗、雨篷、阳台、台阶、花池及勒脚等细部的形式和位置。如正门在西端、正门上方有一花格窗（用简化画法表示）。东端底层因有一台阶，故知必有一出入口，二、三层有阳台。屋顶女儿墙处有许多孔洞，表示屋面的通风口兼作出水口。

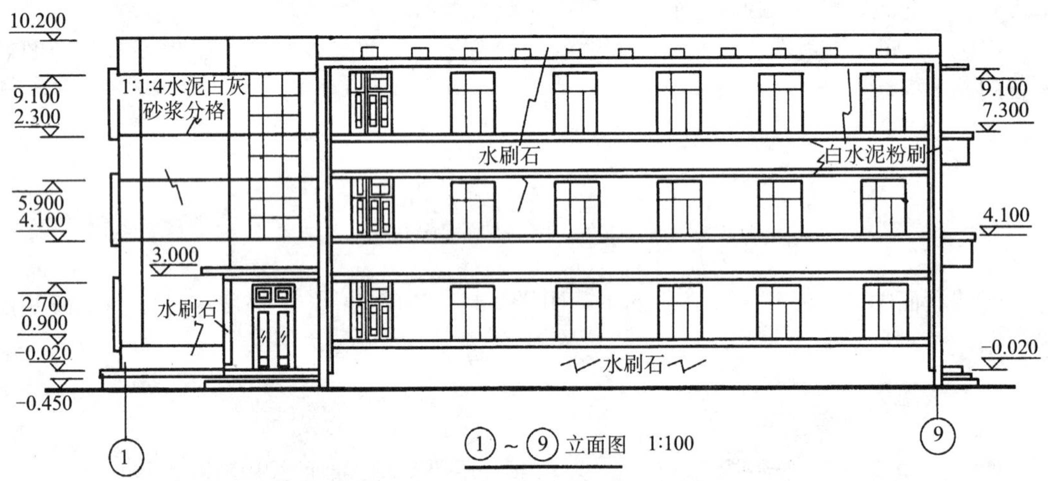

图 8-11 建筑立面图

（3）从图中所标注的标高，知此房屋最低（室外地面）处比室内 ±0.000 低 450 mm，最高（女儿墙顶面）处为 10.2 m，所以房屋的外墙总高度为 10.65 m。一般标高注在图形外，并做到符号排列整齐、大小一致。若房屋立面左右对称时，一般注在左侧。不对称时，左右两侧均应标注。必要时为了更清楚起见，可标注在图内（如正门上方的雨篷底面标高）。标高符号的注法及形式，如图 8-8 所示。

（4）从图上的文字说明，了解到房屋外墙面装修的做法。如西端外墙为 1∶1∶4 水泥白灰砂浆粉面及分格。勒脚、门廊柱、窗间墙及女儿墙为水刷石粉面。窗台、窗顶等为白水泥粉面。

（5）图中紧靠 9 号轴线左边及其对称位置上分别有一雨水管。

§8－6 建筑剖视图

建筑剖视图主要表示建筑物在竖直方向上的建筑构造和空间布局，它与建筑平面图、立面图配合，反映建筑物的整体情况，也是指导建筑施工的主要技术文件之一。

一、图示内容

建筑剖视图要画出建筑物被剖切后的全部断面实形及投射方向可见的建筑构造和构配

件等。但基础部分不画出，由结构图表达。主要内容包括：

1. 建筑物的楼板层、内外地坪层、屋面层，被剖切到的砌体、投射方向可见的构配件和固定设施等。表明分层情况、各建筑部位的高度、房间的进深（或开间）、走廊的宽度（或长度）、楼梯的类型、分段与分级等。

2. 主要楼面、屋面的梁、板与墙的位置和相互关系。在1∶100或1∶200的剖视图中，墙的断面轮廓线用粗实线，钢筋混凝土梁、板的断面涂黑。

3. 用文字注明地坪层、楼板层、屋盖层的分层构造和工程做法，这些内容也可以在详图中注明或在设计说明中说明。

4. 剖到的室外地坪、室内地面、楼面、楼梯平台面、阳台、台阶等处的完成面标高，门窗、挑檐、雨篷等有关部位的标高和相关尺寸。

5. 标注剖到的墙或柱的轴线和距离。

6. 在需要另见详图的部位标注索引符号。

7. 在图的下方注写图名及比例。

二、建筑剖视图的阅读

1. 阅读步骤

（1）首先阅读图名和比例，并查阅底层平面图上的剖视图标注符号，明确剖视图的剖切位置和投影方向。

（2）分析建筑物内部的空间组合与布局，了解建筑物的分层情况。

（3）了解建筑的结构与构造形式，墙、柱等之间的相互关系以及建筑材料和做法。

（4）阅读标高和尺寸，了解建筑物的层高和楼地面的标高及其他部位的标高和有关尺寸。

2. 阅读实例

图8-12是宿舍楼的1－1剖视图，以此实例说明立面图的内容及其阅读方法：

（1）从图名和轴线编号与图8-10平面图上的剖切位置和轴线编号相对照，可知1－1剖面图是其剖切位置在轴线②与③之间，是向左投射的横剖面图。

（2）从图中画出房屋地面至屋顶的结构形式和构造内容，可知此房屋的垂直方向承重构件（墙和柱）是用砖砌成的，而水平方向承重构件（梁和板）是用钢筋混凝土构成的，所以它是属于混合结构的形式。从地面的材料图例可知为普通的混凝土地面，又从楼层和屋面的构造说明中，可知它们各自的详细构造情况。板与墙、梁与柱及梁的搁置方向，也在图中一目了然。

（3）图中标高都表示为与±0.000的相对尺寸。如三层楼面标高是从底层地面算起为6.4 m，而它与二层楼面的高差（层高）仍为3.2 m。标高是一重要标志，必须注意其准确性及标注方法。图中只标注了门窗洞的高度尺寸。楼梯一般另有详图，其详细尺寸可不在此注出。水平方向的轴线间距尺寸，在民用建筑中也可不注出。

（4）从图中屋面坡度（3%）表示，可知在该处为一单向排水及其坡度的大小（其他倾斜的地方，如散水、排水沟、坡道等，也可用此方式表示其坡度）。

（5）图中B轴线的上方为一花格窗，其详细的型式和构造，可根据索引符号的标注，查阅XJ－0.03标准图集而得知。

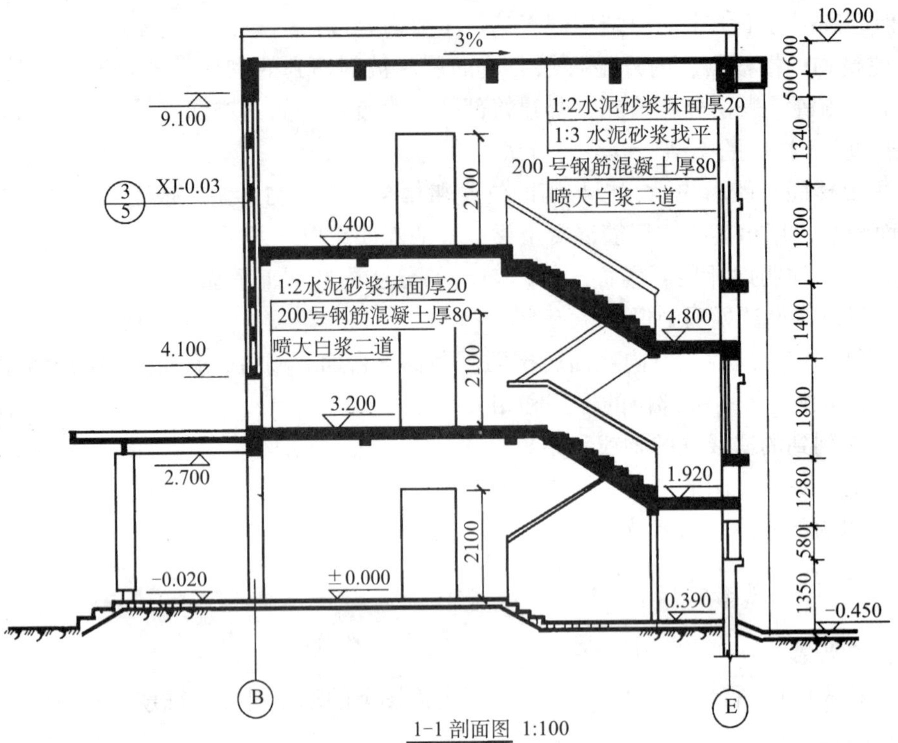

1-1 剖面图 1:100

图 8-12 建筑剖视图

§8－7 建筑详图

一、概 述

建筑详图是建筑施工图中不可缺少的工程图样，也是建筑施工的重要依据。

1. 详图的特点

详图有如下特点：第一，大比例，常采用1∶30、1∶20、1∶10、1∶5 等比例，所以在详图上应画出建筑材料图例符号及各构造层次，如抹灰线等。第二，全尺寸，图中所画出的各构造，除用文字注写或索引外，都需详细注出尺寸，例如，图 8-13 中檐口的抹灰尺寸等。第三，详说明，因为尽管详图的比例较大，但对某些构造做法还无法用图表达清楚，必须用文字详细说明，或引用标准图（凡引用标准图集的部位，均以索引符号注明标准图集的名称和图号，其构造及尺寸无须详细注写），这样的详图才能满足施工的要求。

2. 详图的分类

常用的详图基本上可分为三类：节点详图、房间详图和构配件详图。

（1）节点详图

用来详细表达某一节点部位的构造、尺寸、做法、材料、施工要求等。最常见的节点详图是外墙身剖视详图，它是将外墙的檐口、屋顶、窗过梁、窗台、楼地面、勒脚、散水等部位的节点详图，按其位置集中画在一起构成的局部剖视图（图 8-13）。

（2）房间详图

是将某一房间用更大的比例绘制出来的图样，如楼梯间详图、厨房详图、浴室详图、厕所详图、实验室详图等。一般来说这些房间的构造或固定设施都比较复杂，均需用详图来表达。

（3）构配件详图

是表达某一构配件的形式、构造、尺寸、材料、做法的图样，如门窗详图、雨篷详图、阳台详图、壁柜详图等。

为了提高绘图的效率，国家或某些地区编制了建筑构造和构配件的标准图集，如果选用这些标准图集中的详图，只需在图纸中用索引符号注明，不再另画详图。

楼梯间详图是最常用的房间详图。楼梯是房屋上下交通的主要设施，目前多采用钢筋混凝土楼梯，其组成包括楼梯板（段）、休息平台、扶手栏杆（或栏板）、楼梯梁。楼梯的构造比较复杂，一般需要用楼梯平面图、剖视图和节点详图（如踏步节点、扶手安装节点详图等）来表示楼梯的型式、各部位的尺寸和装修做法。楼梯详图分建筑详图和结构详图。对构造和装修简单的楼梯，其建筑详图和结构详图常合并绘制，编入“建施”或“结施”。楼梯建筑详图中的平面图和剖视图，实际上就是建筑平面图和剖视图中楼梯间的放大图，一般用1∶50或更大的比例绘制，图示和标注更加详细。在此，对楼梯详图不再详细介绍。

二、建筑详图的阅读

结合图8-13所示宿舍楼外墙身详图，说明墙身详图的读图要点。

1. 读图名、比例，弄清详图表达的部位。由图名和轴线编号可知，该图表达A、E轴的外墙各节点部位。由于该图适用于A、E轴墙身的各个部位，具有通用性，所以没有使用详图符号和索引符号。

2. 由檐口部分可了解到屋面的承重层、女儿墙、防水及排水的构造。屋面板的承重层为预制钢筋混凝土空心板，按3%来砌坡。屋面的构造做法均用文字分层详细注写。檐沟上面雨水口处有一铅丝笼，作用是防止杂物进入雨水管，造成堵塞。其详细构造及安装，由索引符号可知，见标准图集。

3. 可看到窗台、窗过梁的构造情况，窗框、窗扇的形状和尺寸。窗过梁为矩形截面钢筋混凝土过梁，过梁抹灰在外侧梁底部作了滴水线，以防墙面雨水向里侵蚀。外窗台底面抹灰有一定的坡度，用以防止窗台流下的雨水侵蚀墙面。

4. 由外墙与楼板层节点可知，楼板为预制钢筋混凝土空心板，搁置在横墙上，平行于外纵墙布置，楼板层的构造用引出线分层说明。在每层的室内墙角处需做一踢脚板，以保护墙壁。从图中的说明可看到其构造做法，踢脚板的厚度可等于或大于内墙面的粉刷层。如厚度一样时，在其立面投影中可不画出其分界线。

5. 由墙勒脚部分可知，在室内地面下60 mm左右处，墙身设了钢筋混凝土防潮层，地面的构造用引出线分层详细说明。在外墙面，离室外地面300～500 mm高度范围内（或窗台以下），用坚硬防水的材料做成勒脚。在勒脚的外地面，做出2%坡度的散水。散水与墙身之间留有缝隙，用沥青砂浆嵌缝，既可防水，又可减小因温度变化或房屋沉降所产生的影响。建筑的室内外高差450 mm。

6. 在详图中一般应注出各部位的标高、高度方向和墙身细部的大小尺寸。图中标高

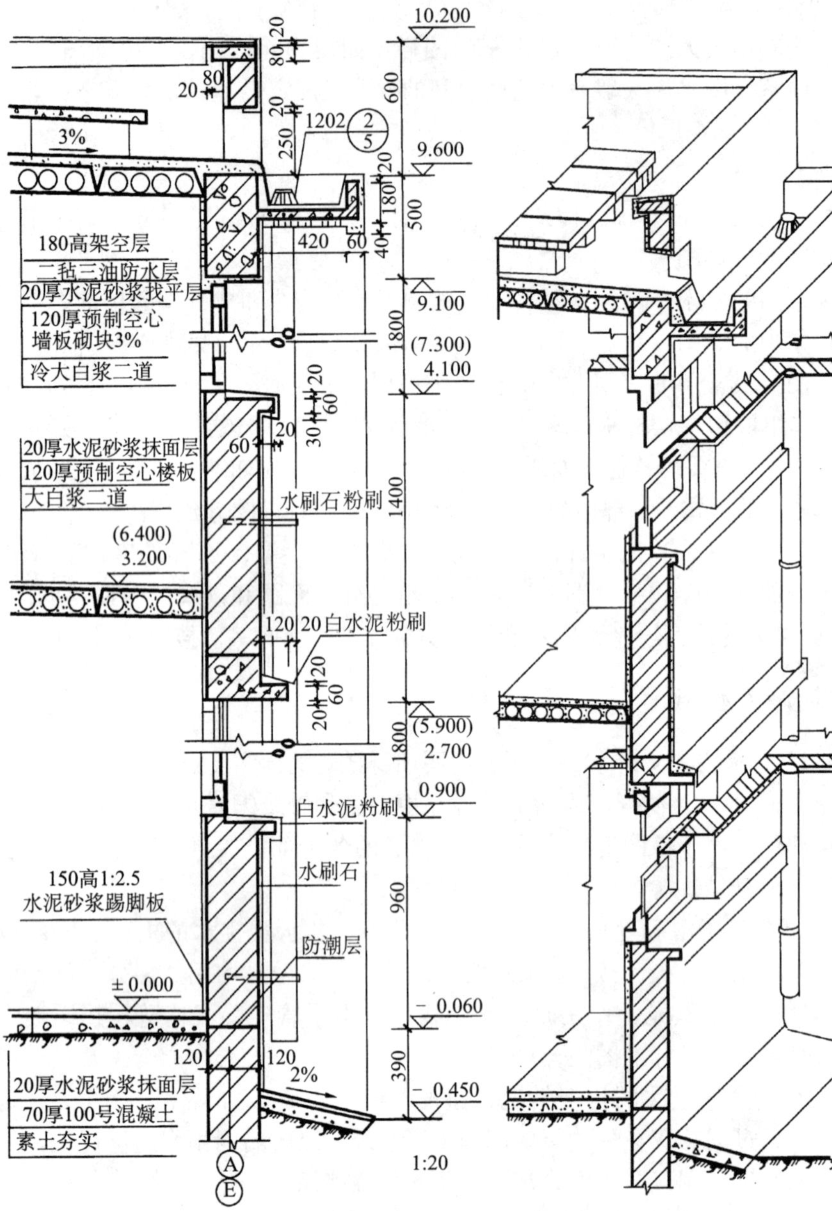

图 8-13　外墙身详图

注写有两个数字时，有括号的数字表示再高一层的标高。

7. 从图中有关图例或文字说明，可知墙身内外表面装修的断面形式、厚度及所用的材料等。

第九章 管道工程图

§9－1 管道投影图

管道也称为管路，是输送介质的通道，主要由管子、管件和附件等组成。管子的形状有圆形（圆筒形）和矩形两种，其中圆形管子使用普遍。管件的种类较多，主要有弯头，三通、四通等，其中弯头用于管道拐弯处，三通、四通用于管道分支处。附件是指附属于管道的部分，如阀门、漏斗等。

一、管道的单线、双线图

管道工程图，按管道的图形来分，分为两种：一种是用一根线条画成的管子（件）的图样，称为单线图；另一种是用两根线条画成的管子（件）的图样，称为双线图。

投影面管道工程常采用的投影面有4个，即水平投影面、正立投影面、左侧立投影面和右侧立投影面。在画图时，单线图管子在立、侧面图上画成1条粗实线，其管口在平面图上画成1个粗实线小圆（图9-1）；双线图管子在立、侧面图上画成有中心线的2条中实线，其管口在平面图上画成有十字中心线的中实线小圆（图9-2）。在同一张图纸上，一般将主要的管道画成双线图，而次要的管道则画成单线图。

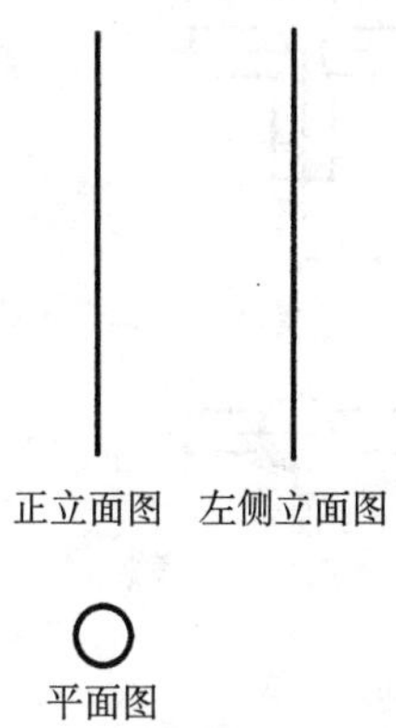

图9-1 单线图管子
平面、立面、侧面图

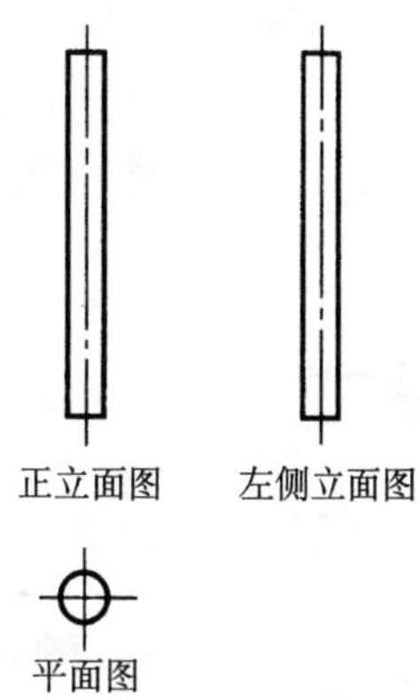

图9-2 双线图管子
平面、立面、侧面图

单线、双线图90°弯头和正三通、四通的平面、立面、侧面图其图形与摆放位置有关（图9-3、图9-4、图9-5），单线、双线图截止阀的平面、立面、侧面图其手轮的图形与截止阀的摆放位置有关（图9-6、图9-7）。

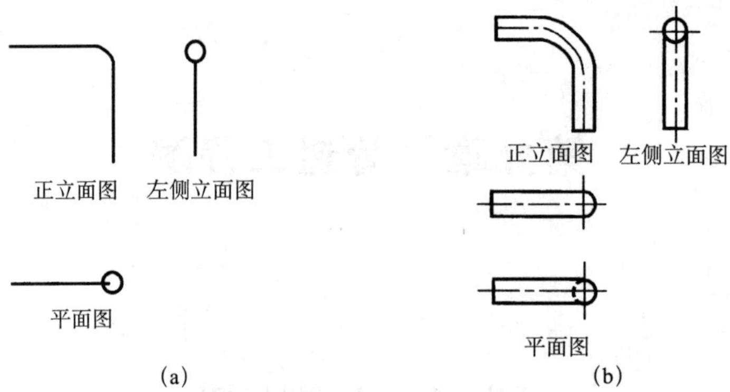

图 9-3　单线、双线图的 90°弯头图

（a）单线图 90°弯头的平面、立面、侧面图；（b）双线图 90°弯头的平面、立面、侧面图

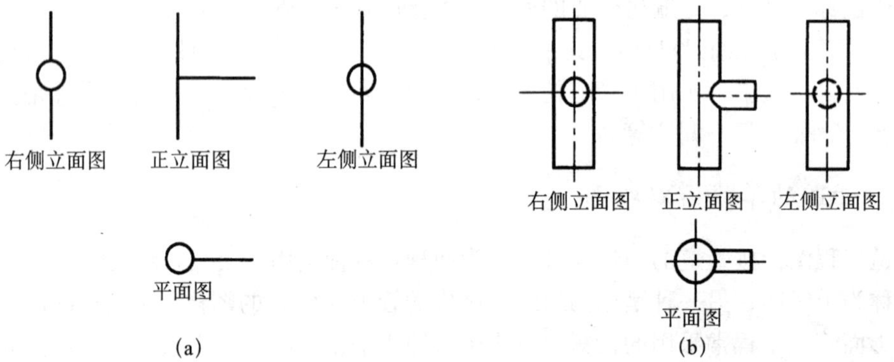

图 9-4　单线、双线图的正三通图

（a）单线图等（异）径正三通的平面、立面、侧面图；（b）双线图异径正三通的平面、立面、侧面图

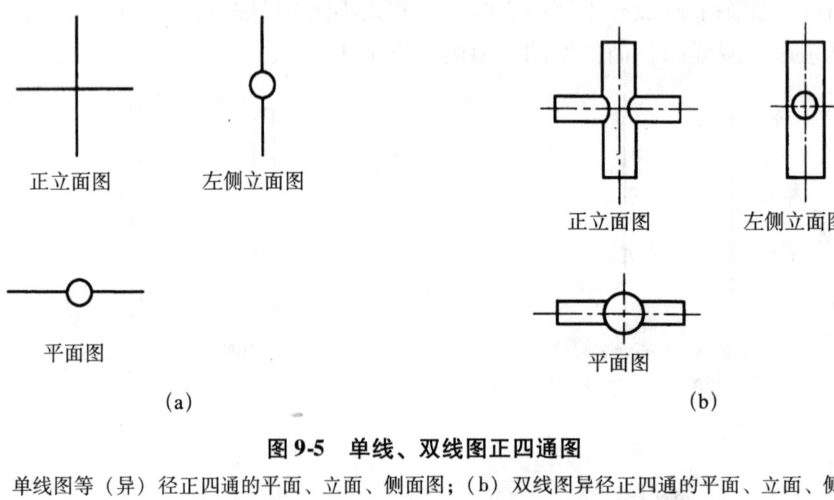

图 9-5　单线、双线图正四通图

（a）单线图等（异）径正四通的平面、立面、侧面图；（b）双线图异径正四通的平面、立面、侧面图

二、管道的交叉与重叠

1. 管道的交叉

2 根单线管交叉，在被遮挡处，断开被遮挡管。2 根双线管交叉时，不断开，只在被遮

挡处将被遮挡的部分画虚线。单线管遮挡双线管时，单线、双线管均不断开。双线管遮挡单线管时，单线、双线管均不断开，只将单线管在被遮挡处画虚线（图9-8、图9-9、图9-10）。

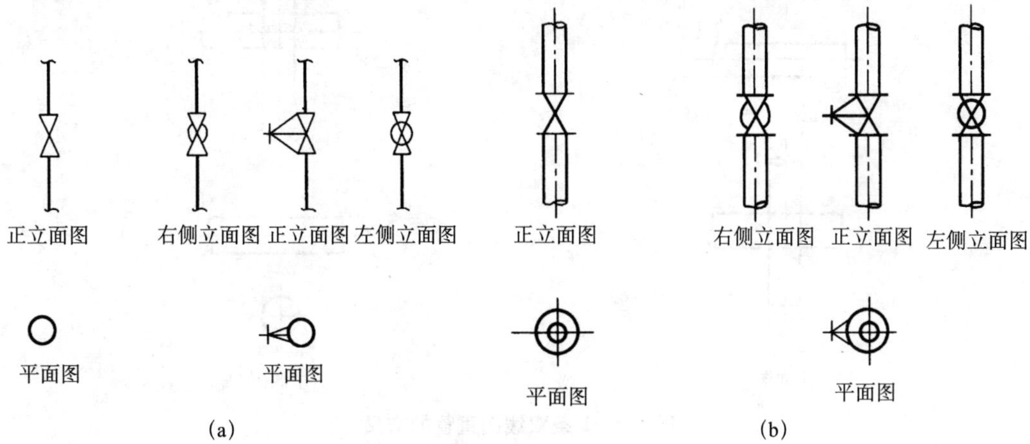

图9-6　单线、双线图内螺纹截止阀图

（a）单线图内螺纹截止阀的平面、立面、侧面图；（b）双线图内螺纹截止阀的平面、立面、侧面图

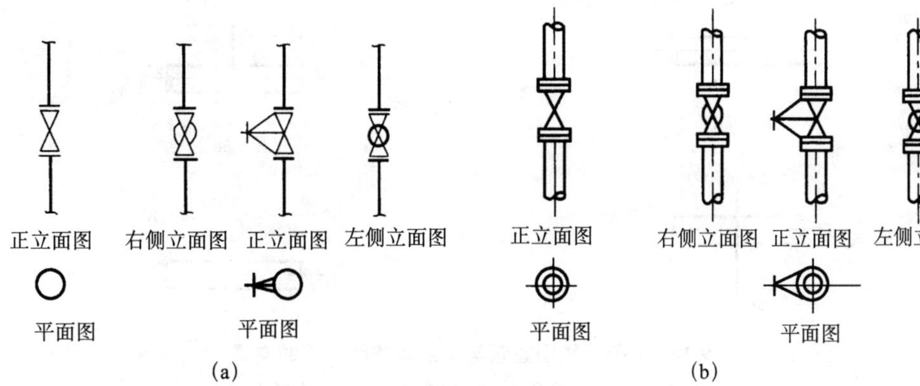

图9-7　单线、双线图的法兰截止阀图

（a）单线图法兰截止阀的平面、立面、侧面图；（b）双线图法兰截止阀的平面、立面、侧面图

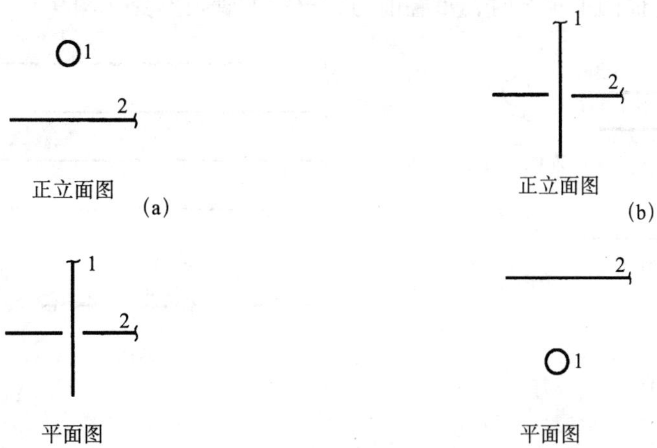

图9-8　2条单线图直管的交叉

（a）在平面图上的交叉；（b）在正立面图上的交叉

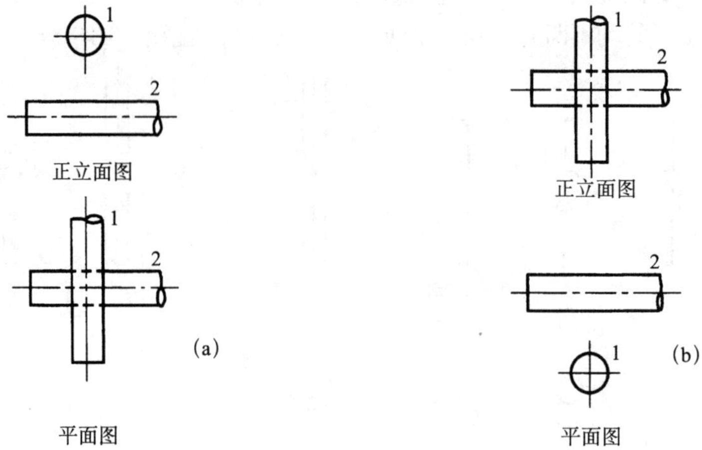

图 9-9　2 条双线图直管的交叉

（a）在平面图上的交叉；（b）在正立面图上的交叉

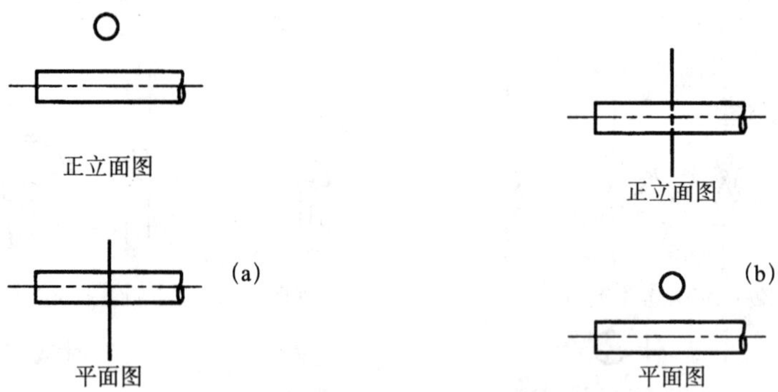

图 9-10　1 条单线图直管与 1 条双线图直管的交叉

（a）在平面图上的交叉；（b）在正立面图上的交叉

2. 管道的重叠

管子在平、立面图上重叠时，重叠前与重叠后的管长不变（图 9-11）。

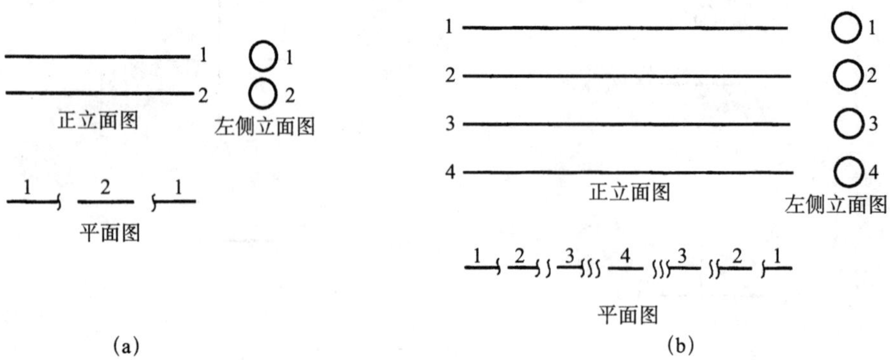

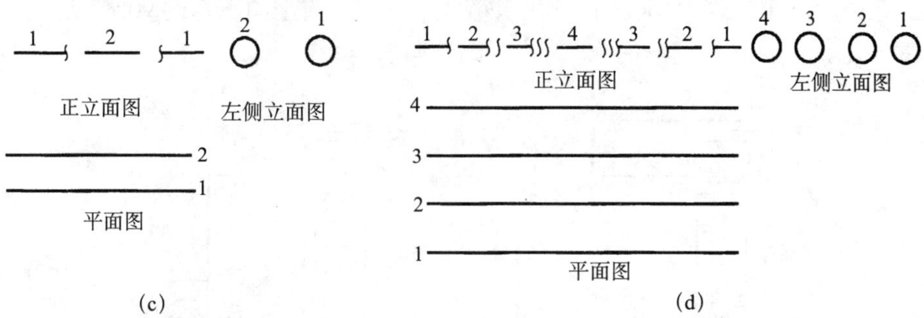

图 9-11　直管的重叠

（a）2 条直管在平面图上的重叠；（b）4 条直管在平面图上的重叠

（c）2 条直管在正立面图上的重叠；（d）4 条直管在正立面图上的重叠

三、管道的平面、立面、侧面图

1. 单线、双线图管道平面图

单线图管道平面图如图 9-12（a）所示，双线图管道平面图如图 9-13（a）所示。该图为软化水箱配管平面图。从图上可以看出，进出软化水箱的管道共有 4 条：

第一条是软水进水管 *DN*50：自断口起，向右至软化水箱顶部的横向中心线，然后转 90°弯向前至软化水箱中心向下的 90°弯头止。

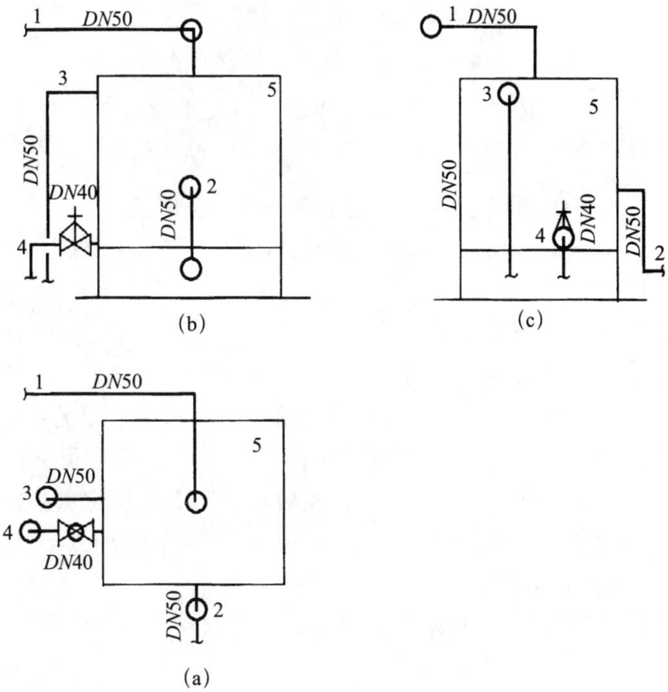

图 9-12　单线图管道平面、立面、侧面图

（a）单线图管道平面图；（b）单线图管道正立面图；

（c）单线图管道左侧立面图

第二条是软水出水管 *DN*50：自软化水箱外壁起，向前至向下弯的90°弯头，然后垂直向下（看不见）至水平向前弯的90°弯头，继续向前至断口止。

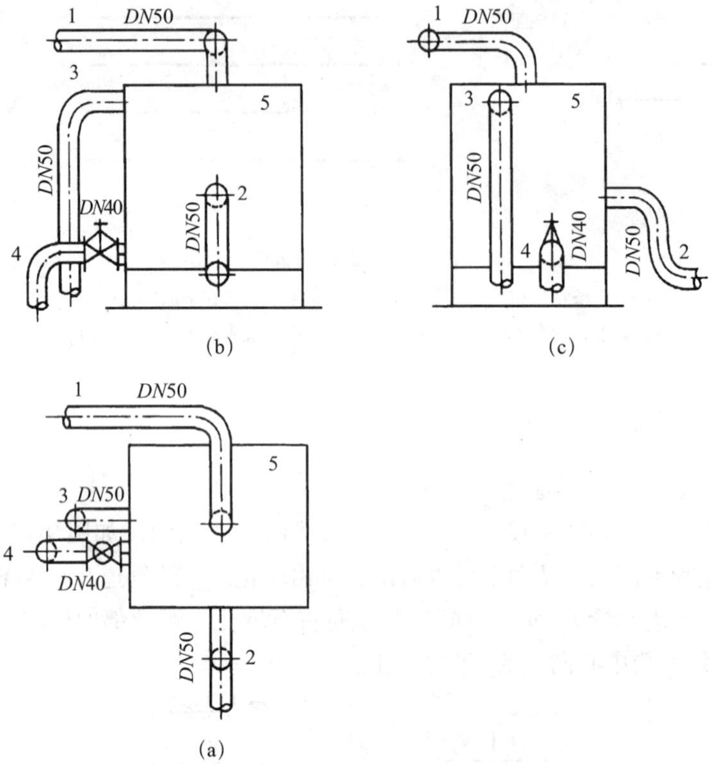

图 9-13　双线图管道平面、立面、侧面图

（a）双线图管道平面图；（b）双线图管道正立面图；（c）双线图管道左侧立面图

第三条是溢流管 *DN*50：自软化水箱外壁起，向左至向下弯的90°弯头止。

第四条是排污管 *DN*40：自软化水箱外壁起，向左至 *DN*40 内螺纹截止阀并继续向左至向下弯的90°弯头止。

2. 单线、双线图管道正立面图

单线图管道正立面图如图9-12（b）所示，双线图管道正立面图如图9-13（b）所示。该图为软化水箱配管的正立面图。从图上同样能看到进出软化水箱的4条管道：

第一条是软水进水管 *DN*50：自断口起水平向右至软化水箱的垂直中心线，在此转90°弯水平向前（看不见）至向下弯的90°弯头，然后垂直向下至软化水箱顶止。

第二条是软水出水管 *DN*50：自软化水箱外壁起，水平向前（看不见）至向下弯的90°弯头，然后垂直向下至水平向前弯的90°弯头止。

第三条是溢流管 *DN*50：自软化水箱外壁起，水平向左至向下弯的90°弯头，然后垂直向下至断口止。

第四条是排污管 *DN*40：自软化水箱底部的外壁起，水平向左至 *DN*40 内螺纹截止阀并继续水平向左至向下弯的90°弯头，然后垂直向下至断口止。

3. 单线、双线图管道左侧立面图

单线图管道左侧立面图如图9-12（c）所示，双线图管道左侧立面图如图9-13

(c) 所示。该图为软化水箱配管的左侧立面图。从图上也能看到进出软化水箱的4条管道：

第一条是软水进水管 *DN*50：自断口起，90°弯头水平向右至软化水箱的垂直中心线，然后转90°弯垂直向下至软化水箱顶止。

第二条是软水出水管 *DN*50：自软化水箱外壁起，水平向右至向下弯的90°弯头，然后垂直向下至水平向右弯的90°弯头，再水平向右至断口止。

第三条是溢流管 *DN*50：自软化水箱外壁起，水平向前（看不见）至向下弯的90°弯头，然后垂直向下至断口止。

第四条是排污管 *DN*40：自软化水箱底部的外壁起，水平向前至 *DN*40 内螺纹截止阀并继续水平向前（看不见）至向下弯的90°弯头，然后垂直向下至断口止。

本节的重点是：管道平面、立面、侧面图的绘制与识读。

§9-2　管道轴测图

一、管道轴测图的分类

1. 管道轴测图，按图形来分有正等轴测图和斜等轴测图两种，其中多用斜等轴测图。按单双线图来分有单线图管道正、斜等轴测图和双线图管道正、斜等轴测图，其中多用单线、双线图管道斜等轴测图。

2. 斜等轴测图的轴测轴与轴间角

斜等轴测图的轴测轴有3根，即 O_1Z_1、O_1X_1 和 O_1Y_1。其中 O_1Z_1 画成铅垂线，O_1X_1 为水平线，O_1Y_1 与水平线的夹角为45°，O_1Y_1 的方向可向左也可向右。轴间角有3个，分别是 $\angle X_1O_1Y_1=45°$（或135°），$\angle Y_1O_1Z_1=135°$，$\angle Z_1O_1X_1=90°$。3根轴的轴向伸缩系数（也称变形系数）都相等，且均取1，如图9-14（a）、图9-14（b）所示。

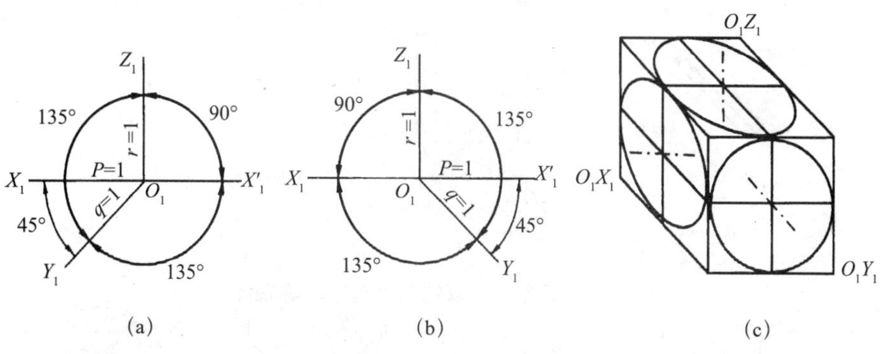

图9-14　斜等轴测图的轴测轴、轴间角与双线图管口在该图的形状

(a) O_1Y_1 向左斜；(b) O_1Y_1 向右斜；(c) 双线图管口的形状

在双线图管道斜等轴测图中，当管道中心线位于 O_1Y_1 轴及其延长线或平行线上时，管道断口的形状是正圆；当管道中心线位于 O_1X_1 轴及其延长线或平行线上时，管道断口的形状是椭圆；当管道中心线位于 O_1Z_1 轴及其延长线或平行线上时，管道断口的形状也是椭圆，如图 9-14（c）所示。

3. 单线、双线图直管的斜等轴测图

管道在斜等轴测图中的方位选定，由于空间的管道错综复杂，其走向也不一致，有前后走向，有左右走向，也有上下走向。画管道斜等轴测图时，管道方位的选定方法如下：

水平管道当左右走向时，可选在 O_1X_1 轴上或其延长线上（两条及以上管道时，为该轴的平行线上）。水平管道当前后走向时，可选在 O_1Y_1 轴上或其延长线上（两条及以上管道时，为该轴的平行线上），一般左斜 45°。立管（上下走向）时，选在 O_1Z_1 轴上或其延长线上（两条以上管道时，为该轴的平行线上）。

单线、双线图直管的斜等轴测图分别如图 9-15、图 9-16 所示。

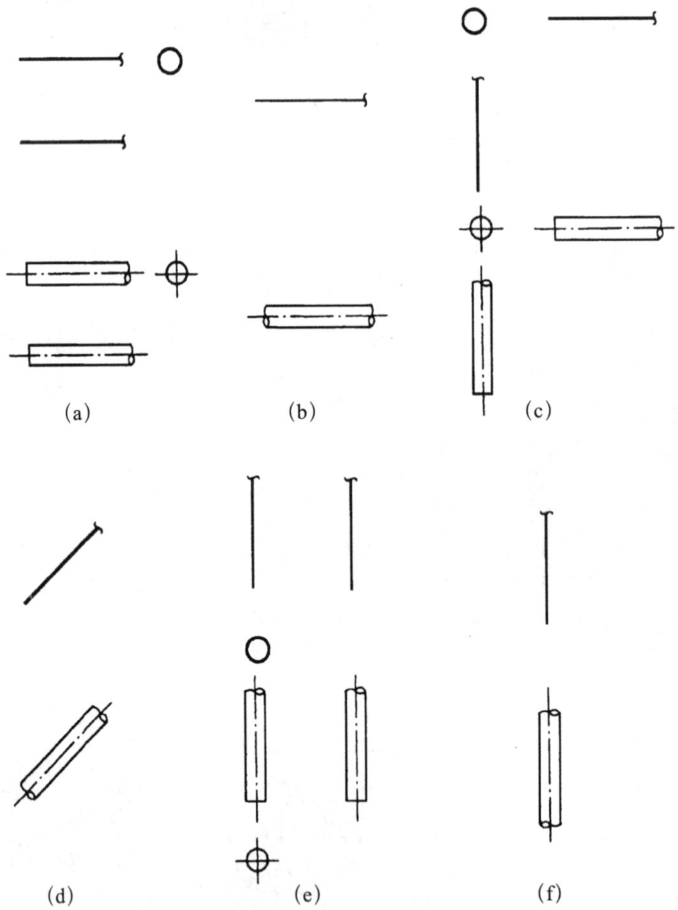

图 9-15　1 条单线、双线图直管的斜等轴测图

a）1 条左右走向单线、双线图水平直管的平面、立面、侧面图；（b）1 条左右走向单线、双线图水平直管的斜等轴测图；（c）1 条前后走向单线、双线图水平直管的平面、立面、侧面图；（d）1 条前后走向单线、双线图水平直管的斜等轴测图；（e）1 条单线、双线图立管的平面、立面、侧面图；（f）1 条单线、双线图立管的斜等轴测图

4. 单线、双线图交叉管的斜等轴测图

图 9-17（a）分别是两条单线、双线图管子的平面、立面图。从图上可以看出，这是

两条走向不同标高不等而互相交叉的水平管。其中，1 管左右走向是高管，2 管前后走向是低管，两管在平面图上的交叉角为 90°。由此可以选定这两条交叉管在单、双线图斜等轴测图上的方位是：左右走向的 1 管在 O_1X_1 轴及其延长线上；前后走向的 2 管在 O_1Y_1 轴及其延长线上。单线、双线图交叉管的斜等轴测图分别如图 9-17（b）所示。

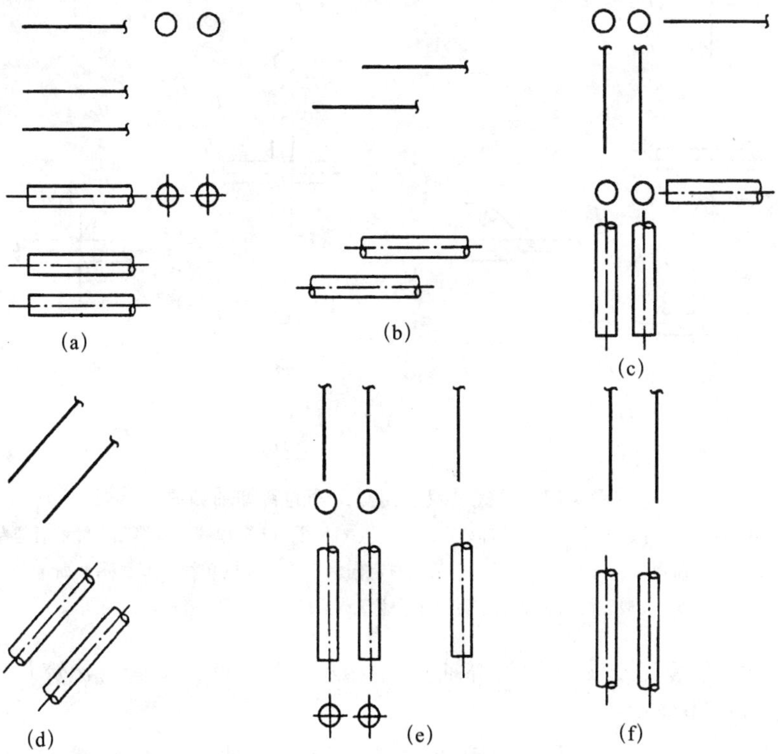

图 9-16　2 条单线、双线图直管的斜等轴测图

（a）2 条左右走向单线、双线图水平直管的平面、立面、侧面图；（b）2 条左右走向单线、双线图水平直管的斜等轴测图；（c）2 条前后走向单线、双线图水平直管的平面、立面、侧面图；（d）2 条前后走向单线、双线图水平直管的斜等轴测图；（e）2 条单线、双线图立管的平面、立面、侧面图；（f）2 条单线、双线图立管的斜等轴测图

画图时，单线图交叉管的斜等轴测图在两管交叉处，高管（1 管）应表示完整，低管（2 管）须断开。双线图交叉管的斜等轴测图在两管交叉处，高管（1 管）应表示完整，低管（2 管）须画虚线。

2 管在平面、立面图上的实长，可直接量在相应的轴及其延长线上。其编号和在交叉处的上下距离，应与平、立面图上的编号和在立面图上交叉处的上下距离一致。

图 9-17（c）是另两条单、双线图管子的平、立面图。从图上可以看出，这是两条走向不同且互相交叉的管子，其中，a 管为立管是前管，b 管为左右走向的水平管是后管，两管在立面图上的交叉角为 90°。由此可以选定这两条交叉管在单线、双线图斜等轴测图上的方位是：立管（a 管）在 O_1Z_1 轴及其延长线上；左右走向的水平管（b 管）在 O_1X_1 轴及其延长线上。单线、双线图交叉管的斜等轴测图分别如图 9-17（d）所示。

画图时，单线图交叉管的斜等轴测图在两管交叉处，前管（a 管）应表示完整，后管

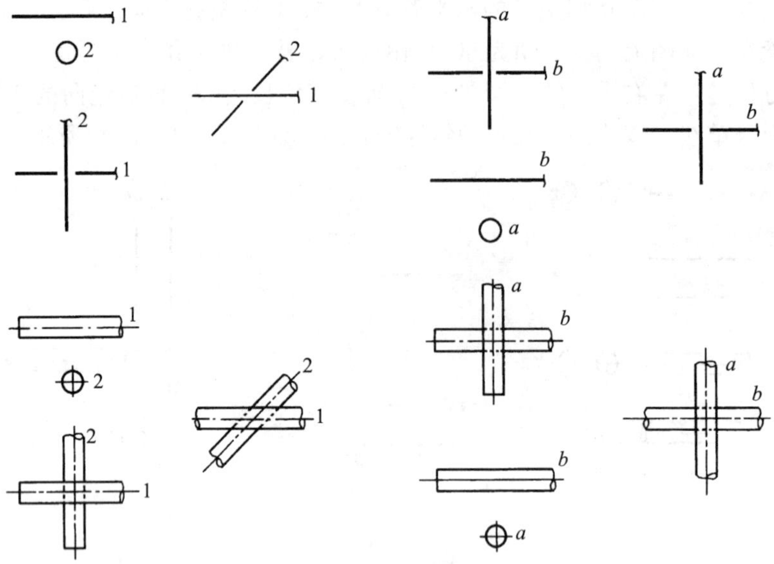

(a) (b) (c) (d)

图 9-17 单线、双线图交叉管的斜等轴测图

(a) 单线、双线图两管前后与左右走向交叉的平面、立面图；(b) 单线、双线图两管前后与左右走向交叉的斜等轴测图；(c) 1 根立管与 1 条左右走向水平管交叉的单线、双线图平面、立面图；(d) 1 根立管与 1 条左右走向水平管交叉的单线、双线图斜等轴测图

(*b* 管) 须断开。双线图交叉管的斜等轴测图在两管交叉处，前管（*a* 管）应表示完整，后管（*b* 管）须画虚线。

两管在平、立面图上的实长，可直接量在相应的轴及其延长线上。其编号和在交叉处的前后距离，应与平面、立面图上的编号和在平面图上交叉处的前后距离一致。

二、管道斜等轴测图

1. 单线、双线图管道平面图

单线、双线图管道平面图如图 9-18 所示。该图为某草坪喷灌供水平面图。从图上可以看到 3 条主要管道：

第 1 条是供水主管 *DN*40：从断口起，至三通 *a* 止。其上装有 *DN*40 的内螺纹闸阀一个（设在阀门井内）。

第 2 条是左路供水干管 *DN*32：从三通 *a* 起，至弯头 3 止。其上装有立管三根（L_1 - L_3）、水平短管 1 条（SP_1）及 *DN*15 的内螺纹闸阀三个。

第 3 条是右路供水干管 *DN*32：从三通 *a* 起，至弯头 6 止。其上装有立管三根（L_4 - L_6）、水平短管一条（SP_2）及 *DN*15 的内螺纹闸阀三个。

2. 单线、双线图管道斜等轴测图

单线、双线图管道斜等轴测图分别如图 9-19 所示。该图为某草坪喷灌供水斜等轴测图。从图上可以看到 11 条管道：

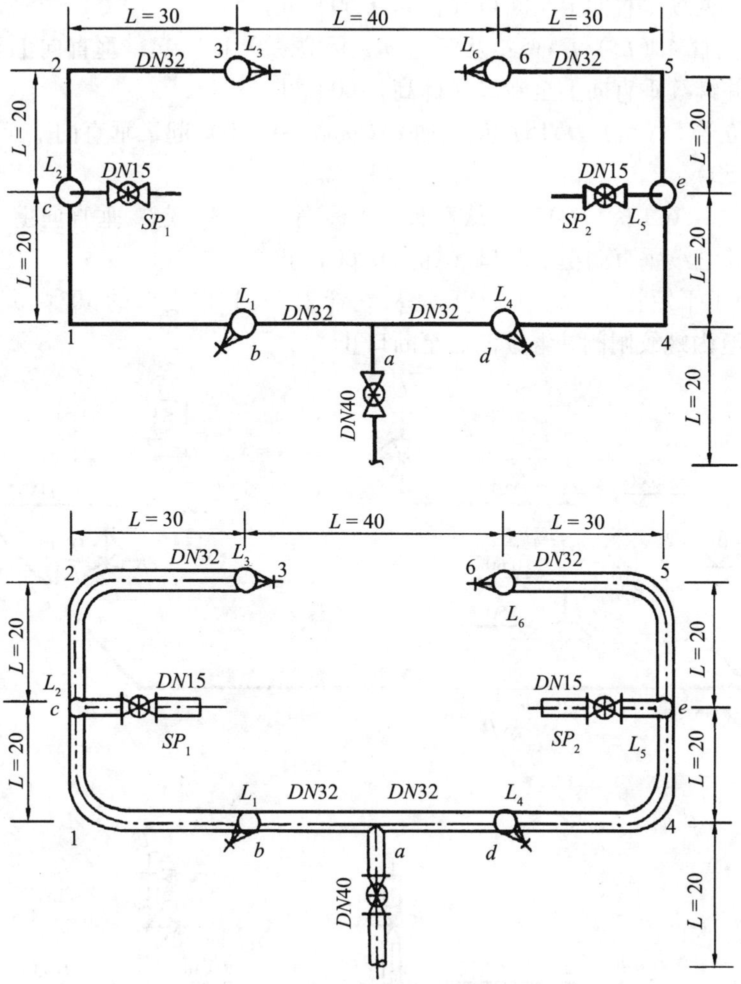

图 9-18　单线、双线图管道平面图

第 1 条是供水主管 *DN*40：从断口起，水平向前至内螺纹闸阀，并继续水平向前至三通 *a*（标高 -0.40）止。

第 2 条是左路供水干管 *DN*32：从三通 *a* 起，水平向左至三通 *b* 并继续向左至弯头 1，然后水平向前至三通 *c*，继续水平向前至弯头 2，而后水平向右至弯头 3（标高 -0.40）止。

第 3 条是右路供水干管 *DN*32：从三通 *a* 起，水平向右至三通 *d* 并继续向右至弯头 4；然后水平向前至三通 *e*，继续水平向前至弯头 5，而后水平向左至弯头 6（标高 -0.40）止。

第 4 条是立管 1（L_1）*DN*15：从三通 *b*（标高 -0.40）起，垂直向上至内螺纹闸阀（标高 0.50）并继续垂直向上至断口（标高 0.60）止。

第 5 条是立管 2（L_2）*DN*15：从三通 *c*（标高 -0.40）起，垂直向上至向右弯的 90°弯头（标高 0.50）止。

第 6 条是立管 3（L_3）*DN*15：从弯头 3（标高 -0.40）起，垂直向上至内螺纹闸阀

（标高 0.50）并继续垂直向上至断口（标高 0.60）止。

第 7 条是立管 4（L_4）DN15：从三通 d（标高 -0.40）起，垂直向上至内螺纹闸阀（标高 0.50）并继续垂直向上至断口（标高 0.60）止。

第 8 条是立管 5（L_5）DN15：从三通 e（标高 -0.40）起，垂直向上至向左弯的 90°弯头（标高 0.50）止。

第 9 条是立管 6（L_6）DN15：从弯头 6（标高 -0.40）起，垂直向上至内螺纹闸阀（标高 0.50）并继续垂直向上至断口（标高 0.60）止。

第 10 条是水平短管 1（SP_1）DN15：从立管 2（L_2）向右弯的 90°弯头（标高 0.50）起，水平向右至内螺纹闸阀并继续向右至断口止。

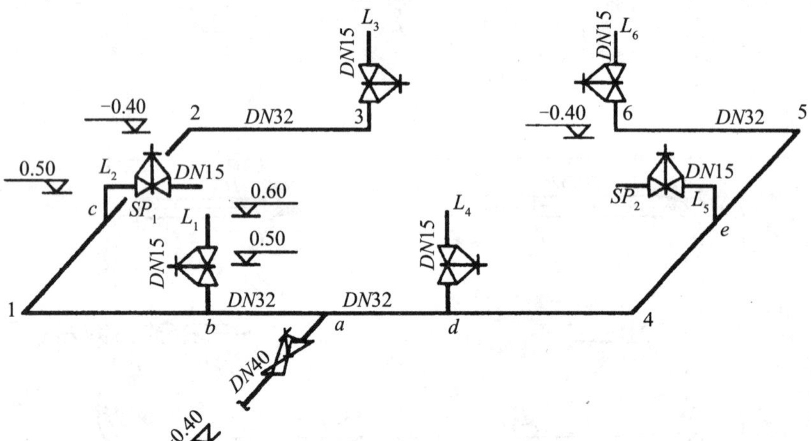

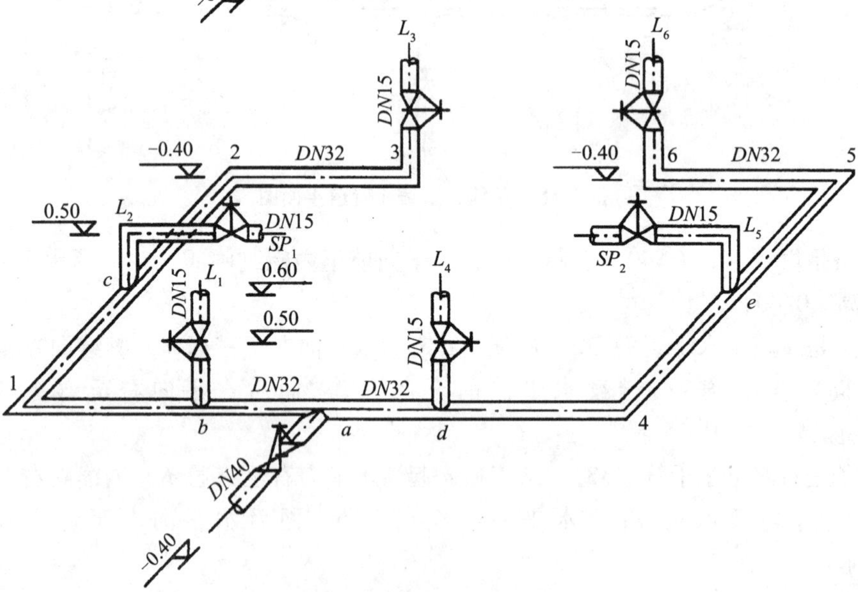

图 9-19　单线、双线图管道斜等轴测图

第 11 条是水平短管 2（SP_2）DN15：从立管 5（L_5）向左弯的 90°弯头（标高 0.50）起，水平向左至内螺纹闸阀并继续向左至断口止。

本章的内容主要是单线、双线图管道斜等轴测图的绘制与识读和管线的方位选定：在绘制管子、管件和管道斜等轴测图时，关键是管线的方位的选定。通常左右走向的管线选在 O_1X_1 轴上，前后走向的管线选在 O_1Y_1 轴上，立管选在 O_1Z_1 轴上。

§9－3　管道剖视图与节点图

剖视图按其被剖的范围来分类，通常分为：全剖视图、半剖视图和局部剖视图 3 种。作图规则如第七章所述。现来看两个管道剖面图的例子。

1. 单线、双线图管道平面图

如图 9-20 所示，该图为一软水泵配管平面图，从图上可以看到：软水泵为 2DA－8 型；吸、压水管各一条，管径均为 *DN*50。

吸水干管：从断口起，至吸水立管的 90°弯头止，为地沟敷设。

吸水横管：从吸水立管的 90°弯头起，至软水泵的吸入口止，为明敷设，其上装有 *DN*50 法兰闸阀 1 个。

压水横管：从压水立管的 90°弯头起，至右墙边的 90°弯头止，为架空敷设，其上装有 *DN*50 法兰止回阀 1 个。

压水干管：从右墙边压水横管的 90°弯头起，至断口止。为架空敷设。

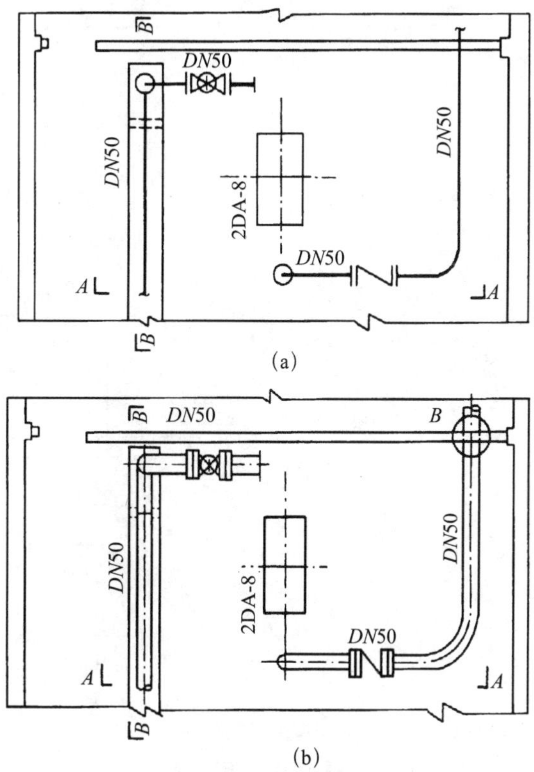

图 9-20　单、双线图管道平面图

（a）单线图管道平面图；（b）双线图管道平面图

2. 单线、双线图管道剖面图

（1）单线、双线图管道 *A*－*A* 剖面图

从图 9-21 上可以看到：

吸水立管：从吸水干管的断口（标高－0.250）起，上升至 90°弯头（标高 0.500）止，±0.000 以下为地沟敷设，以上为明敷设。

吸水横管：从吸水立管的 90°弯头（标高 0.500）起，向右至软水泵吸入口止，为明敷设，其上装有 *DN*50 法兰闸阀 1 个。

压水立管：从软水泵出口起，上升至 90°弯头（标高 2.500）止，为明敷设。

压水横管：从压水立管的 90°弯头（标高 2.500）起，向右至右墙边的 90°弯头（标高 2.500）止，为架空敷设，其上装有 *DN*50 法兰止回阀 1 个。

（2）单线、双线图管道 *B*－*B* 剖面图

从图 9-22 上可以看到：

吸水干管：从断口（标高－0.250）起，向左至 90°弯头（标高－0.250）止，为地沟敷设。吸水立管：从吸水干管的 90°弯头（标高－0.250）起，上升至 90°弯头（标高

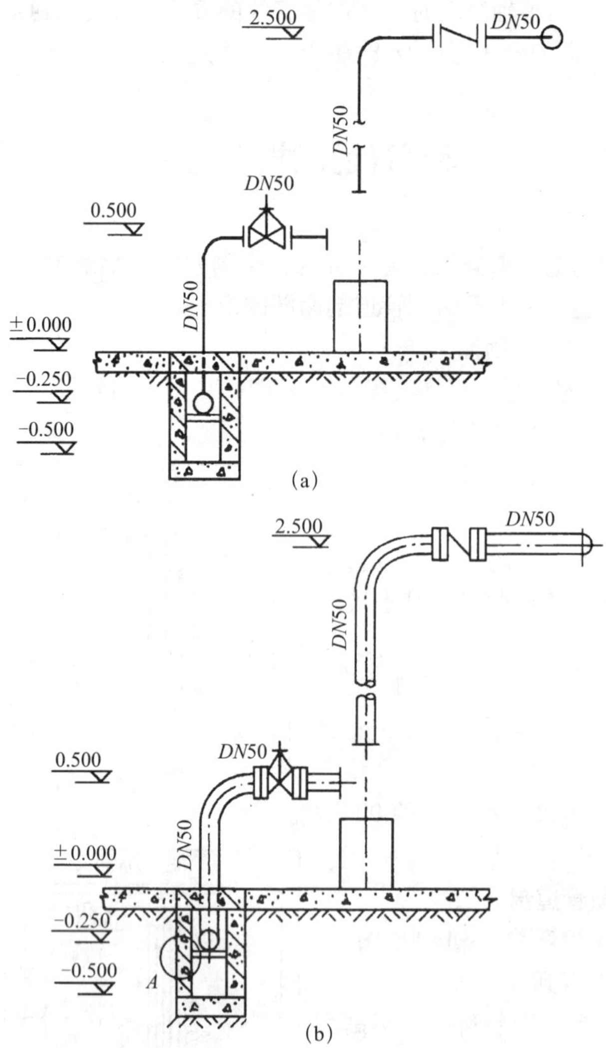

图 9-21　单线、双线图管道 *A-A* 剖面图

（a）单线图管道 *A* – *A* 剖面；（b）双线图管道 *A* – *A* 剖面

0. 500）止，±0. 000 以下为地沟敷设，以上为明敷设。

压水立管：从软水泵出口起，上升至 90°弯头（标高 2. 500）止，为明敷设。

压水干管：从压水横管的 90°弯头（标高 2. 500）起，向左至断口（标高 2. 500）止，为架空敷设。

3. 管道节点图

管道节点图，是管道图某个局部（通常称为节点）的放大图。

（1）管道节点图的作用、代号与标注

当管道平面图、立面图和剖面图等图样，对某一节点部位无法表示清楚时，需要绘制节点图。该图能清楚地反映出某一局部管道或组合件的详细结构和尺寸。

（2）管道节点图，一般是以英文字母为代号的。标注时有 2 种：一是在节点图所在的图样（平面图、立面图或剖面图）中，先用粗实线画 1 个小圆，将需要表示的节点部位圈

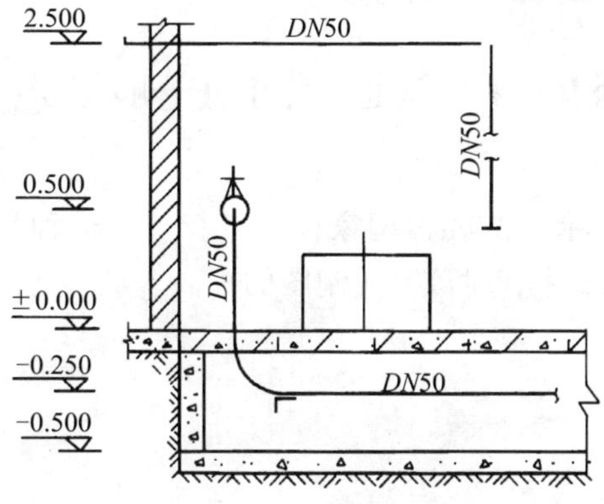

(a)

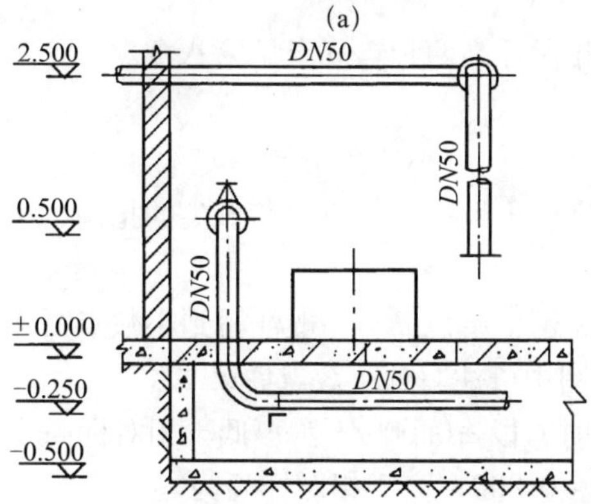

(b)

图 9-22　单线、双线图管道 *B-B* 剖面图

（a）单线图管道 *B*－*B* 剖面；（b）双线图管道 *B*－*B* 剖面

起，小圆的直径视图面大小而定，一般为 8～16 mm，然后在小圆的旁边标注上代号，如“*A*”；二是在相应节点图的下方标注上相同的代号，如“节点 *A*”。

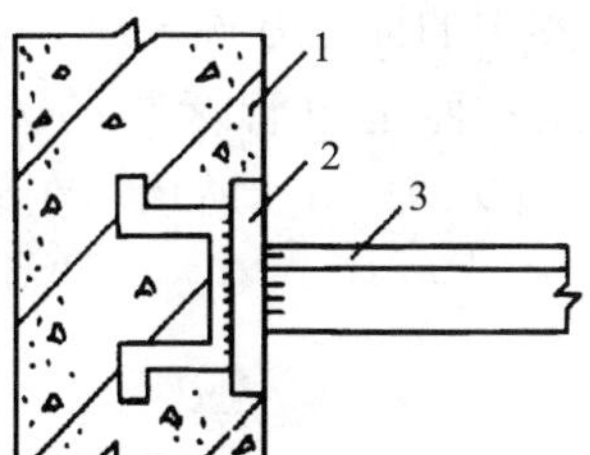

(a)

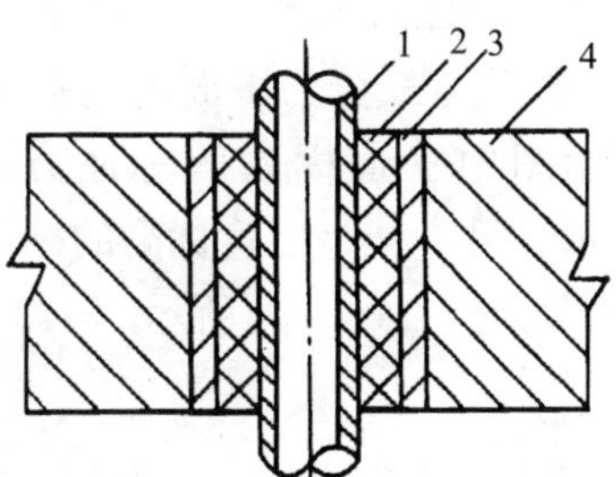

(b)

图 9-23　管道节点图

（a）*A* 节点；

1——钢筋混凝土沟壁；2——预埋钢板；3——角钢支架

（b）*B* 节点

1——压水干管；2——石棉绳；3——套管；4——墙

§9－4　管道制图的一般规定

管道工程图的绘制和表示方法要按国家标准进行。管道种类较多，在暖卫制图标准GBJ 106—87 和 GBJ 114—88 中，对该专业制图的标高、坡度等，均做了规定。在此做以下介绍。

一、管道标高

1. 标高的分类

标高分为绝对标高和相对标高两种。规定见第八章。

2. 标高的符号

标高的符号如图 9-24 所示，由小三角形和短横线组成。选用细实线绘制，绘制时小三角形的尖要与管线或标高引出线接触，小三角形尖的指向，可向上也可向下。

3. 标高值

标高值以阿拉伯数字表示，单位 m，一般注写到小数点后第三位；在总平面图及相应的厂区（小区）给水排水图中可注写到小数点后第二位。

相对标高为零（点）时，以 ±0. 000 表示；低于相对标高为零（点）的标高，在其标高值前以“－”表示，如 －0. 800；高于相对标高为零（点）的标高，在其标高值前不写“＋”号，如 1. 200。

4. 管道标高的标注位置

管道的标高，一般标注在管道的起点、终点、交叉点、转弯点、变坡点等处。

压力（流）管道宜标注管中心标高，室内外的重力（流）管道宜标注管内底标高，沟道宜标注沟内底标高。

5. 管道标高的标注方式

管道标高的标注方式分为平面图、系统图和剖面图中的标注方式 3 种。

（1）在平面图中管道标高的标注方式有 2 种：一种是单管标高的标注方式，如图 9-24（a）所示；另一种是多管标高的标注方式，如图 9-24（b）所示。在平面图中沟道标高的标注方式如图 9-24（c）所示。

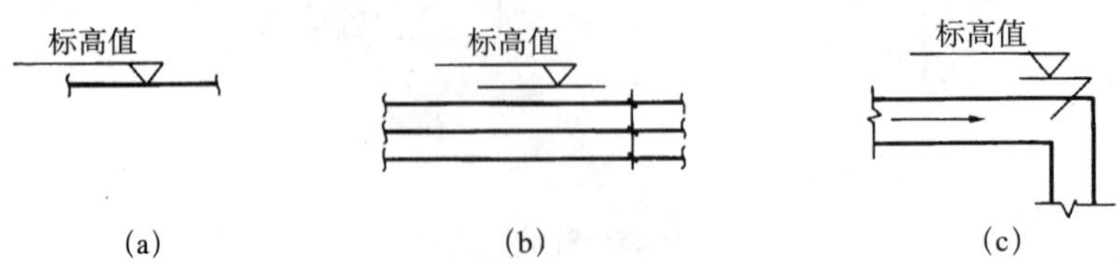

图 9-24　在平面图中管道、沟道标高的标注方式

（a）单管；（b）多管；（c）沟道

（2）在系统图中管道标高的标注方式如图 9-25 所示。

（3）在剖面图中管道标高的标注方式如图 9-26 所示。

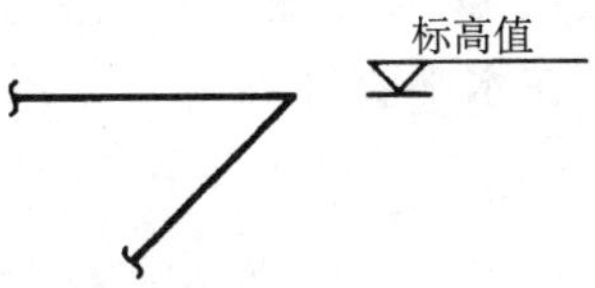

图 9-25　在系统图中管道标高的标注方式

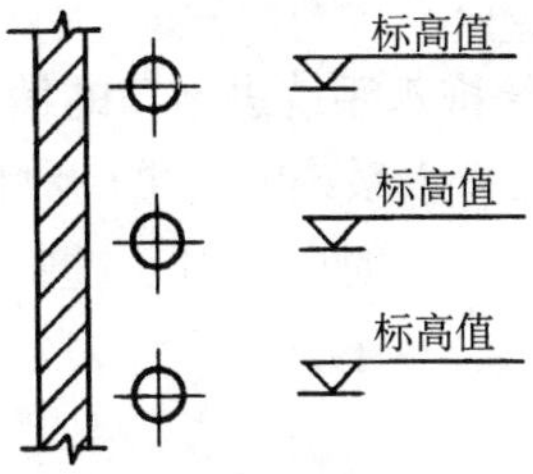

图 9-26　在剖面图中管道标高的标注方式

二、管径的符号与标注

1. 管径的符号

黑铁管（不镀锌钢管）、白铁管（镀锌钢管）、给排水铸铁管、硬聚氯乙烯管等以公称直径的符号 *DN* 表示，如 *DN*15、*DN*100。无缝钢管、螺纹钢管、直缝卷制电焊钢管以 *D* 外径 × 壁厚表示，如 *D*108 × 4.5、*D*219 × 7。

2. 管径的标注位置

管径一般标注在下列位置：管道变径处，水平管道的上方，竖管道的左侧，斜管道的斜上方，如图 9-27 所示。

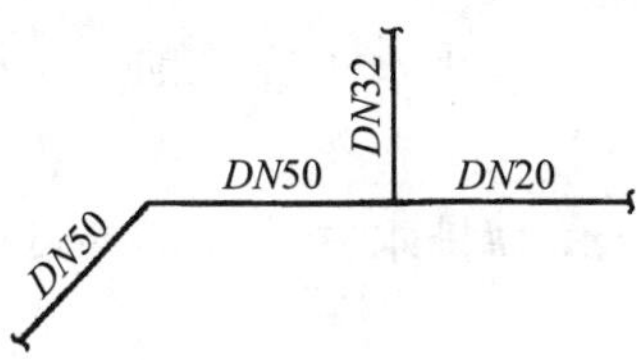

图 9-27　管径标注位置

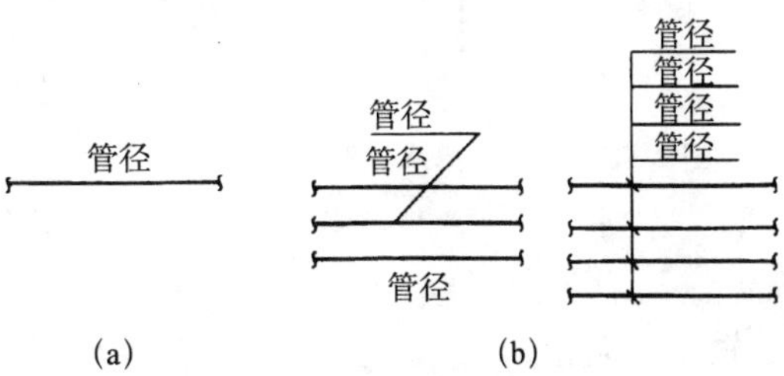

图 9-28　管径的标注方式

3. 管径的标注方式

管径的标注方式分为两种：一种是单管的标注方式，如图 9-28（a）所示；另一种是多管的标注方式，如图 9-28（b）所示。

三、管道的坡度与坡向

管道坡度与坡向的表示如图 9-29 所示。通常管道的坡度以“*i*”表示，其后是等号和坡度值。坡向以单面箭头表示，箭头指向管道低的一端。

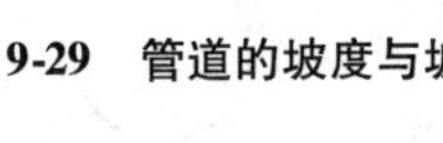

图 9-29　管道的坡度与坡向

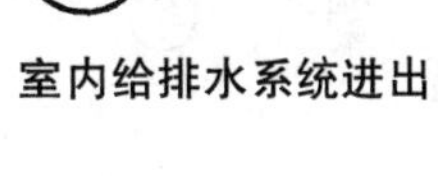

图 9-30　室内给排水系统进出口的编号

四、室内给排水系统与附属构筑物的编号

分为室内给排水系统进出口的编号、室内给排水立管的编号和给排水附属构筑物的

编号。

1. 室内给排水系统进出口的编号

当室内给排水系统的进出口数量多于一个时，应进行编号，编号方式如图 9-30 所示，一般是在 Φ10 mm 的小圆内通过圆心画一水平直径。在水平直径的上方是系统类别代号（汉语拼音字头）；下方是系统编号（阿拉伯数字）。例如：

$\frac{J}{1}$ 表示 1#给水系统（即第一个给水进口）；

$\frac{J}{2}$ 表示 2#给水系统（即第二个给水进口）；

$\frac{P}{1}$ 表示 1#排水系统（即第一个排水出口）；

$\frac{P}{2}$ 表示 2#排水系统（即第二个排水出口）。

2. 室内给排水立管的编号

当建筑物内穿过楼层的立管多于 1 根时，应进行编号，编号方式如图 9-31 所示。例如：

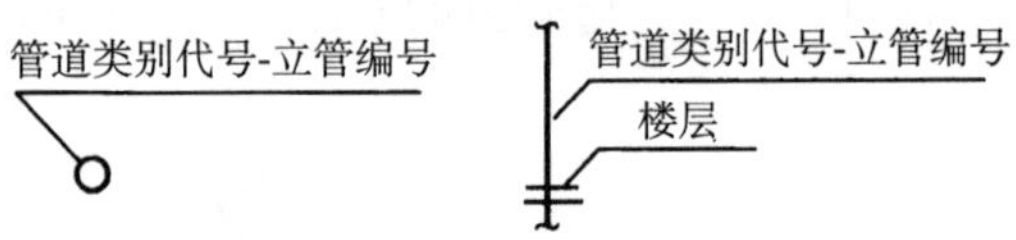

图 9-31 室内给排水立管的编号

（a）平面图；（b）系统图

JL－1，表示 1#给水立管（即穿过楼层的第一根给水立管）；

JL－2，表示 2#给水立管（即穿过楼层的第二根给水立管）；

PL－1，表示 1#排水立管（即穿过楼层的第一根排水立管）；

PL－2，表示 2#排水立管（即穿过楼层的第二根排水立管）。

3. 给排水附属构筑物的编号

给排水附属构筑物是指阀门井、水表井、检查井、化粪池等。当其数量多于一个时应进行编号，编号由构筑物代号（汉语拼音字头）和顺序号（阿拉伯数字）组成。例如，W1，表示为 1#污水井。其编号顺序为：给水阀门井，从干管到支管，由水源到用户；排水检查井，从上游至下游，先干管后支管。

五、采暖系统入口与采暖立管的编号

1. 采暖系统入口的编号

采暖系统入口的编号方式如图 9-32（a）所示。通常是在 ϕ10 mm 的小圆内为系统入口代号（汉语拼音字头）和入口编号（阿拉伯数字）。例如，Ⓡ1 表水 1#采暖入口。

2. 采暖立管的编号

采暖立管的编号方式如图 9-32（b）所示。通常是在 10 mm 直径的小圆内为

图 9-32 采暖系统入口和采暖立管的编号方式

（a）采暖系统入口的编号方式；（b）采暖立管的编号方式

立管代号（汉语拼音字头）和立管编号（阿拉伯数字）。

例如：(L1) 表示 1#采暖立管。

六、管道代号

在同一管道图中，若有几种不同的管路时，为了区别，一般是在管线的中间注上汉语拼音字母的规定代号，如图 9-33 所示。管路常用的规定代号见表 9-1。

表 9-1 管路常用的规定代号

序 号	名 称	规定代号	序 号	名 称	规定代号
1	给水管路	*J*	5	热水管路	*R*
2	循环水管路	*XH*	6	排水管路	*P*
3	凝结水管路	*N*	7	污水管路	*W*
4	冷却水管路	*L*			

七、方位标

在底层平面图上，也是通常采用指北针来表示管道或建筑物的方位。指北针用细实线绘制，小圆直径视图面大小而定，一般不超过 24 mm；指针的尾宽宜为小圆直径的 1/8，如图 9-34 所示。

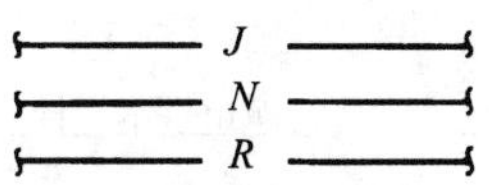

图 9-33 管道代号

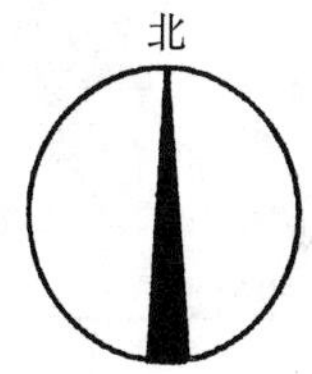

图 9-34 方位标

第十章　建筑给水排水工程图

§10－1　城市给水排水工程与建筑给水排水工程

给水排水工程，按其所处的位置不同，分为城市给水排水工程和建筑给水排水工程两种，两者之间的界线与范围如图 10-1 所示。

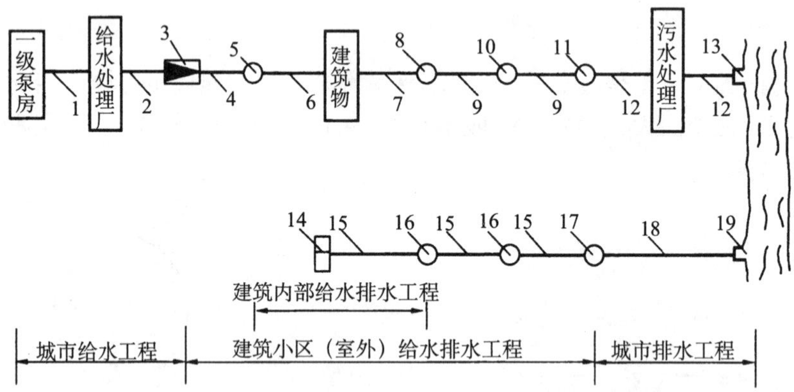

图 10-1　城市给水排水工程与建筑给水排水工程的范围

1——输水管网；2——配水管网；3——水表井；4——室外给水管道（网）；5——建筑物阀门井；6——引入管；7——排出管；8——建筑物外第一个污水检查井；9——室外污水排水管道（网）；10——室外污水检查井；11——碰头井；12——城市污水排水管网；13——污水出水口；14——雨水口；15——室外雨水管网；16——室外雨水检查井；17——碰头井；18——城市雨水管网；19——雨水出水口

一、城市给水排水工程的范围

城市给水排水工程属市政建设工程。

1. 城市给水工程的范围：一般是从水源地的一级泵房起，至建筑小区的水表井止。包括一二级泵房、输水管网、给水处理厂和配水管网等。

2. 城市排水工程的范围：城市排水工程，按污水的性质不同，分为城市污水排水工程和城市雨水排水工程两种。

（1）城市污水排水工程的范围一般是从建筑小区的下游最后一个污水检查井（碰头井）起，至污水出水口止，包括污水碰头井、污水排水管网、污水处理厂和污水出水口等。

（2）城市雨水排水工程的范围一般是从建筑小区的下游最后一个雨水检查井（碰头

井）起，至雨水出水口止，包括雨水碰头井、雨水排水管网和雨水出水口等。

二、建筑给水排水工程的范围

建筑给水排水工程属建筑安装工程。

1. 建筑给水工程的范围：建筑给水工程按其所处的位置不同，分为建筑小区（室外）给水工程和建筑内部（室内）给水工程两种。

（1）室外给水工程的范围：从城市给水工程的水表井起，至建筑物阀门井或水表井（位于室外）止，包括室外给水管网和阀门井（或水表井）等。

（2）室内给水工程的范围：从阀门井或水表井（位于室外）起，至室内各用水点（设备）止，包括引入管、室内管道、设备和附件等。

2. 建筑排水工程的范围：建筑排水工程，按其所处的位置和污水的性质不同，分为室外污水排水工程和室外雨水排水工程两种以及室内污水排水工程和室内（屋面）雨水排水工程两种。

（1）室外污水排水工程的范围：从建筑物第一个污水检查井（位于室外）起，至下游最后一个污水检查井（碰头井）止，包括建筑物第一个污水检查井、室外污水检查井和室外污水排水管网等。

（2）室外雨水排水工程的范围：从建筑物第一个雨水检查井（位于室外）或雨水口起，至下游最后一个雨水检查井（碰头井）止，包括建筑物第一个雨水检查井或雨水口、室外雨水检查井和室外雨水排水管网等。

（3）室内污水排水工程的范围：从室内各污水收集点（设备）起，至建筑物第一个污水检查井（位于室外）止，包括设备、室内污水排水管道和排出管等。

（4）室内（屋面）雨水排水工程的范围一般是从雨水斗起，至建筑物第一个雨水检查井（位于室外）或雨水口止，包括雨水斗、雨水排水立管和排出管等。

§10－2　室外给水排水工程图

室外给水排水平面图主要有给水排水平面图、给水排水管道断面图和给水排水节点图三种图样。

一、室外给水排水平面图

室外给水排水平面图是室外给水排水工程图中的主要图样之一，它表示室外给水排水管道的平面布置情况。

1. 室外给水排水平面图的绘制

绘制室外给水排水平面图时有以下几点主要要求：

（1）绘制室外给水排水平面图时，应绘出该室外原有和新建的建筑物、构筑物、道路、等高线、施工坐标和指北针等。

（2）室外给水排水平面图的方向，应与该室外建筑平面图的方向一致。

（3）绘制室外给水排水平面图的比例，通常与该室外建筑平面图的比例相同。

（4）室外给水管道、污水排水管道和雨水排水管道应绘在同一张图上。

（5）同一张图上有给水管道、污水排水管道和雨水排水管道时，一般分别以符号 J、P、Y 加以标注。

（6）同一张图上的不同类附属构筑物，应以不同的代号加以标注；同类附属构筑物的数量多于一个时，应以其代号加阿拉伯数字进行编号。

（7）绘图时，当给水管与污水排水管、雨水排水管交叉时，应断开污水排水管和雨水排水管。当污水排水管与雨水排水管交叉时，应断开污水排水管。

（8）建筑物、构筑物通常标注其 3 个角坐标。当建筑物、构筑物与施工坐标轴线平行时，可标注其对角坐标。

附属构筑物（检查井、阀门井）可标注其中心坐标。管道应标注其管中心坐标。当个别管道和附属构筑物不便于标注坐标时，可标注其控制尺寸。

（9）画出主要的图例符号。

2. 室外给水排水平面图的识读

某室外给水排水平面图如图 10-2（a）所示，其图例如图 10-2（b）所示。图中表示了 3 种管道：一是给水管道；二是污水排水管道；三是雨水排水管道。下面分别对以上 3 种管道进行识读。

（1）给水管道的识读　从图上可以看出，给水管道设有 6 个节点、6 条管道。6 个节点是：J_1 为水表井；J_2 为消火栓井；$J_3 \sim J_6$ 为阀门井。

6 条管道是：

第 1 条是干管：由 J_1 向西至 J_6 止，管径由 $DN100$ 变为 $DN75$。

第 2 条是支管 1：由 J_2 向北至 XH 止，管径为 $DN100$。

第 3 条是支管 2：由 J_3 向北至 $\frac{J}{4}$ 止，管径为 $DN50$。

第 4 条是支管 3：由 J_4 向北至 $\frac{J}{3}$ 止，管径为 $DN50$。

第 5 条是支管 4：由 J_5 向北至 $\frac{J}{2}$ 止，管径为 $DN50$。

第 6 条是支管 5：由 J_6 向北至 $\frac{J}{1}$ 止，管径为 $DN50$。

（2）污水排水管道的识读　从图 10-2（a）上可以看出，污水排水管道设有 4 个污水检查井、1 个化粪池、4 条排出管、1 条排水干管。

4 个污水检查井，由东向西分别是 P_1、P_2、P_3、P_4；化粪池为 HC。4 条排出管由东向西分别是：

第一条排出管：由 $\frac{P}{1}$ 向北至 P_1 止，管径为 $DN100$，$L=4.00$，$i=0.02$。

第二条排出管：由 $\frac{P}{2}$ 向北至 P_2 止，管径为 $DN100$，$L=4.00$，$i=0.02$。

第三条排出管：由 $\frac{P}{3}$ 向北至 P_3 止，管径为 $DN100$，$L=4.00$，$i=0.02$。

第四条排出管：由 $\frac{P}{4}$ 向北至 P_4 止，管径为 $DN100$，$L=4.00$，$i=0.02$。

排水干管：由 P_1 向西经 P_2，P_3，P_4 至 HC，$i=0.010$，其中 P_1 至 P_4 管径为 $d200$，$L=24.00$；P_4 至 HC，管径为 $d250$，$L=4.00$。

（3）雨水管道的识读　从图 10-2（a）可以看出，雨水管道设有两个雨水口，两个雨水检查井，两条雨水支管和一条雨水干管。

两个雨水口是 YR_1 和 YR_2；两个雨水检查井是 Y_1 和 Y_2。两条雨水支管是雨水支管 1：由 YR_1 向西南 45°方向至 Y_1 止，管径为 $d200$。雨水支管 2：由 YR_2 向西南 45°方向至 Y_2 止，管径为 $d200$。雨水干管：由 Y_1 向西至 Y_2，管径为 $d200$，$L=30.00$，$i=0.010$。

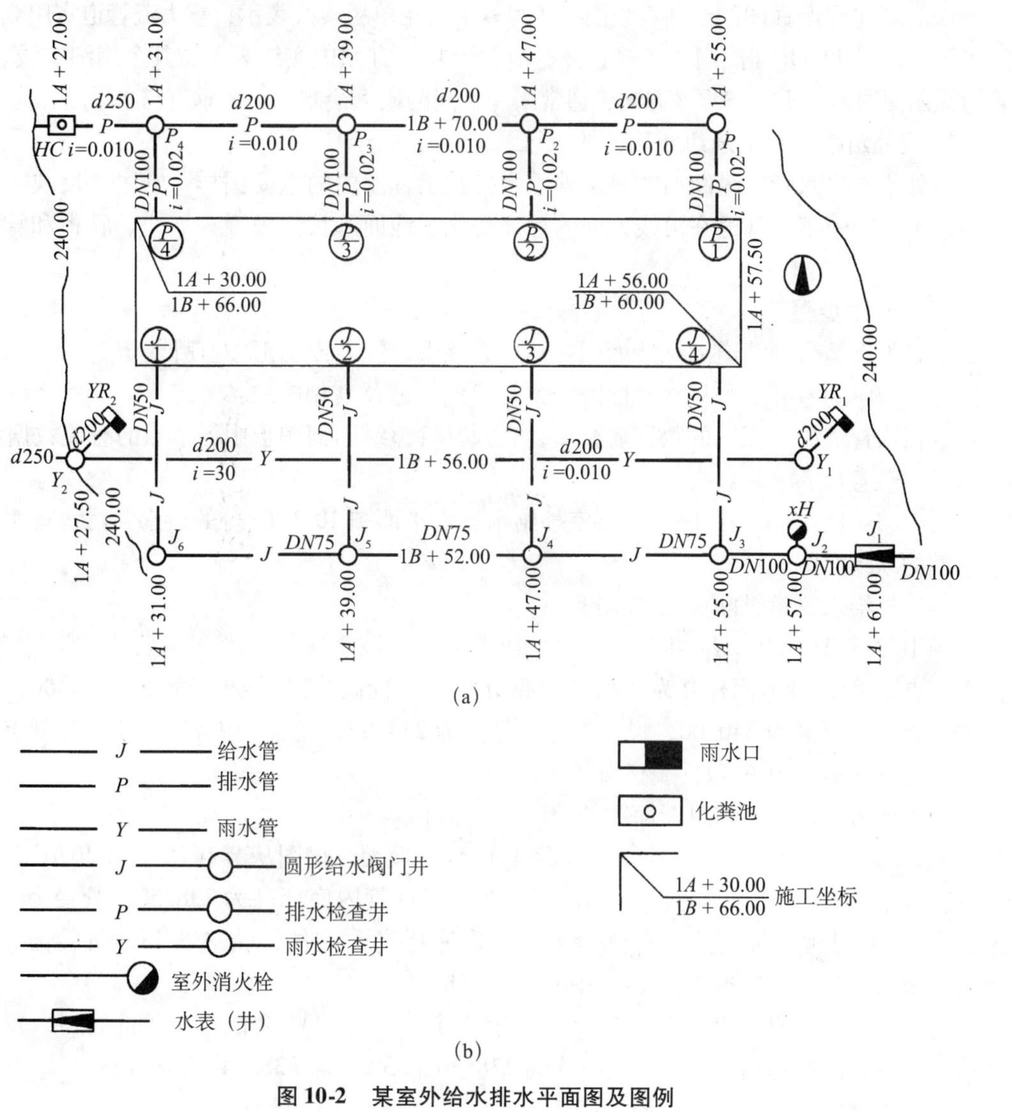

图 10-2　某室外给水排水平面图及图例

（a）平面图；（b）图例

二、室外给水排水管道断面图

室外给水排水管道断面图，分为给水排水管道纵断面图和给水排水管道横断面图两种，其中常用的是给水排水管道纵断面图。

1. 室外给水排水管道纵断面的绘制

室外给水排水管道纵断面图，由管道纵断面图形、标高塔尺和有关数据表格三部分组成。

（1）管道纵断面图的图面布置　管道纵断面图分为上下两部分。在上部分的左侧为标高塔尺，靠近该塔尺的左侧注上相应的绝对标高。在上部分的右侧为管道断面图形；下部分为数据表格。该表格的内容是：原始地面标高、设计地面标高、设计管内底（或管中心）标高、管道坡度、管径、平面距离、编号、管道基础等。

（2）管道纵断面图的绘制　绘图时压力管道宜用单粗实线表示；重力流管道宜用双粗实线表示；被剖切的井（阀门井、检查井、消火栓井）宜用中实线表示；其余用细实线表示。管道纵断面图形的垂直与水平方向，通常采用不同的比例绘制，一般垂直与水平之比为1:5。

2. 室外给水排水管道纵断面图的识读

室外给水排水管道纵断面图是室外给水排水工程图中的重要图样，它主要反映室外给水排水平面图中某条管道在沿线方向的标高变化、地面起伏、坡度、坡向、管径和管基等情况。

（1）阅读步骤：

①首先看是哪种管道的纵断面图？然后看该管道纵断面图形中有哪些节点？

②在相应的室外给水排水平面图中，查找该管道及其相应的各节点。

③在该管道纵断面图的数据表格内，查找其管道纵断面图形中各节点的有关数据。

（2）阅读实例：

图10-3、图10-4、图10-5是某室外给水排水平面图10-2（a）的给水、污水排水和雨水管道的纵断面图。

①室外给水管道纵断面图的识读

图10-3是图10-2（a）中给水管道的纵断面图。该图从节点 J_1 至节点 J_6 共6个节点，其中节点 J_1 的设计地面标高为240.00，设计管中心标高为238.89，管径为 *DN*100，节点 J_6 的设计地面标高为240.00，设计管中心标高为238.95，管径为 *DN*75。其余各节点及其有关数据见图10-3中的数据表格所示。

②室外污水排水管道纵断面图的识读

图10-4是图10-2（a）中污水排水管道的纵断面图。该图从节点 P_1 至节点 *HC* 共5个节点，其中节点 P_1 的设计地面标高为240.00，设计管内底标高为238.50，管径为 *d*200；节点 *HC* 的设计地面标高为240.00，设计管内底标高（左侧）为238.17，管径为 *d*250。其余各节点及其有关数据如图10-4中的数据表格所示。

另外，在节点 P_1、P_2、P_3、P_4 中，各有1个管径为 *DN*100 的排出管的管口，每个排出管管口的管内底标高，从左向右依次为238.70、238.62、238.54、238.46。

③室外雨水管道纵断面图的识读

图10-5是图10-2（a）中雨水管道的纵断面图。该图从节点 YR_1 至节点 Y_2 共3个节点，其中节点 YR_1 的设计地面标高为240.00，设计管内底标高为238.22，管径为 *d*200；节点 Y_1 的设计地面标高为240.00，设计管内底标高为238.20，管径为 *d*200；节点 Y_2 的设计地面标高为240.00，设计管内底标高（左侧）为237.90，管径为 *d*200（左侧）。其余有关数据见图10-5中的数据表格所示。

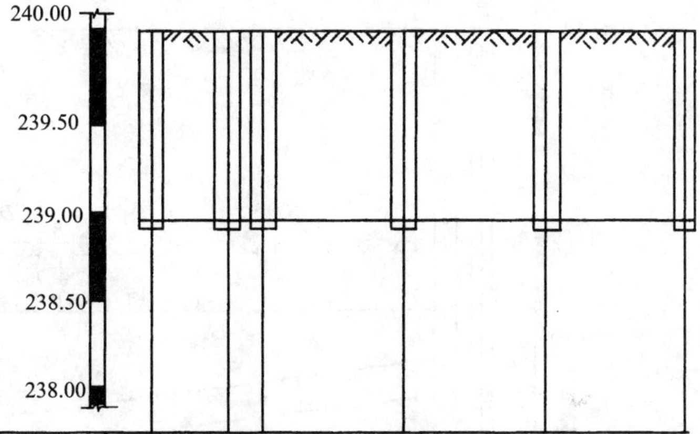

设计地面标高/m	240.00		240.00		240.00		240.00		240.00		240.00
设计管中心标高/m	238.89		238.90		238.90		238.91		238.93		238.95
管径 DN/mm		100		100		75		75		75	
平面距离/m		4		2		8		8		8	
编　号	J_1		J_2		J_3		J_4		J_5		J_6
管道基础	素土夯实										

图 10-3　给水管道纵断面图

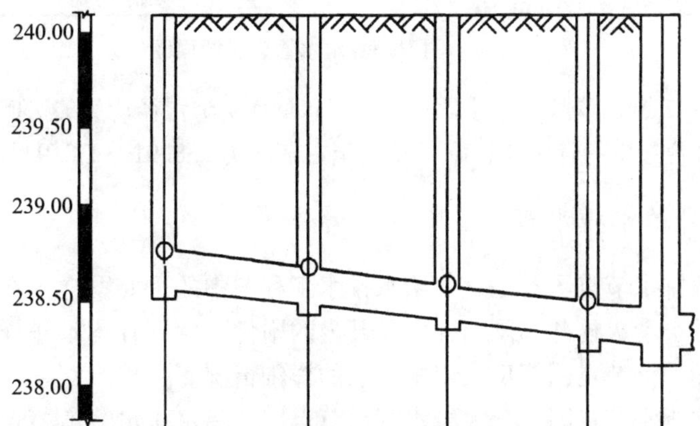

设计地面标高/m	240.00		240.00		240.00		240.00		240.00
设计管内底标高/m	238.50		238.42 238.42		238.34 238.34		238.26 238.21		238.17
坡　度		0.01		0.01		0.01		0.01	
管径 d/mm		200		200		200		250	
平面距离/m		8		8		8		4	
编　号	P_1		P_2		P_3		P_4		HC
管道基础	混凝土带形基础								

图 10-4　污水排水管道的纵断面图

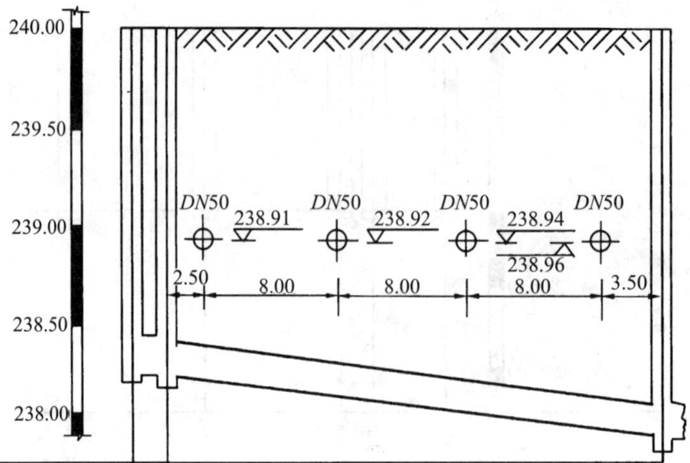

设计地面标高/m	240.00		240.00		240.00
设计管内底标高/m	238.22		238.20 238.20		237.90
坡　度		0.01		0.01	
管径 d/mm		200		200	
平面距离/m		2		30	
编　号	YR_1		Y_1		Y_2
管道基础				混凝土带形基础	

图 10-5　雨水管道纵断面图

另外，在节点 Y_1 至 Y_2 之间雨水管道的上面有 4 个管径均为 $DN50$ 的给水引入管的断口，每个给水引入管断口的管中心标高，从左至右依次为 238. 91、238. 92、238. 94、238. 96。

三、室外给水排水节点图

室外给水排水节点图，是室外给水排水工程图中的重要图样。在室外给水排水平面图中，对检查井、消火栓井和阀门井以及其内的附件、管件等均不作详细表示，为此应绘制相应的节点图。该节点图能反映出本节点的详细情况。

室外给水排水节点图，分为给水管道节点图、污水排水管道节点图和雨水管道节点图三种图样。通常需要绘制给水管道节点图，而当污水排水管道、雨水管道的节点比较简单时，可不绘制其节点图。

1. 室外给水管道节点图的绘制

(1) 室外给水管道节点图的图面布置

室外给水管道节点图的方向、各节点的平面位置，应与室外给水排水平面图中相应给水管道的方向、各节点的平面位置一致。

(2) 附属构筑物与管道的标注

附属构筑物应标注其代号、编号和规格。管道、附件和管件应标注其规格。所有附属构筑物和管道均应标注施工坐标。

（3）绘制时采用的线型

通常管道采用单粗实线表示，节点及附件采用细实线表示。

2. 室外给水管道节点图的识读

（1）室外给水管道节点图的识读方法

①对照法　室外给水管道节点图与室外给水排水平面图中相应的给水管道图对照看。

②顺序法　一般由第一个节点开始，顺次看至最后一个节点止。

（2）室外给水管道节点图的识读

图 10-6 是图 10-2（a）中给水管道的节点图。该图从节点 J_1 至节点 J_6 共 6 个节点，其中节点 J_1 为城市给水管道的水表井，井内设有 $DN100$ 的法兰式水表 1 块，$DN100$ 的法兰式闸阀 2 个；节点 J_2 是室外消火栓的阀门井，井内设有 $DN100$ 的法兰式闸阀 1 个和 $DN100\times100\times100$ 的单盘给水铸铁三通 1 个；井外设有 $DH100$ 的地上消火栓 1 个；节点 J_3、J_4、J_5 为阀门井，井内设有 $DN80\times80\times50$ 的钢三通 1 个和 $DN50$ 的内螺纹式闸阀 1 个；节点 J_6 为阀门井，井内设有 $DN80\times80\times50$ 的钢三通 1 个、钢盲板（堵板）1 片和 $DN50$ 的内螺纹式闸阀 1 个。

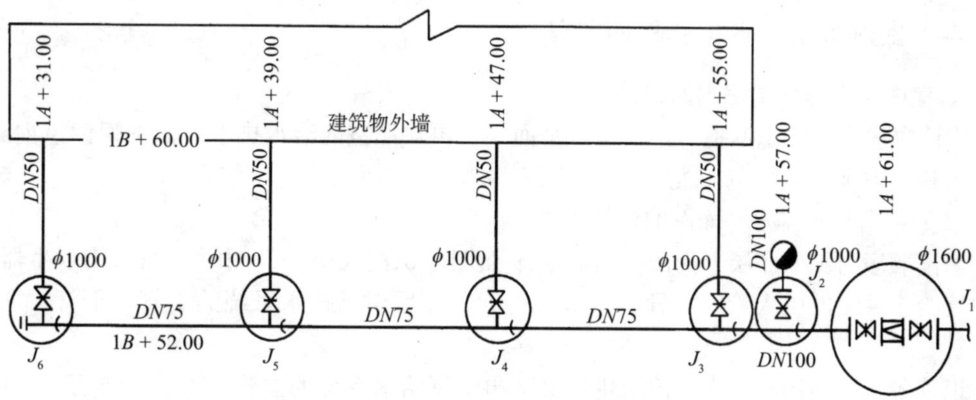

图 10-6　给水管道节点图

§10－3　室内给水排水工程图

室内给水排水工程图，有室内给水排水平面图、给水系统图、排水系统图和详图等，其中主要是前 3 种图样。

一、室内给水排水工程图的绘制

1. 图示内容

（1）线型：建筑物的轮廓线和卫生器具用细实线表示；给水排水管道以粗实线表示。

（2）比例：绘制室内给水排水平面图时常用的比例为 1:100，1:50。

（3）方向：室内给水排水平面图的布图方向应与相应建筑平面图的布图方向一致；室内给水系统图和室内排水系统图的布图方向应与相应给水排水平面图的布图方向一致。

（4）管道交叉：当给水管道与排水管道交叉时，应断开排水管道；当给水管道与给水管道交叉，排水管道与排水管道交叉时应断开低（后）管道。

2. 系统图的绘制

室内给水系统图与室内排水系统图，通常为斜等轴测图。绘图时，给水系统图以每根引入管为一组进行绘制；排水系统图以每根排出管为一组进行绘制。

3. 规定画法

（1）对于某些不可见管道，如埋地管道、暗装管道和穿墙管段等，不用虚线而以粗实线表示。

（2）对于某些管道，如水平管、立管、多根平行管道等，不按比例绘制，其与墙的距离和间距，仅示意性的表示其位置。

（3）安装在下一层空间而为本层所用的管道，绘制在本层平面图上。

（4）给水管道只绘制水龙头（或开闭阀），排水管道仅绘制卫生器具出水口处的存水弯，而不绘出卫生器具的外形轮廓线。

（5）有水泵的平面图、轴测图，可不绘出水泵的外形轮廓线，仅绘水泵进出口的管道和水泵基础的外形轮廓线。

二、室内给水排水工程图的识读

1. 室内给水排水工程图的识读方法

识读顺序为：先识读室内给水排水平面图，再对照室内给水排水平面图识读室内给水系统图和室内排水系统图，然后识读详图。

（1）室内给水排水平面图的识读方法

识读顺序为：先底层平面图，后各层平面图。识读底层平面图时，先识读卫生器具，再识读给水系统的引入管、立管、干管、支管，然后识读排水系统的支管、干管、立管、排出管。

识读各层平面图时，先识读卫生器具，再识读给水系统的立管、干管、支管；然后识读排水系统的支管、干管、立管。

（2）室内给水系统图的识读方法

识读室内给水系统图的方法为对照法：将室内给水系统图与室内给水排水平面图对照识读，先找出室内给水系统图中与室内给水排水平面图中相同编号的引入管和给水立管，然后依次识读引入管、立管、干管、支管。

（3）室内排水系统图的识读方法

识读室内排水系统图的方法也采用对照法：将室内排水系统图与室内给水排水平面图对照识读，先找出室内排水系统图中与室内给水排水平面图中相同编号的排出管和排水立管，然后按支、干、立、排出管的顺序识读。

2. 室内给水排水工程图的识读

某住宅楼给水排水平面图，如图 10-7（a）、图 10-7（b）所示。从图上可以看出，该住宅楼共有 6 层，各层卫生器具的布置均相同；各层管道的布置，除底层设有一条引入管和一条排出管外，其余各层的管道布置也都相同。

（1）卫生器具的布置　在①至②轴线间的卫生间内，沿②轴线设有叶轮式水表、洗脸盆、蹲式大便器、地漏和浴盆等。在②至③轴线间的厨房内，沿②轴线设有污水池、贮水

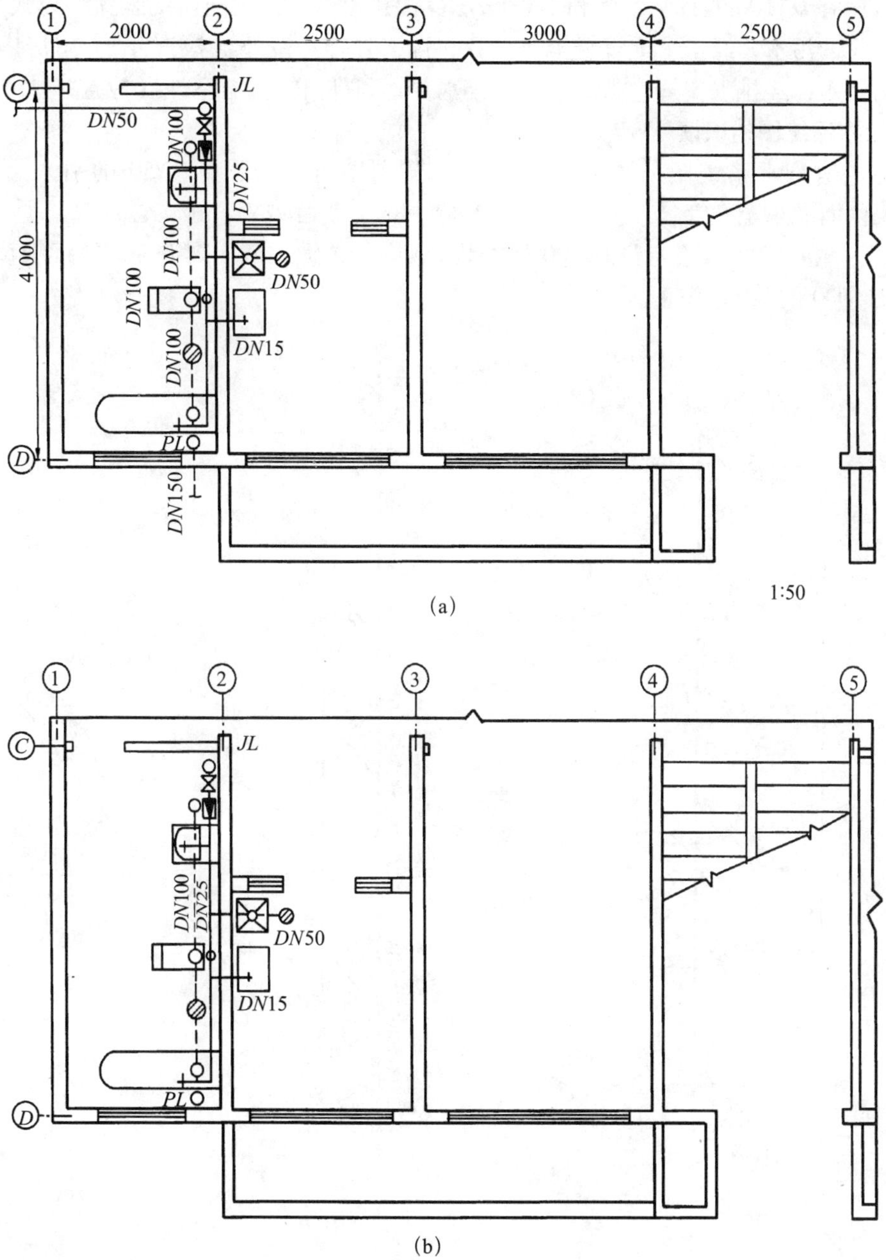

图 10-7　某住宅楼给水排水平面图

（a）底层平面图；（b）2～6 层平面图

池和地漏等。

（2）给水管道的布置　在底层，沿（*C*）轴线设有一条给水引入管，管径为 *DN*50，由室外引入室内至墙角处的给水立管（*JL*）止。由该立管接出给水干管，沿②轴线经内螺纹截止阀、叶轮式水表，向洗脸盆、蹲式大便器、贮水池和浴盆供水。管径由 *DN*25 变为 *DN*15。

（3）排水管道的布置　在底层卫生间的东南角，设有 1 根 *DN*150 的排水立管（*PL*）。

沿②轴线设有 DN100 的排水干管和 1 条 DN150 的排出管。卫生间内洗脸盆、蹲式大便器、浴盆和地坪的污水，经排水干管、排水立管和排出管排至室外（检查井）。厨房内污水池和地坪的污水，经排水支管、排水干管、排水立管和排出管排至室外（检查井）。

3. 给水系统图的识读

某住宅楼给水系统图，如图 10-8 所示。从图中可以看出，DN50 的引入管标高为 -1.200，由西向东至立管（JL）下端的 90°弯头止；然后 DN50 的立管（JL）垂直向上，穿出底层地坪 ±0.000，在标高 0.500 处安装 DN50 的内螺纹截止阀 1 个，继续垂直向上至标高为 16.000 的 90°弯头止。

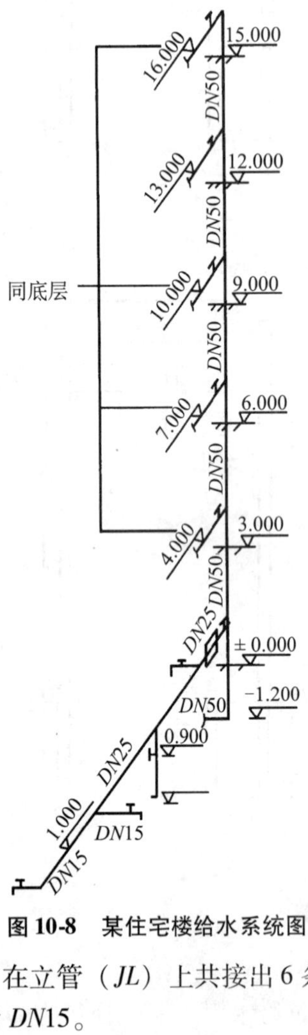

图 10-8　某住宅楼给水系统图

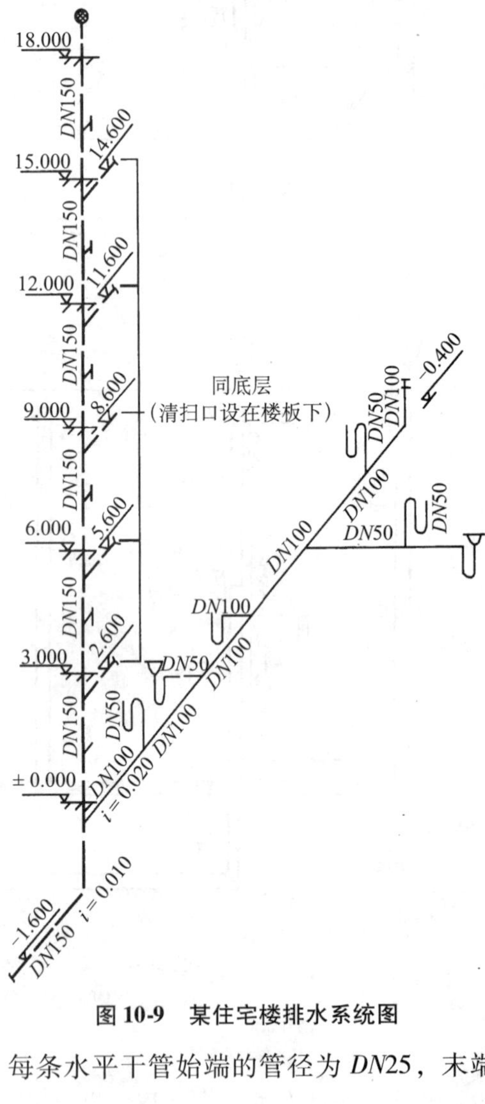

图 10-9　某住宅楼排水系统图

在立管（JL）上共接出 6 条水平干管，每条水平干管始端的管径为 DN25，末端的管径为 DN15。

第一条水平干管位于底层楼，标高为 1.000。

第二条水平干管位于 2 层楼，标高为 4.000。

第三条水平干管位于 3 层楼，标高为 7.000。

第四条水平干管位于 4 层楼，标高为 10.000。

第五条水平干管位于5层楼，标高为13.000。

第六条水平干管位于6层楼，标高为16.000。

每条水平干管上，由北向南依次接有：*DN* 25的内螺纹截止阀1个；*DN* 25的叶轮式水表1组；*DN* 25×25×15异径三通1个及*DN* 15水龙头1个；*DN* 15×25×25等径三通1个及*DN* 25专用冲洗阀1个；*DN* 25×25×15异径三通1个及*DN* 15的水龙头1个；*DN* 15的弯头1个及*DN* 15的水龙头1个。

4. 排水系统图的识读

某住宅楼排水系统图，如图10-9所示。从图中可以看出，*DN*150的排出管，标高为－1.600，坡度$i=0.010$，由室内排水立管（*PL*）底至室外（检查井）止；*DN*150的排水立管（*PL*），由标高－1.600至标高为14.600，*DN*150×150×100异径斜三通止；*DN*150的透气管，由标高14.600至屋面以上镀锌铁丝球止。

同时还可以看出，在排水立管（*PL*）上设有6个立管检查口（每层1个），并有6条排水干管与排水立管（*PL*）相接；每条排水干管的管径为*DN*100，坡度$i=0.020$。

第1条排水干管，位于底层楼地坪以下，标高为－0.400。

第2条排水干管，位于2层楼楼板以下，标高为2.600。

第3条排水干管，位于3层楼楼板以下，标高为5.600。

第4条排水干管，位于4层楼楼板以下，标高为8.600。

第5条排水干管，位于5层楼楼板以下，标高为11.600。

第6条排水干管，位于6层楼楼板以下，标高为14.600。

每条排水干管上由北向南依次接有：*DN*100的清扫口1个；*DN*100的45°弯头2个（2至6层无）；*DN*100×10×50异径斜三通1个及*DN*50 S形存水弯1个；*DN*100×100×50异径斜三通1个及排水支管上*DN*50×50×50等径斜三通1个，*DN*50的S形、P形存水弯各1个；*DN*100×10×100等径斜三通1个及*DN*100的P形存水弯1个；*DN*100×100×50异径斜三通1个及*DN*50的P形存水弯1个；*DN*100×100×50异径斜三通1个及*DN*50的S形存水弯1个；*DN*150×150×100异径斜三通1个。

三、屋面雨水排水工程图

屋面雨水排水工程图，一般有屋面雨水排水平面图、雨水排水正立面图和雨水排水侧面图三种图样。

阅读实例：图10-10（a）、图10-10（b）、图10-10（c）是某办公楼屋面雨水排水平面图、雨水排水正立面图和雨水排水左侧立面图。

从图中可以看出，该办公楼设有YL-1、YL-2和YL-3共3根雨水立管。在每根雨水立管的高点，均设有矩形雨水斗与矩形箅子一个。安装时，矩形箅子安装在女儿墙的内侧且底边与屋面平齐，通过弯管（90°弯头）将矩形箅子与矩形雨水斗联系起来。落雨时，屋面上的雨水通过箅子、弯管流入雨水斗，再经雨水立管排至室外的雨水明沟或雨水口。

本章主要内容有：

（1）城市给水排水工程与建筑给水排水工程的界线，从图10-1可看出：城市给水工程与建筑给水工程以建筑小区的水表井为界。城市污水排水工程与建筑污水排水工程以建筑小区的下游最后1个污水检查井（碰头井）为界。城市雨水排水工程与建筑雨水排水工程以建筑小区下游最后1个雨水检查井（碰头井）为界。

（2）室外给水排水工程图的种类，每种图样的绘制要求和识读方法。

（3）室内给水排水工程图的种类，绘图要求和识读方法。

本章重点是室内、外给水排水工程图的识读。本章难点是室内给水排水工程图的绘制。

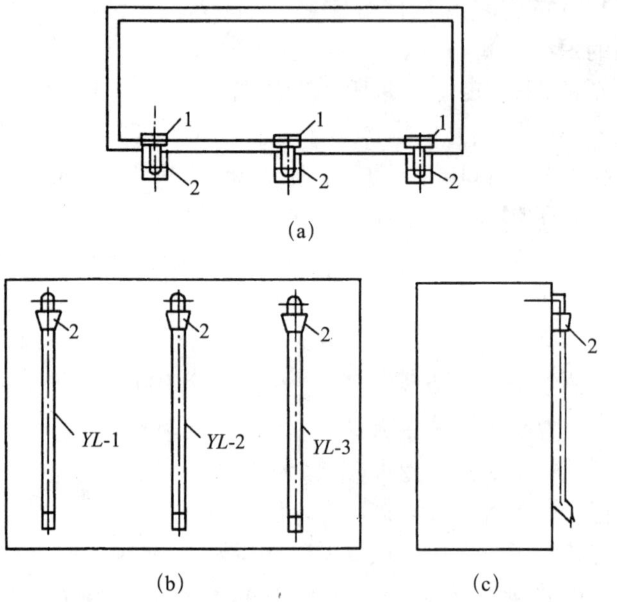

图10-10　某办公楼屋面雨水平面、立面、侧面图

（a）平面图；（b）正立面图；（c）左侧立面图

1——箅子；2——雨水斗

第十一章　计算机绘图

§11－1　AutoCAD基本知识

一、硬件和软件需求

1. 操作系统，包含 SP5.0 的 Windows NT 4.0，Windows 98，Windows Millennium 版本（ME）Windows 2000，建议在与 AutoCAD 语言版本相同的操作系统上或英文版操作系统上安装和运行 AutoCAD。Windows NT 4.0 或 Windows 2000 的用户如要安装 AutoCAD，则必须具有管理员权限。如果不指定这些权限可能会导致 AutoCAD 及其第三方应用程序无法正确运行。

2. 处理器，Pentium 233（至少），Pentium 450 或更高（建议）等处理器。

3. 内存，32MB（至少）64MB（建议）。

4. 硬盘，安装 130MB（典型）交换空间，64MB 系统文件夹 60MB（至少）75MB（建议），共享文件 20MB。

5. 定点设备，鼠标、轨迹球或其他设备。

6. Web 浏览器 Microsoft Internet Explorer 5.0，Netscape Navigator4.5 或更新版本 Internet Explorer5.5 与 AutoCAD 一同安装。

7. 打印机或绘图仪等输出设备（可选）。

二、AutoCAD 窗口

每次启动 AutoCAD，都会打开 AutoCAD 窗口。这一窗口是用户的设计工作空间，它包括用于设计和接收设计信息的基本组件。下图显示了 AutoCAD 窗口的一些主要部分。

1. 菜单

包含缺省 AutoCAD 菜单。菜单由菜单文件定义。用户可以修改或设计自己的菜单文件。

2. 标准工具栏

包括常用的 AutoCAD 工具（如“重画”“放弃”和“缩放”），还有一些 Micmsoft Office 标准工具（如“打开”“保存”“打印”和“拼写检查”）。右下角带有小黑三角的工具按钮是弹出图标。弹出图标包含了若干工具，这些工具可以调用与第一个按钮有关的命令。单击第一个按钮并按住拾取键，可以显示弹出图标。

3. 图形文件图标

代表 AutoCAD 中的图形文件。图形文件图标还显示于对话框的某些选项附近。这些选项（只对当前图形有效）将随图形一起保存而不是在每个 AutoCAD 任务中都有效。

4. 对象特性工具栏（属性工具栏）

设置对象特性（如颜色、线型、线宽），管理图层。

5. 绘制和修改工具栏

常用的绘制和修改命令。绘图和修改工具栏在启动AutoCAD时就显示出来。这些工具栏位于窗口左边。可以方便地移动、打开和关闭它们。

6. 绘图区域

显示图形。根据窗口大小和显示的其他组件（例如工具栏和对话框）数目，绘图区域的大小将有所不同。

7. 十字光标

在绘图区域标识拾取点和绘图点。十字光标由定点设备控制。可以使用十字光标定位点、选择和绘制对象。

8. 用户坐标系（UCS）图标

显示图形方向。AutoCAD图形是在不可见的栅格或坐标系中绘制的。坐标系以*X*、*Y*和Z坐标（对于三维图形）为基础。AutoCAD有一个固定的世界坐标系（WCS）和一个活动的用户坐标系（UCS）。查看显示在绘图区域左下角的UCS图标，可以了解UCS的位置和方向。

9. 模型/布局选项卡

在模型（图形）空间和图纸（布局）空间来回切换。一般情况下，先在模型空间创建设计，然后创建布局以绘制和打印图纸空间中的图形。

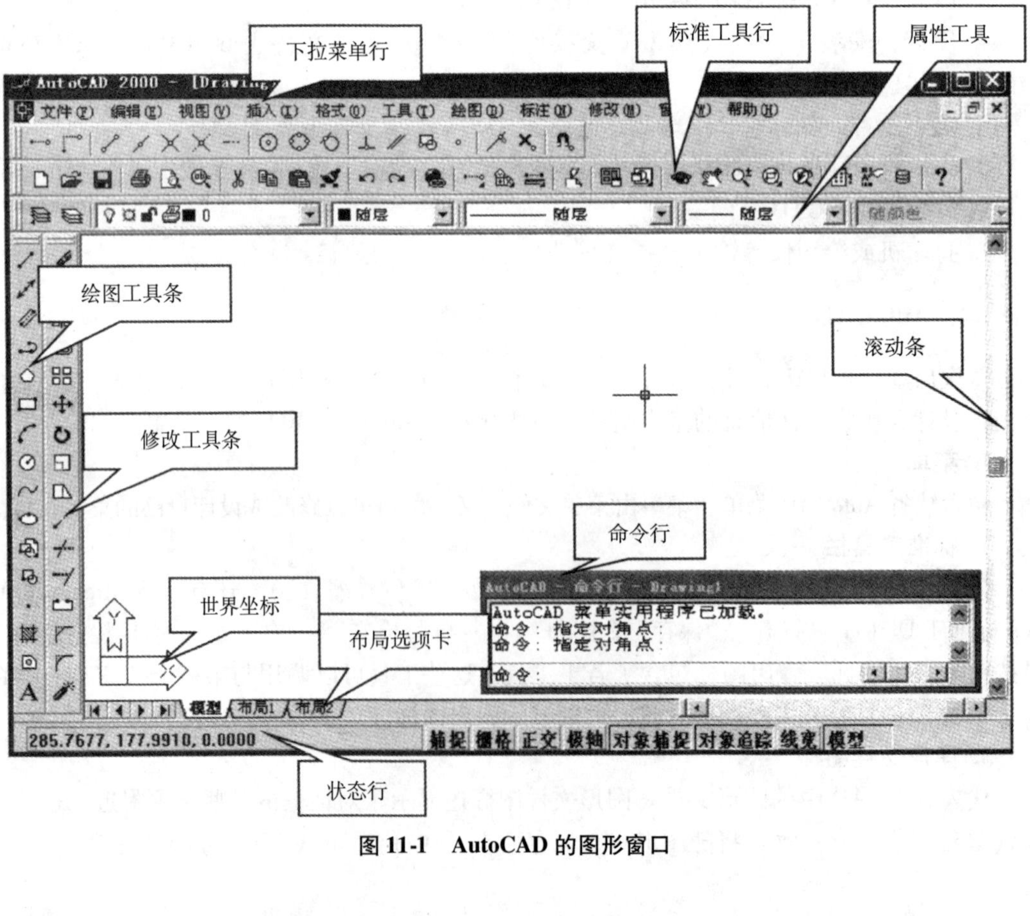

图 11-1　AutoCAD 的图形窗口

10. 命令窗口

11. 状态栏

在左下角显示光标坐标。状态栏还包含一些按钮，使用这些按钮可以打开常用的绘图辅助工具。这些工具包括“捕捉”（捕捉模式）、“栅格”（图形栅格）、“正交”（正交模式）、“极轴”（极轴追踪）、“对象捕捉”（对象捕捉）、“对象追踪”（对象捕捉追踪）、“线宽”（线宽显示）和“模型”（模型空间和图纸空间切换）。

三、显示命令提示和信息

在 AutoCAD 中，可以按下列三种方式启动命令。

1. 从菜单或快捷菜单中选择菜单项；
2. 单击工具栏上的按钮；
3. 在命令行输入命令。

但是，即使是从菜单和工具栏中选择命令，AutoCAD 也会在命令窗口显示命令提示和命令记录。

§11－2　绘图环境的设置

一、绘图单位的设置

在图形中绘制的所有对象都是根据单位进行测量的。绘图前首先应该确定 AutoCAD 的度量单位。例如，在一张图纸中，一个单位可能等于一毫米。而在另一张图中，一个单位可能等于一英寸。

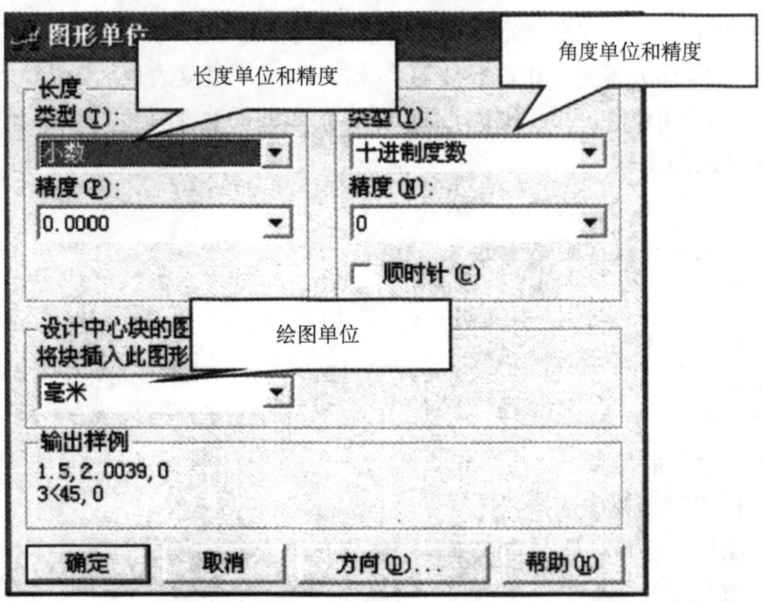

图 11-2　图形单位对话框

具体操作过程：

（1）从“格式”菜单中选择“单位”（或在命令行输入：unit）。

（2）在“图形单位”对话框中设置图形的单位值，修改单位设置时，AutoCAD 将在“输出样例”下显示样例。

在“长度”下选择单位类型和精度。

在“角度”下选择角度类型和精度。

（角度方向缺省设置是，图形正右侧为 0°，逆时针方向为正）

（3）选择“确定”退出所有对话框。

二、图幅的设置

图幅的大小取决于要绘制的图形、尺寸标注、文字说明等内容所占的空间，具体执行方式有两种。

格式菜单：图形—界限

命令行：limits

```
命令:'_ limits
重新设置模型空间界限:
指定左下角点或［开(ON)/关(OFF)］<0.0000，0.0000>回车，默认左下角坐标为（0，0）
指定右上角点<420.0000，297.0000>：回车，输入右上角坐标为（420，297）
```

三、图层的设置

图层就像是透明的覆盖图，运用它可以很好地组织不同类型的图形信息。

创建的对象都具有的特性包括颜色、线型和线宽等。对象可以直接使用其所在图层定义的特性，也可以专门给各个对象指定特性。颜色有助于区分图形中相似的元素，线型则可以轻易地区分不同的绘图元素（如中心线或隐藏线）。线宽用宽度表现对象的大小或类型提高了图形的表达能力和可读性，组织图层和图层上的对象使得处理图形中的信息更加容易。

1. 创建新图层的步骤

（1）从“格式”菜单中选择“图层”。

（2）在“图层特性管理器”中选择“新建”。

新图层将以临时名称“图层 1”显示在列表中。

（3）输入新的名称。

（4）要创建多个图层，再次选择“新建”，输入新的图层名，按 ENTER 键。

（5）选择“确定”。

2. 指定图层颜色的步骤

（1）从“格式”菜单中选择“图层”。

（2）在“图层特性管理器”中选择一个图层，单击“颜色”图标。

（3）在“选择颜色”对话框中选择一种颜色。

（4）选择“确定”。

3. 指定图层线型的步骤

（1）从“格式”菜单中选择“图层”。

（2）在“图层特性管理器”中选择一个图层，单击与该图层相关联的线型。

（3）在“选择线型”对话框中，完成以下选项中的一项：

从列表中选择一个线型。

选择“加载”，从一个文件中加载线型。

（4）选择“确定”退出所有对话框。

4. 打开或关闭图层的步骤

（1）从“格式”菜单中选择“图层”。

（2）在“图层特性管理器”中选择要打开或关闭的图层。

（3）单击“开/关”图标将其打开或关闭。

（4）选择“确定”。

说明：关闭的图层与图形一起重生成，但不能被显示或打印。关闭图层而不冻结，可以避免每次解冻图层时重生成图形。打开已关闭的图层时，AutoCAD 将重画该图层上的对象。

5. 冻结或解冻图层的步骤

（1）从“格式”菜单中选择“图层”。

（2）在“图层特性管理器”中选择要冻结或解冻的图层。

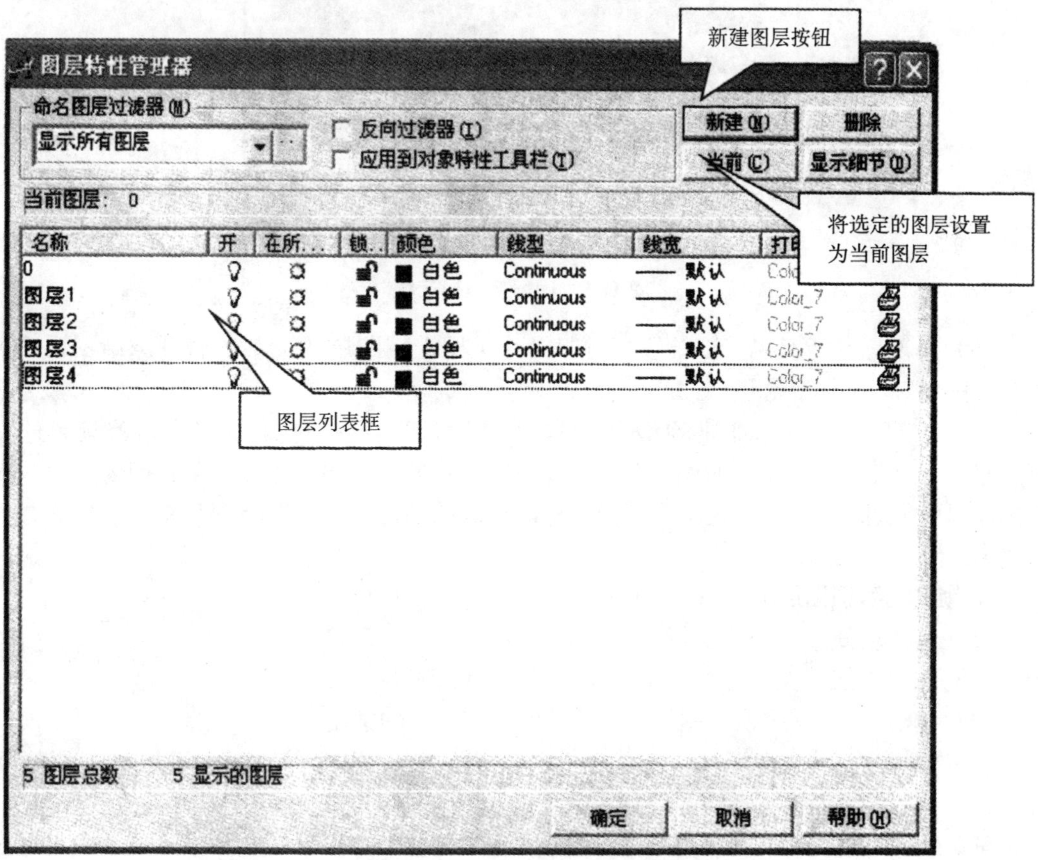

图 11-3 图形特性管理器对话框

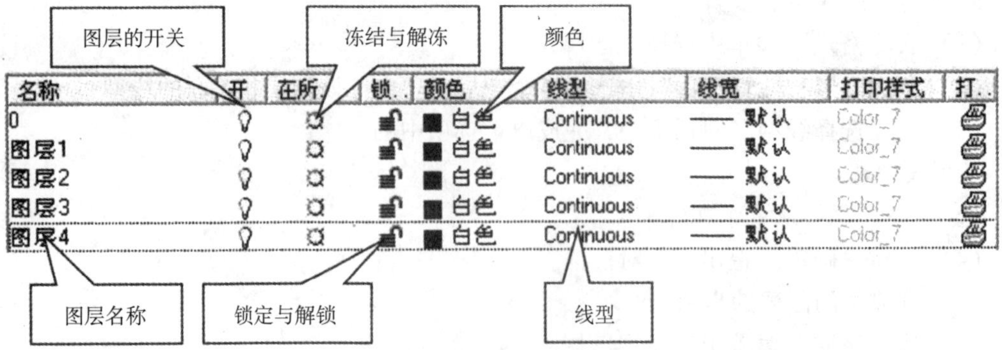

图 11-4 图层列表框

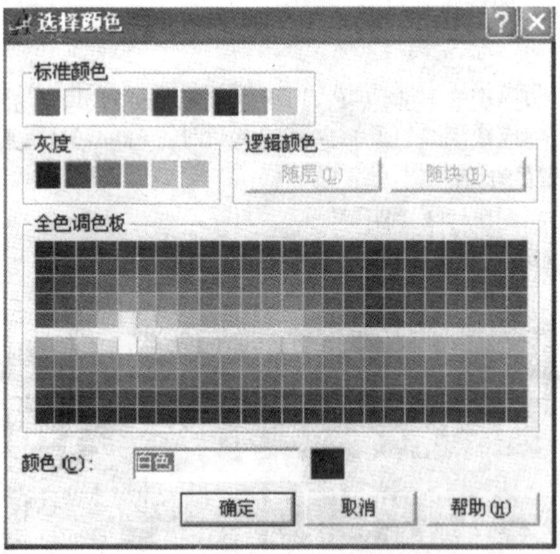

图 11-5 图层颜色对话框

（3）单击“在所有视口冻结”图标打开或关闭选定图层的冻结（打开冻结图层，关闭解冻图层）。

说明：冻结图层可以加速 ZOOM、PAN 和 VPOINT 命令的执行，提高对象选择的性能，减少复杂图形的重生成时间。AutoCAD 不能在被冻结的图层上显示、打印或重生成对象。可以将长期不需要显示的图层冻结。解冻已冻结的图层时，AutoCAD 将重生成图并显示该图层上的对象。

6. 锁定或解锁图层的步骤

（1）从“格式”菜单中选择“图层”；

（2）在“图层特性管理器”中选择要锁定或解锁的图层；

（3）单击“锁定/解锁”图标打开或关闭选定图层的锁定；

（4）选择“确定”。

说明：如果要编辑与特殊图层相关联的对象，同时又想查看但不编辑其他图层对象，那么可以锁定图层。锁定图层上的对象不能被编辑或选择，然而，如果该图层处于打开状态并被解冻，上面的对象仍是可见的。可以使被锁定的图层生成为当前图层并在其中创建新对象。

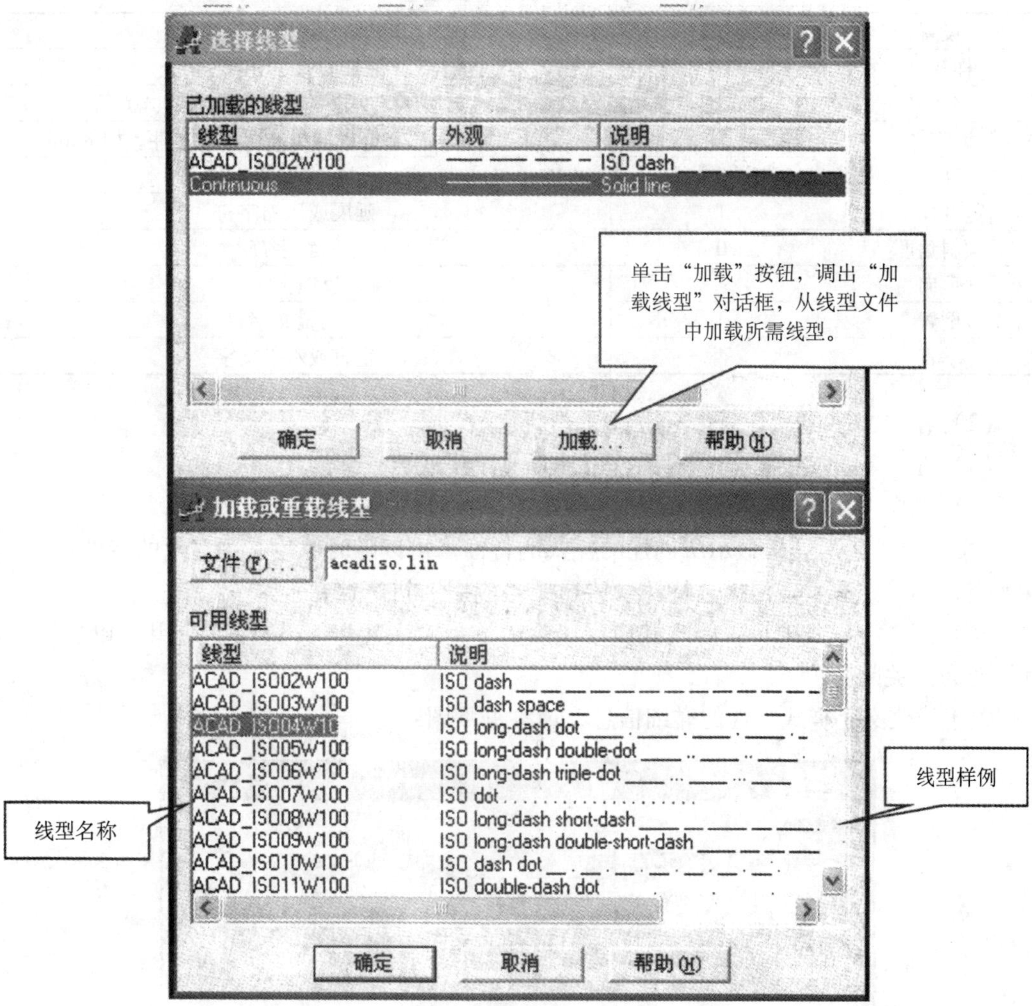

图 11-6　线型设置对话框

四、文字样式命令

1. 文字样式设置

AutoCAD 图形中的所有文字都有与之相关联的文字样式。当输入文字时，AutoCAD 使用当前的文字样式，该样式设置字体、字号、角度、方向和其他文字特性。可以创建多种在图形中使用的文字样式。

文字样式可控制下表列出的各项属性。

除了缺省的 STANDARD 样式外，必须创建所需文字样式。新输入的文字将继承当前文字样式的高度、宽度比例、倾斜角、反向、倒置和垂直对齐等特性。在创建或修改文字样式时，可指定或修改样式名、指定样式的字体、设置字体的宽度和倾斜角度、设置文字方向和预览文字样式。

2. 创建文字样式的步骤

（1）从“格式”菜单中选择“文字样式”；

表 11-1 文字样式设置

设置	缺省	说明
样式名	STANDARD	最长为 255 个字符
字体名	txt. shx	与字体相关联的文件（字符样式）
大字体	非	用于非 ASCII 字符集的特殊形定义文件。如 Kanji
高度	0	字符高度
宽度比例	1	延展或压缩字符
倾斜角度	0	倾斜字符
反向	否	反向文字
倒置	否	倒置文字
垂直	否	垂直或水平文字

（2）在“文字样式”对话框中选择“新建”；

（3）在“新建文字样式”对话框中输入文字样式名；

（4）选择“确定”关闭“新建文字样式”对话框；

“文字样式”对话框显示所创建的样式的特性。可以随时修改其中显示的特性；

（5）如果修改了任何样式特性，请选择“应用”进行保存；

（6）对文字样式进行了修改并应用以后，选择“关闭”。（选择“应用”以后，“取消”变为“关闭”。）

关于修改文字样式特性的详细信息，请参见下图：

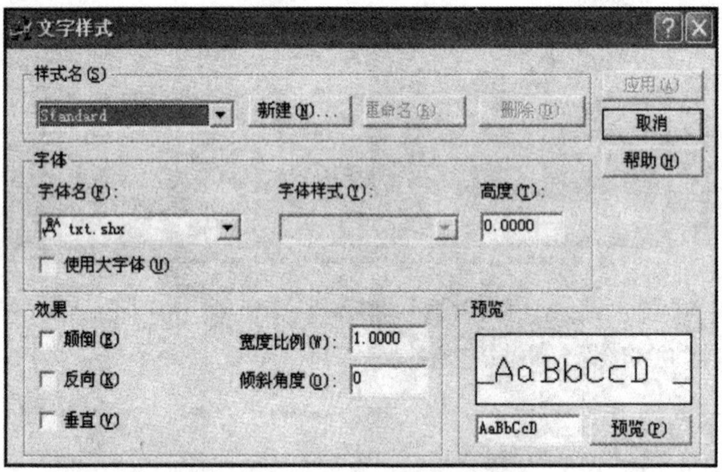

图 11-7 文字样式对话框

§11－3 基本绘图命令

一、直线命令

绘图工具栏：

绘图菜单：直线

命令行：line	
命令：_ line 指定第一点：	指定起点 1
指定下一点或［放弃（U）］：	指定线段的终点 2
指定下一点或［放弃（U）］：	连续画直线时，以前一线段的终点为起点，指定后续线段的终点

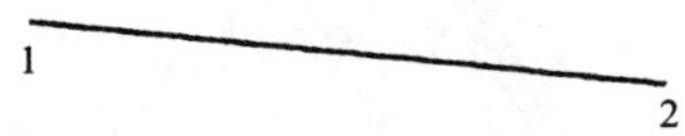

图 11-8　直线的绘制

二、多边形命令

绘图工具栏：

绘图菜单：多边形

命令行：polygom

命令：_ polygon 输入边的数目 <6 >：	输入正多边形的边数
指定正多边形的中心点或［边（E）］：	指定正多边形的中心点 1
输入选项[内接于圆(I)/外切于圆(C)] <1 >：	选择多边形与圆的连接方式，缺省为外接
指定圆的半径：50	指定外接圆的半径 50

命令：_ polygon 输入边的数目 <6 >：	输入正多边形的边数
指定正多边形的中心点或［边（E）］：e	通过边长确定正多边形
指定边的第一个端点：指定边的第二个端点：	输入一个边的起点 1 和终点 2

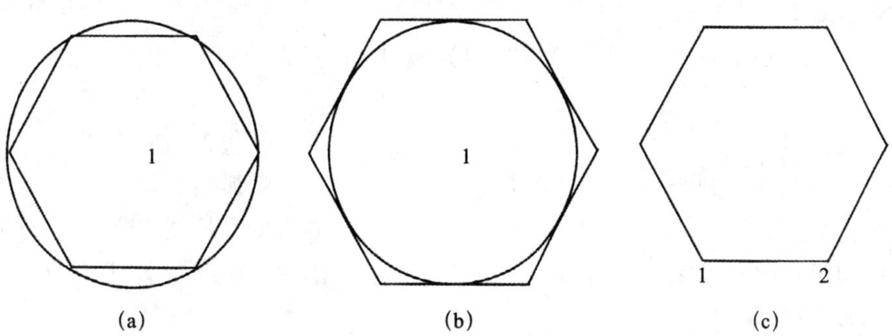

图 11-9　多边形的绘制

（a）内接多边形；（b）外切多边形；（c）使用边确定多边形

三、多段线

绘图工具栏：

绘图菜单：多段线

命令行：pline

命令：_ pline

指定起点： 指定线段的起点 1

当前线宽为 0.0000

指定下一个点或[圆弧(A)/半宽(H)/长度(L)/放弃(U)/宽度(W)]： 指定线段的终点 2

指定下一点或[圆弧(A)/闭合(C)/半宽(H)/长度(L)/放弃(U)/宽度(W)]：回车，确定

命令：_ pline

指定起点： 指定线段的起点 1

当前线宽为 0.0000

指定下一个点或[圆弧(A)/半宽(H)/长度(L)/放弃(U)/宽度(W)]:w 改变线段的宽度

指定起点宽度 <0.0000>：2.0 输入线段起点宽度 2.0

指定端点宽度 <2.0000>： 终点宽度（缺省值与起点相同）

指定下一个点或[圆弧(A)/半宽(H)/长度(L)/放弃(U)/宽度(W)]： 指定终点 2

指定下一点或[圆弧(A)/闭合(C)/半宽(H)/长度(L)/放弃(U)/宽度(W)]：回车，确定

命令：_ pline

指定起点： 指定起点 1

当前线宽为 2.0000

指定下一个点或[圆弧(A)/半宽(H)/长度(L)/放弃(U)/宽度(W)]:a 输入圆弧

指定圆弧的端点或

[角度(A)/圆心(CE)/方向(D)/半宽(H)/直线(L)/半径(R)/第二个点(S)/放弃(U)/宽度(W)]:a 通过输入角度确定圆弧

指定包含角：99 圆弧的包含角度为 99°

指定圆弧的端点或［圆心（CE）/半径（R)]：r 指定圆弧的半径

指定圆弧的半径：50 输入半径长度 50

指定圆弧的弦方向 <90>： 指定一点或按 ENTER 键

指定圆弧的端点或

[角度(A)/圆心(CE)/闭合(CL)/方向(D)/半宽(H)/直线(L)/半径(R)/第二个点(5)/放弃(U)/(W)]： 指定终点 2

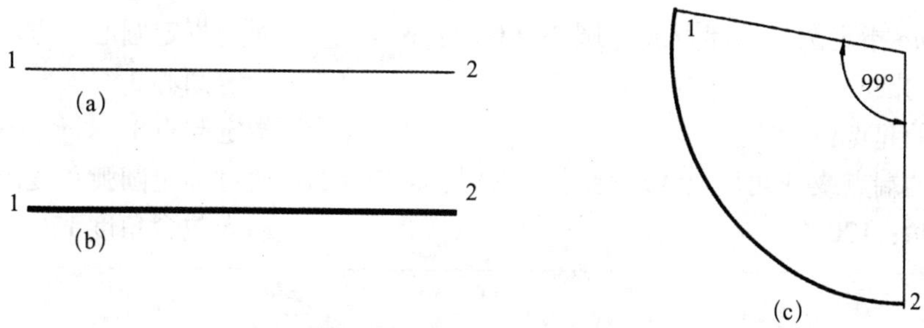

图 11-10 多段线的绘制

（a）默认线宽为 0；（b）改变线宽；（c）画圆弧

四、矩形

绘图工具栏：

绘图菜单：矩形

命令行：rectang

命令：_ rectang	
指定第一个角点或［倒角（C）/标高（E）/圆角（F）/厚度（T）/宽度（W）］：	指定对角线第一个点 1
指定另一个角点或［尺寸（D）］：	指定对角线第二个点 2

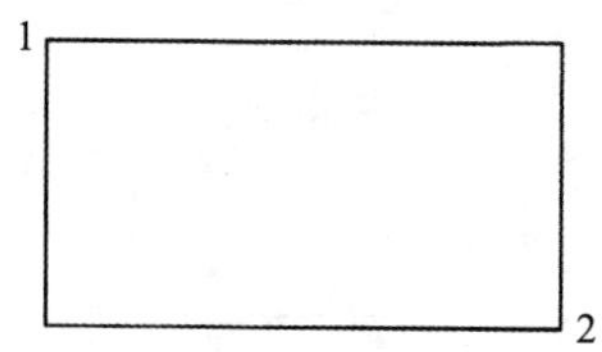

图 11-11 矩形的绘制

五、圆弧

绘图工具栏：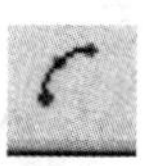

绘图菜单：圆弧

命令行：arc

命令：_ arc 指定圆弧的起点或［圆心（C）］：	指定圆弧的起点 1
指定圆弧的第二个点或［圆心（C）/端点（E）］：	指定圆弧的第二个点 2
指定圆弧的端点：	指定圆弧的终点 3

命令：_ arc 指定圆弧的起点或［圆心（C）］：c	通过指定圆心的方法画圆弧
指定圆弧的圆心：	指定圆心 3
指定圆弧的起点：	指定起点 1
指定圆弧的端点或［角度（A）/弦长（L）］：a	通过确定圆弧角度画圆弧
指定包含角：120	输入包含角度 120°

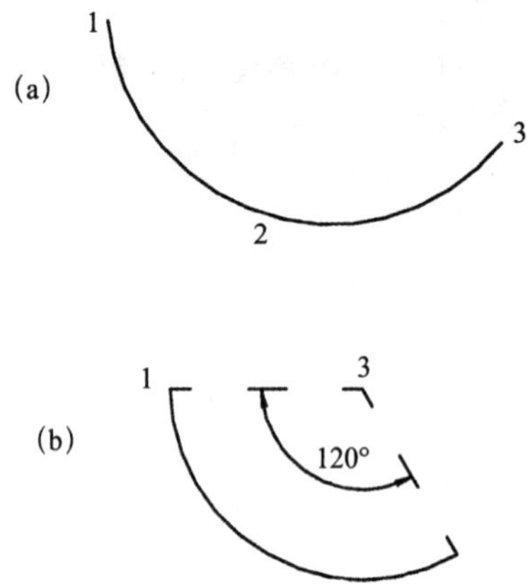

图 11-12 圆弧的绘制

（a）三点确定圆弧；（b）指定圆心和角度绘制圆弧

六、圆

绘图工具栏：

绘图菜单：圆

命令行：circle

命令：_ circle 指定圆的圆心或［三点（3P）/两点（2P）/相切、相切、半径（T）］：	指定圆心 1
指定圆的半径或［直径（D）］：50	指定半径 50

命令：_circle 指定圆的圆心或［三点(3P)/两点(2P)/相切、相切、半径(T)］:3P	（三点确定圆）
指定圆上的第一个点：	指定第一点 1
指定圆上的第二个点：	指定第二点 2
指定圆上的第三个点：	指定第三点 3

命令：_circle 指定圆的圆心或［三点(3P)/两点(2P)/相切、相切、半径(T)］:2p	（两点确定圆）
指定圆直径的第一个端点：	指定直径的端点 1
指定圆直径的第二个端点：	指定直径的端点 2

命令:_circle 指定圆的圆心或[三点(3P)/两点(2P)/相切、相切、半径(T)]：t （切线确定圆）
指定对象与圆的第一个切点：　　　　指定切线 1 上的切点
指定对象与圆的第二个切点：　　　　指定切线 2 上的切点
指定圆的半径 <50>：　　　　指定半径 50

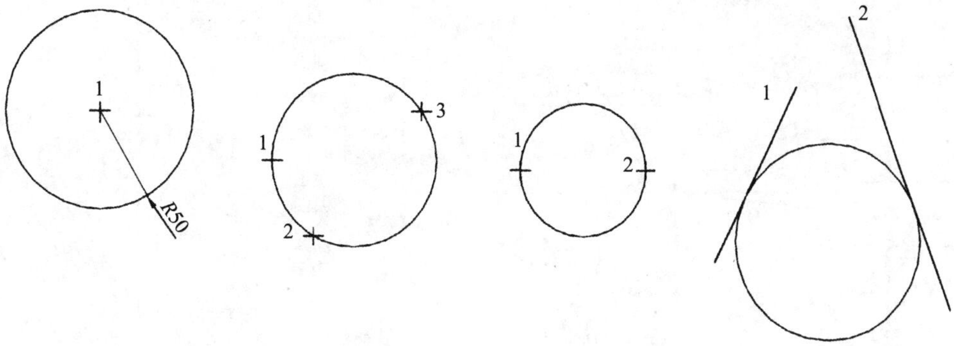

(a)　(b)　(c)　(d)

图 11-13　圆的绘制

（a）圆心半径确定圆；（b）三点确定圆；（c）两点确定圆；（d）切线确定圆

七、椭圆

绘图工具栏：

绘图菜单：椭圆

命令行：ellipse

命令：_ ellipse
指定椭圆的轴端点或［圆弧（A）/中心点（C）］：　　　　指定一个轴的端点 1
指定轴的另一个端点：　　　　指定轴的端点 2
指定另一条半轴长度或［旋转（R）］：　　　　指定另一个轴的长度

图 11-14　椭圆的绘制

八、填充

绘图工具栏：

绘图菜单：填充

命令行：hatch

执行图案填充命令将调出“边界图案填充”对话框，包含两个选项卡，“快速”选项卡如图 11-15 所示：

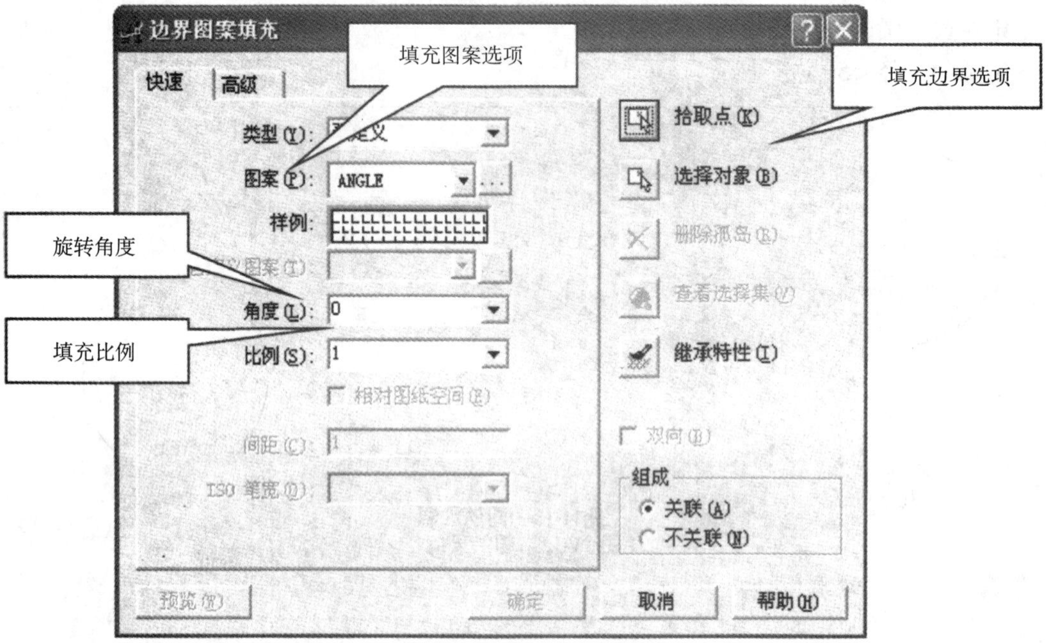

图 11-15 图案填充对话框

其中“快速”选项卡包含以下操作：

（1）填充图案，AutoCAD 提供了实体填充以及 50 多种行业标准填充图案，可以使用它们区分对象的部件或表现对象的材质。AutoCAD 还提供了 14 种与 ISO（国际标准化组织）标准一致的填充图案。当选择 ISO 图案时，可以指定笔宽。笔宽将决定图案中的线条宽度。用户可以根据名字和图标选用这些图案中的一种。

（2）填充边界的选取，填充边界可以是圆，也可以是由曲线、多段线、弧等以端点相接围成的形体，并且必须在当前的屏幕上全部可见。边界必须首尾相连，形成封闭区域，否则将会形成或生成错误的填充。操作“拾取点”和“选择对象”可以确定填充的边界。

“高级”选项卡包含以下操作：

填充方式：图案填充样式控制 AutoCAD 填充最外层填充边界内的对象的方法，主要有以下三种。

n（普通）

指定标准样式，或说是普通样式。从最外部边界向内进行图案填充。如果遇到一个内部边界，AutoCAD 就关闭图案填充，直到遇到另一个边界为止。因此，由外向内填充由奇数边界（最外层边界为 1，向内递增）分隔的区域，不填充由偶数边界分隔的区域。

o（外部）

只填充最外部区域。本选项也是从最外部边界向内进行图案填充，并在遇到一个内部边界时关闭图案填充，但图案填充关闭后就不再打开。由于此过程是从图案填充线两端同时开始的，所以只有结构的最外部区域被填充，而内部结构保持原样。

i（忽略）

忽略内部结构。本选项填充所有内部对象。

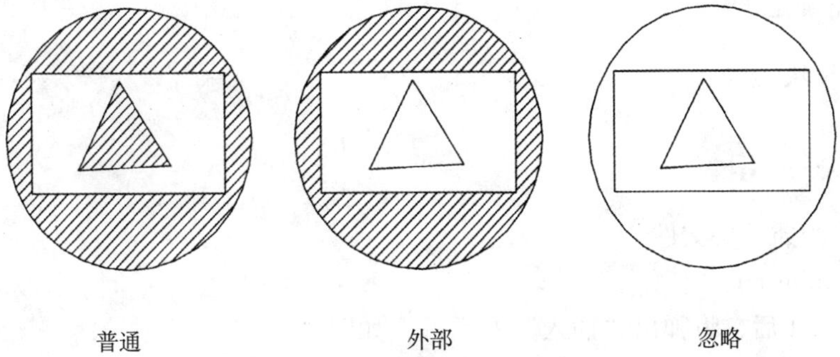

图 11-16 图案填充方式

九、图块文件的定义

绘图工具栏：

绘图菜单：创建块文件

命令行：bmake

执行 bmake 后，将弹出“块定义”对话框，如图 11-17 所示：

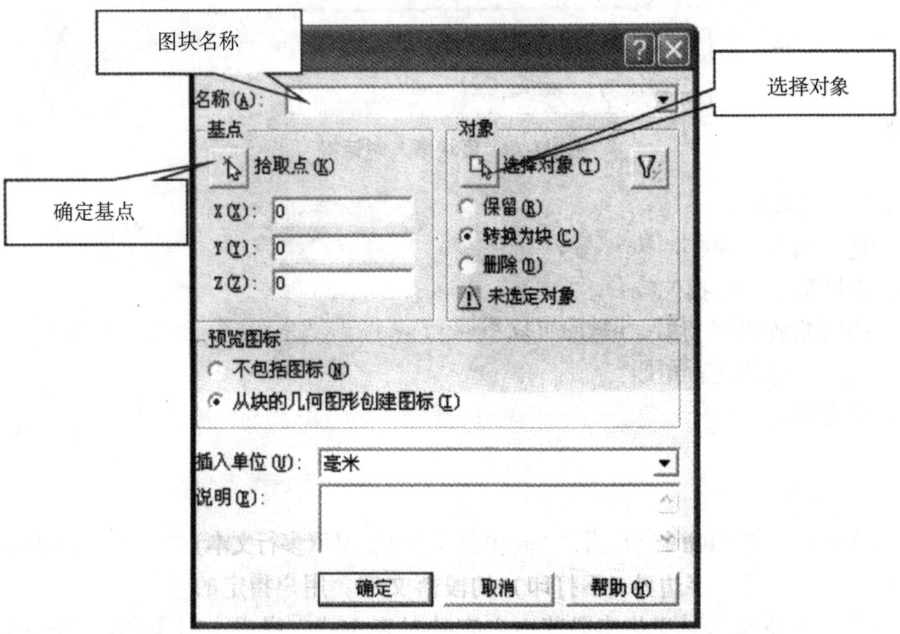

图 11-17 图块定义对话框

基本操作过程如下：

（1）定义图块名称；

(2) 单击“选择对象”按钮，在图形中选择定义块的对象，对话框会显示对象个数；
(3) 单击“拾取点”按钮，在图形中拾取基点，也可以直接输入坐标值；
(4) 选择“保留”，则原图形在定义块后保留，否则原图形将被删除；
(5) 单击确定。

十、插入块

绘图工具栏：

绘图菜单：插入块文件
命令行：ddinsert
执行 ddinsert 后，将弹出“插入”对话框，如图所示：

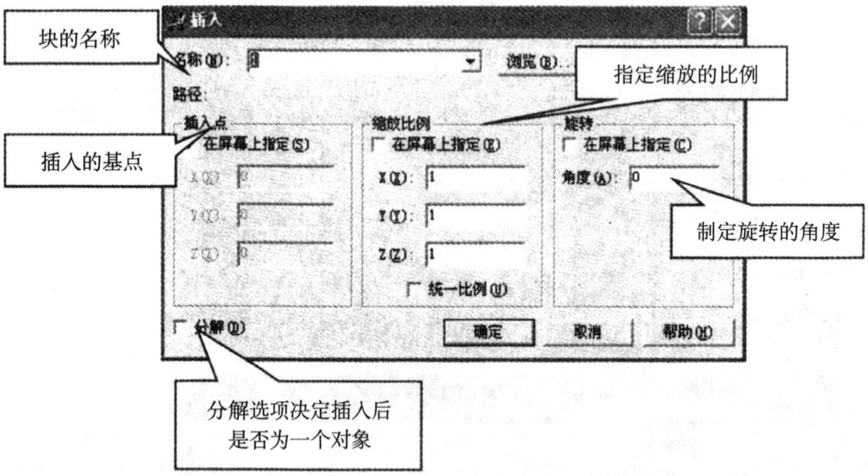

图 11-18 图块插入对话框

基本操作过程如下：
(1) 选定插入的块文件的名称；
(2) 在屏幕上制定插入点；
(3) 指定缩放比例（横向和纵向可以不同）；
(4) 制定图像的旋转角度；
(5) 单击确定。

十一、文字编辑

AutoCAD 中写文本的命令有 TEXT（单行文本）、MTEXT（多行文本），下面分别进行介绍。

MTEXT 创建布满文字边界（不打印）的段落文字。用户指定的文字边界决定了段落的宽度。用 MTEXT 命令还可以指定段落内文字的对正方式、样式、高度、旋转角度、宽度、颜色、间距及其他的文字属性。不论多行文字对象包含多少行，每个多行文字对象都是一个单独的对象。

具体操作方法：

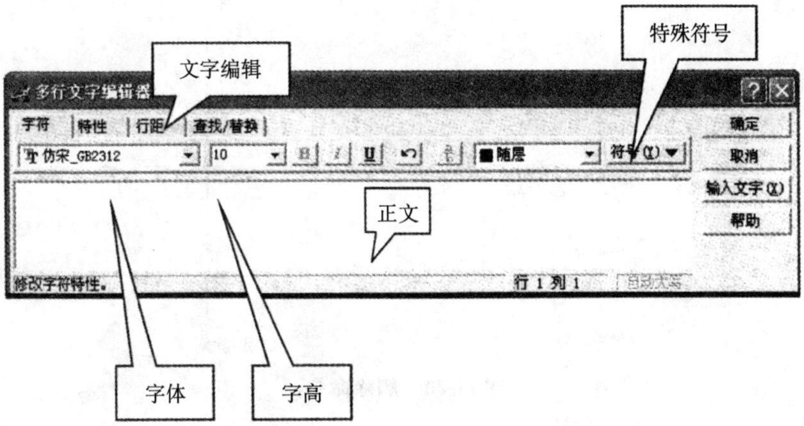

图 11-19 多行文字编辑对话框

（1）执行命令，绘图工具栏（绘图菜单—文本—多行文本，或命令行：MIEXT）；

（2）在图面上选定文本写入的范围；

（3）在多行文本编辑器中写入文字，并可以对文字进行编辑；

（4）单击确定。

TEXT 可在图形中输入几行文字，还可以旋转、对正文字和调整文字的大小。

绘图菜单：文本—单行文本

命令行：dtext

命令：_ dtext	
当前文字样式 standard　　文字高度：10.0000	
指定文字的起点或［对正（J）/样式（S）］：	指定文字的起点
指定文字的旋转角度 <0>：	指定文字的旋转角度
输入文字：文本	输入文字正文“文本”
输入文字：	回车

§11－4　对象修改命令

一、删除命令

“修改”工具栏：

“修改”菜单：删除

命令行：erase

命令：erase	
选择对象：	选择对象，按 ENTER 完成选择

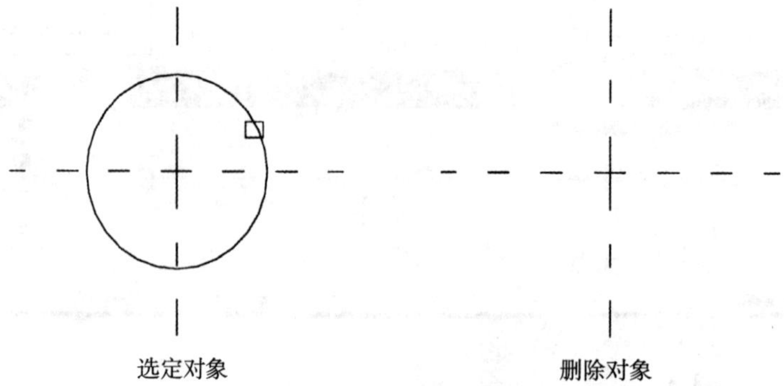

图 11-20 删除命令

二、移动

在指定方向上按指定距离移动对象。

“修改”工具栏：

“修改”菜单：移动

命令行：move

命令：move	
选择对象：	选择对象 A
基点或位移：	指定基点 1
指定位移的第二点或 <用第一点作位移>：	指定位移点 2

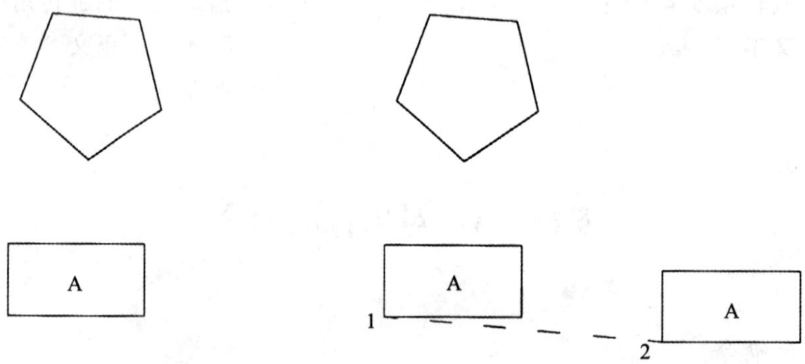

图 11-21 移动命令

三、复制命令

“修改”工具栏：

“修改”菜单：复制

命令行：copy

命令：_ copy	
选择对象：	选定对象
选择对象：	ENTER 键，选择结束
指定基点或位移，或者［重复（M）］：	指定基点 1
指定位移的第二点或 <用第一点作位移>：	指定位移点 2

命令：_ copy	
选择对象：	选定对象
选择对象：	ENTER 键，选择结束
指定基点或位移，或者［重复（M）］：M	表多次连续复制
指定基点：指定位移的第二点或 <用第一点作位移>：	指定基点 1
指定位移的第二点或 <用第一点作位移>：	指定位移点 2
指定位移的第二点或 <用第一点作位移>：	指定位移点 3
指定位移的第二点或 <用第一点作位移>：	指定位移点 4

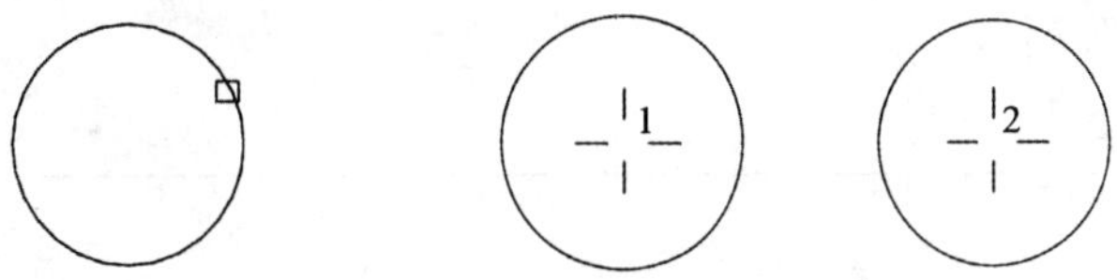

图 11-22 复制单一对象

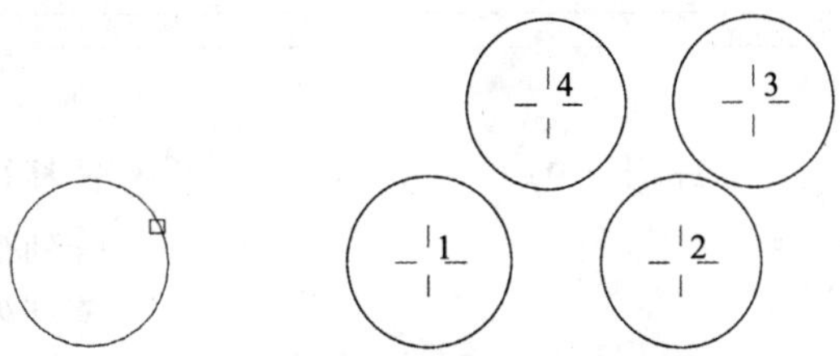

图 11-23 多次复制

四、镜像命令

“修改”工具栏：

修改菜单：镜像

命令行：mirror

命令：_ mirror	
选择对象：	选定对象
选择对象：	ENTER 键，选择结束
指定镜像线的第一点：指定镜像线的第二点：	指定 1 点和 2 点（对称轴端点）
是否删除源对象？［是（Y）/否（N）］ <N>：	保留原图像

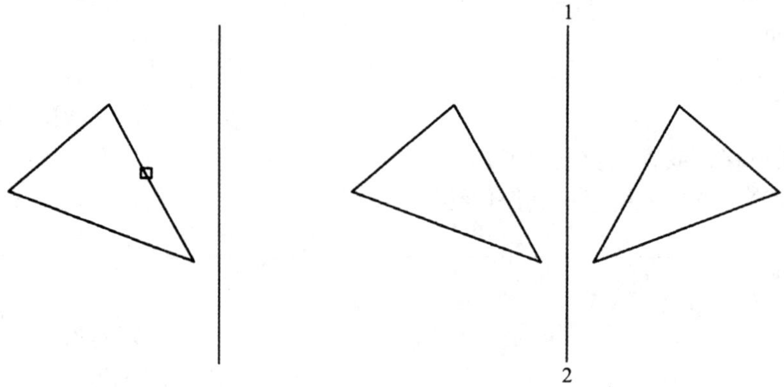

选定对象　　　　　　　　选定对称轴

图 11-24　镜像命令

五、阵列命令

“修改”工具栏：

“修改”菜单：阵列

命令行：array

命令：_ array	
选择对象：	选定对象

选择对象：	ENTER 键，选择结束
输入阵列类型［矩形（R）/环形（P）］ <R>：	选择矩形阵列
输入行数（…） <1>：4	阵列行数为 4
输入列数（‖|） <1>6	阵列列数为 6
输入行间距或指定单位单元（…）：30	行间距
指定列间距（‖|）：50	列间距

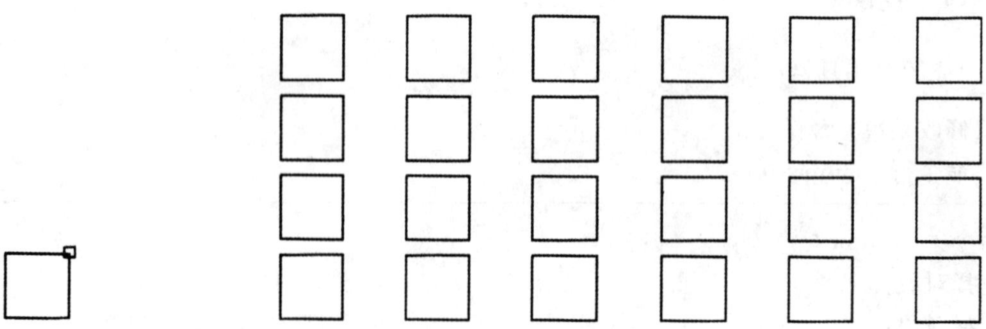

图 11-25　矩形阵列命令

命令：_ array	
选择对象：	选定对象
选择对象：	ENTER 键，选择结束
输入阵列类型［矩形（R）/环形（P）］ < R >：P	环形阵列
指定阵列中心点：	指定中心点 1 点
输入阵列中项目的数目：18	阵列图形个数 18
指定填充角度（ + =逆时针， - =顺时针） <360 >：180	环形阵列所占的角度 180°
是否旋转阵列中的对象？［是（Y）/否（N）］ < Y >：	阵列图形缺省为旋转

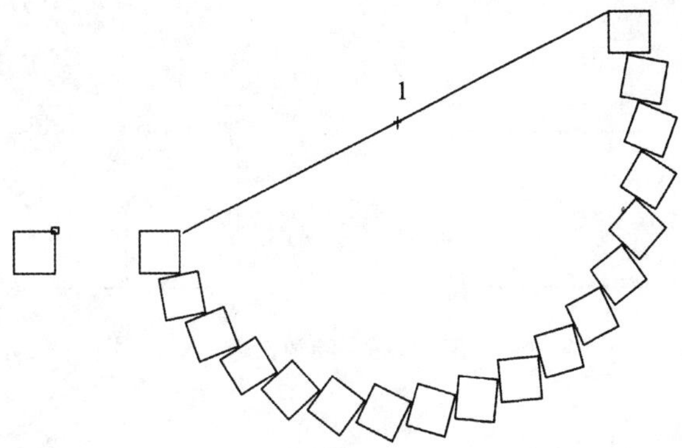

图 11-26　环形陈列命令

六、旋转命令

“修改”工具栏：

“修改”菜单：旋转

命令行：rotate

命令：_ rotate

UCS 当前的正角方向：ANGDIR =逆时针　　ANGBASE =0	
选择对象：	选定对象
选择对象：	ENTER 键，选择结束
指定基点：	指定基点 1
指定旋转角度或［参照（R）］：45	指定旋转角度 45°（逆时针）

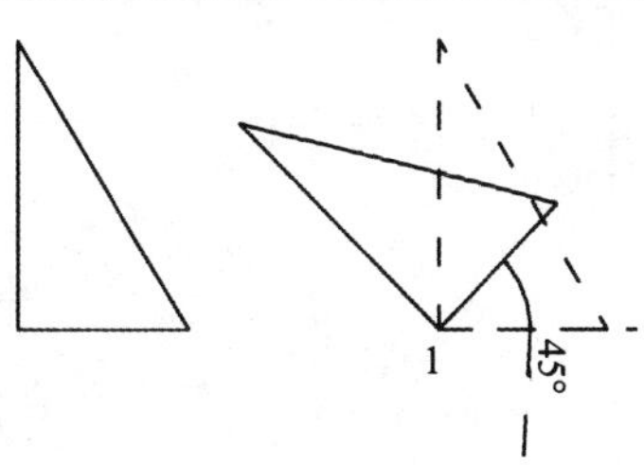

图 11-27　旋转命令

七、缩放命令

“修改”工具栏：

“修改”菜单：缩放

命令行：scale

命令：_ scale	
选择对象：	选定对象
选择对象：	ENTER 键，选择结束
指定基点：	指定基点 1
指定比例因子或［参照（R）］：0.5	指定缩放比例 0.5

图 11-28　缩放命令

八、修剪命令

“修改”工具栏：

“修改”菜单：修剪

命令行：trim

命令：_ trim

当前设置：投影 = UCS　边 = 无	
选择剪切边…	
选择对象：	选定剪切边界 1
选择对象：	ENTER 键，选择结束
选择要修剪的对象或［投影（P）/边（E）/放弃（U）］：	选择剪切的对象 2
选择要修剪的对象或［投影（P）/边（E）/放弃（U）］：	选择剪切的对象 3
选择要修剪的对象或［投影（P）/边（E）/放弃（U）］：	ENTER 键，选择结束

图 11-29　剪切命令

九、延伸命令

“修改”工具栏：

“修改”菜单：延伸

命令行：extend

命令：_ extend	
当前设置：投影 = UCS　边 = 无	
选择边界的边…	
选择对象：	选定延伸边界 1
选择对象：	ENTER 键，选择结束
选择要修剪的对象或［投影（P）/边（E）/放弃（U）］：	选择延伸的对象 2
选择要修剪的对象或［投影（P）/边（E）/放弃（U）］：	选择延伸的对象 3
选择要修剪的对象或［投影（P）/边（E）/放弃（U）］：	ENTER 键，选择结束

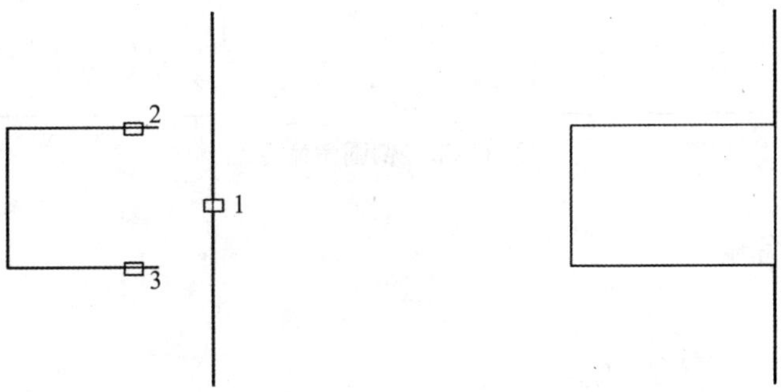

图 11-30　延伸命令

十、打断命令

“修改”工具栏：

“修改”菜单：打断

命令行：break

命令：_ break 选择对象：	选择第一个打断点 1
指定第二个打断点或［第一点（F）］：	选择第二个打断点 2

图 11-31　打断命令

十一、倒圆角命令

“修改”工具栏：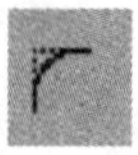

“修改”菜单：倒圆角

命令行：fillet

命令：_ fillet
当前模式：模式 = 修剪，半径 = 10.0000　　（缺省连接弧半径为 10）
选择第一个对象或[多段线(P)/半径(R)/修剪(T)]：　　选择第一条边 1
选择第二个对象：　　选择第二条边 2

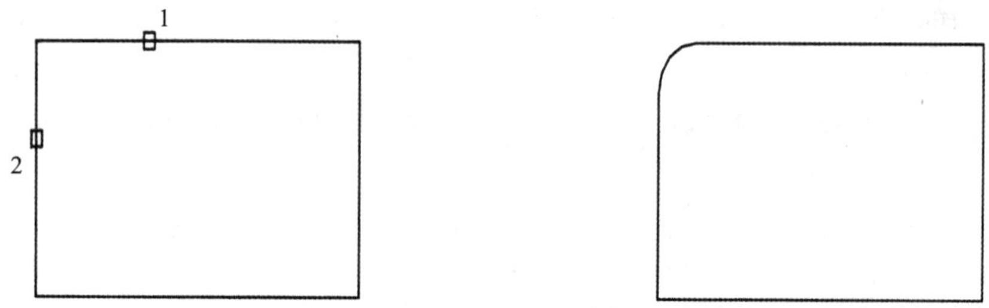

图 11-32　倒圆角命令

十二、倒棱角命令

“修改”工具栏：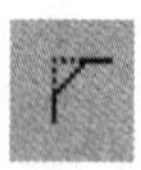

“修改”菜单：倒棱角

命令行：chamfer

命令：_ chamfer

（“修剪”模式）当前倒角距离 1 = 10.0000，距离 2 = 10.0000　　（缺省连接线段长 10）
选择第一条直线或[多段线(P)/距离(D)/角度(A)/修剪(T)/方法(M)]：　　选择连接对象 1
选择第二条直线：　　选择连接对象 2

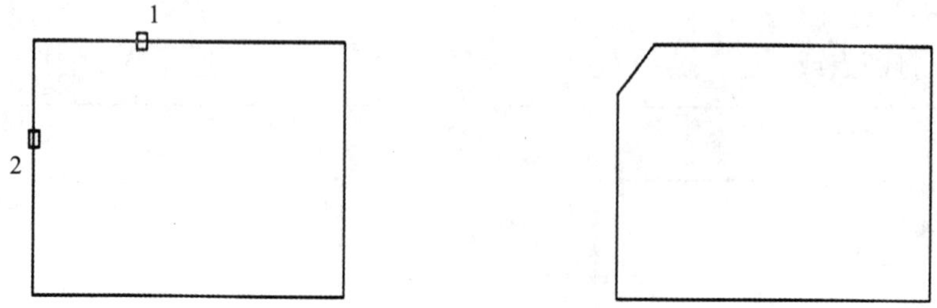

图 11-33　倒棱角命令

十三、分解命令

“修改”工具栏：

“修改”菜单：分解

命令行：explode

十四、对象特性修改命令

“修改”工具栏：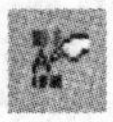

“修改”菜单：对象特性

命令行：properties

执行命令后出现对话框，用户可以根据提示操作。

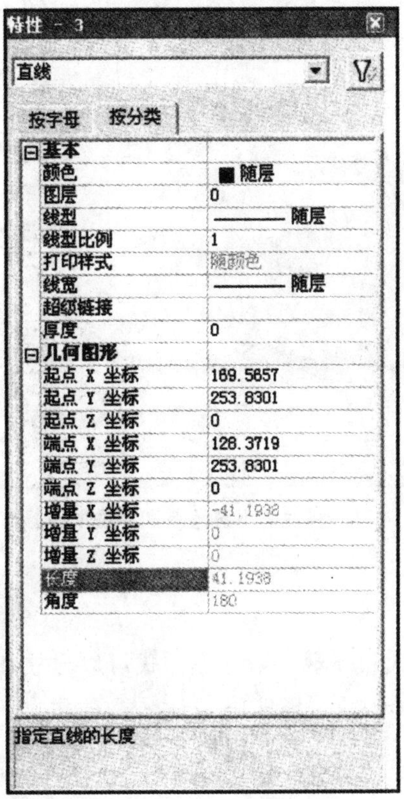

图 11-34　对象特性对话框

§11－5　尺寸标注

设计过程通常分为4个阶段：绘图、注释、查看和打印。在注释阶段，设计者要添加文字、数字和其他符号以传达有关设计元素的尺寸和材料的信息，或者对施工或制造工艺进行注解。标注是一种通用的图形注释，可以显示对象的测量值，例如，墙的长度、柱的直径或建筑物的面积。

AutoCAD 提供了多种标注样式和多种设置标注格式的方法。可以指定所有图形对象的测量值，可以测量垂直和水平距离、角度、直径和半径，创建一系列从公共基准线引出的尺寸线，或者采用连续标注。

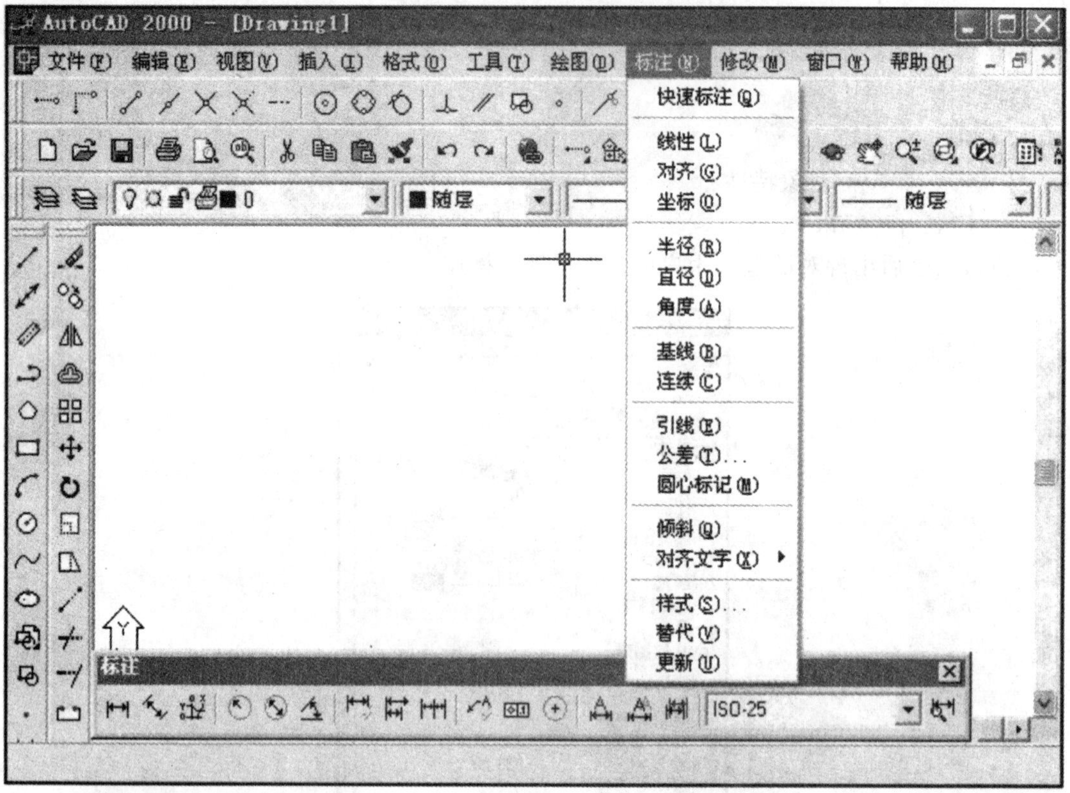

图 11-35　标注的下拉菜单和标注的图标菜单

一、标注样式

标注样式控制标注的格式和外观，用标注样式可以建立和强制执行图形的绘图标准，并使对标注格式及其用途的修改更易于实施。

尽管标注在类型和外观上多种多样，但绝大多数标注都包含标注文字、尺寸线、尺寸界线和箭头。

1. 标注文字

表明实际测量值。可以使用由 AutoCAD 自动计算出的测量值，提供自定义的文字或完全不用文字。如果使用生成的文字，则可以附加加/减公差、前缀和后缀。

2. 尺寸线

表明标注的范围。尺寸线的末端通常有箭头，指出尺寸线的起点和端点。标注文字沿尺寸线放置，尺寸线通常被分割成两条线。

AutoCAD 通常将尺寸线放置在测量区域中。如果空间不足，AutoCAD 将尺寸线或文字移到测量区域的外部，具体情况取决于标注样式的放置规则。对于角度标注，尺寸线是一段圆弧。

3. 箭头

箭头显示在尺寸线的末端，用于指出测量的开始和结束位置。AutoCAD 缺省使用闭合的填充箭头符号。同时，AutoCAD 还提供了多种符号可供选择，包括建筑标记、小斜线箭头、点和斜杠。也可以创建自定义符号。

4. 尺寸界线

从被标注的对象延伸到尺寸线。尺寸界线一般要垂直于尺寸线，但也可以将尺寸界线倾斜。

5. 圆心标记

标记圆或圆弧的圆心。中心线从圆心向外延伸。可以只使用圆心标记，也可以同时使用圆心。

6. 标记和中心线

在创建标注时，AutoCAD 使用当前的标注样式。AutoCAD 为标注指定缺省的 STANDARD 样式，直到将另一种样式设置为当前样式为止。STANDARD 样式是根据但不是完全按照美国国家标准协会（ANSI）标注标准设计的。如果开始绘制新的图形并选择公制单位，ISO－25（国际标准化组织）是缺省的标注样式。DIN（德国）和 JIS（日本工业标准）样式分别由 AutoCADDIN 和 JIS 图形样板提供。

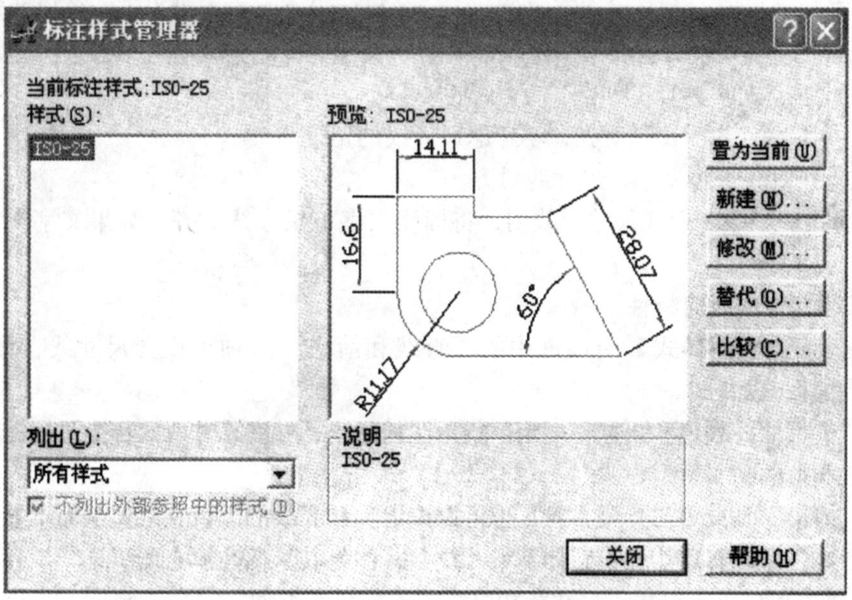

图 11-36　标注样式管理器对话框

二、尺寸标注格式的设置

1. 文本定位

用“新建标注样式”对话框中的“文字”选项卡可以设置文字的外观、位置和对齐方式。

可以为标注文字指定文字样式。“文字样式”列表中显示了图形中可用的文字样式。

要创建或编辑一种文字样式，请选择“文字样式”列表旁边的按钮来显示“文字样式”对话框。可以设置文字的颜色和高度，并且指明是否要在文字周围绘制边框。

文字位置选项控制文字与尺寸线、尺寸界线和被标注对象的相对位置。选择了一个选项时，样例图像将反映其结果。

“垂直”选项设置垂直标注文字的位置。

置中：把标注文字放在尺寸线正中间。

上方：当标注文字与尺寸线平行时，在尺寸线的上方放置标注文字。所有设置都基于 *X* 和 *Y* 方向。

外部：标注文字位于被标注对象的外部，不考虑其 *X* 和 *Y* 方向。

JIS（日本工业标准）：总是把标注文字放在尺寸线的上方，不考虑标注文字是否与尺寸线平行。

注意：垂直位置说明基于水平标注。

“水平”选项将设置标注文字的水平位置。

置中：在尺寸界线之间居中放置标注文字。

第一条尺寸界线：沿尺寸线将文字向左调整至第一条尺寸界线处。

第二条尺寸界线：沿尺寸线将文字向右调整至第二条尺寸界线处。

第一条尺寸界线上方：将文字定位在第一条尺寸界线上方或沿着第一条尺寸界线。

第二条尺寸界线上方：将文字定位在第二条尺寸界线上方或沿着第二条尺寸界线。

文字对齐选项调整文字相对于尺寸线的旋转。

水平：保持文字与 X 轴对齐，不考虑尺寸线的角度。

与尺寸线对齐：将文字与尺寸线对齐。

ISO 标准：如果文字在尺寸界线内，将标注文字与尺寸线对齐。如果文字在尺寸界线外，水平定位文字。

2. 尺寸标注的几何特性

使用“新建标注样式”对话框中的“直线和箭头”选项卡设置尺寸线、尺寸界线、箭头和圆心标记的格式。

可以设置尺寸线颜色和线宽，指定基线标注的间距，并将尺寸线延伸插过标记、小斜线箭头和其他类似的箭头类型。

可以省略第一条或第二条尺寸线。也可以设置尺寸界线的颜色和线宽从而不显示一条或全部尺寸界线。可以将尺寸界线延伸到尺寸线上，并将其从标注原点偏移。

箭头列表提供了可以用于尺寸线和引线的各种箭头类型，包括箭头、点、小斜线箭头和标记。如果修改了第一个箭头，AutoCAD 将自动修改第二个箭头。如果要使第二个箭头不同于第一个，在“第二个”框中另选一个。可以改变箭头的尺寸，也可以创建并使用自己的箭头符号。

可以改变圆心标记的设置，并改变圆心标记的尺寸。“无”将关闭圆心标记。“标记”显示圆心标记。“直线”显示中心线。

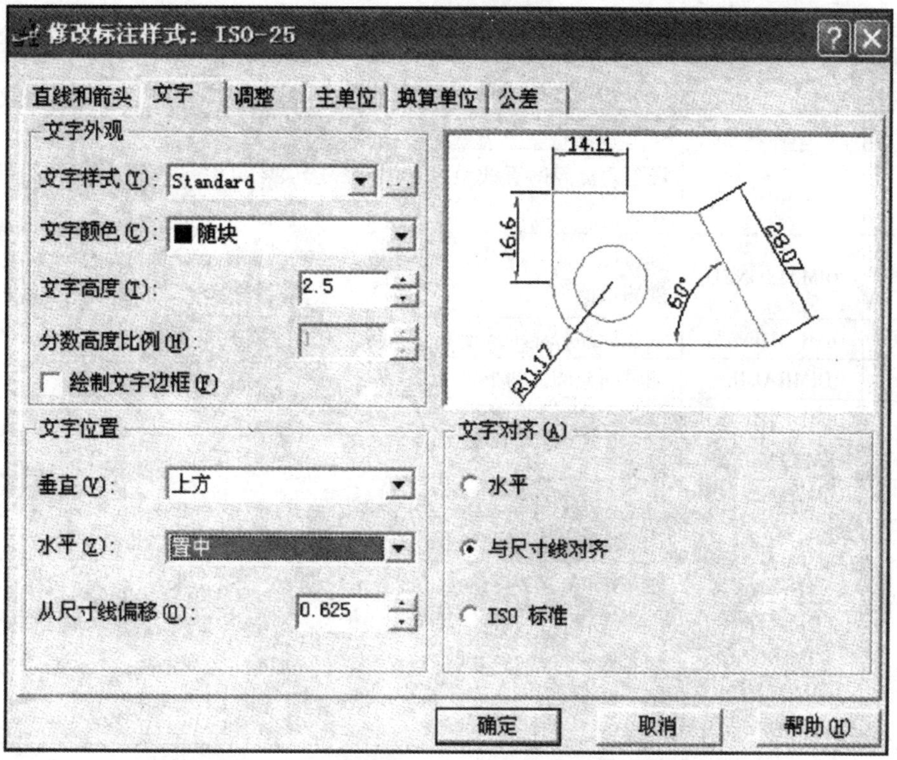

图 11-37　修改标注样式管理器对话框文字选项卡

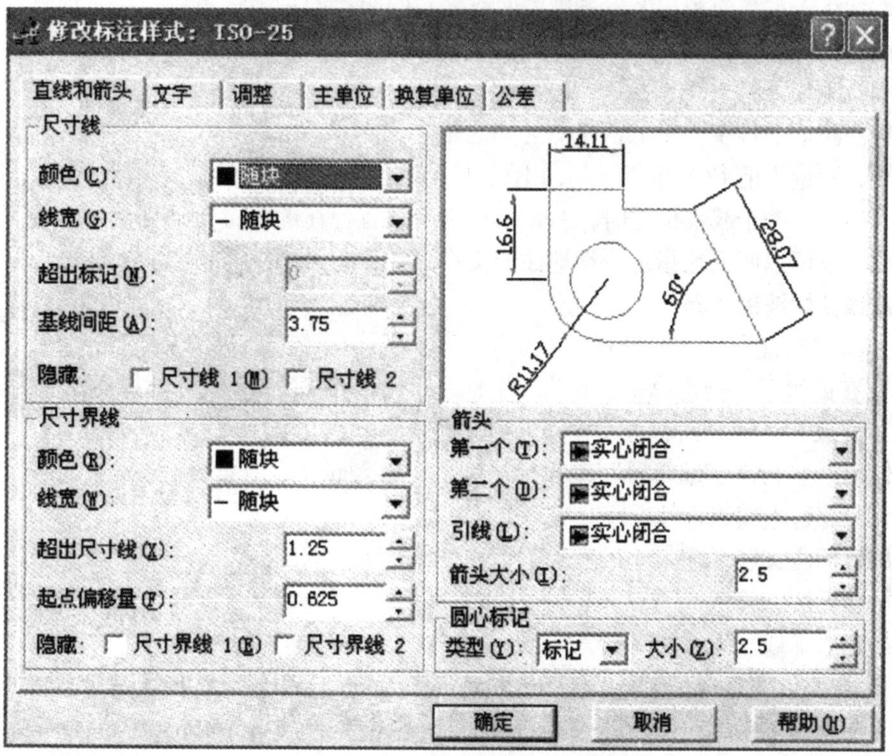

图 11-38　修改标注样式管理器对话框

三、尺寸标注命令

表 11-2　AutoCAD 标注和方法

菜单	命令	说明
线性	DIMLINEAR	测量两点间的直线距离。包含的选项可以创建水平、垂直或旋转线性标注
对齐	DIMALIGNED	创建尺寸线平行于尺寸界线原点的线性标注。此标注创建对象的真实长度测量值
坐标	DIMORDINATE	创建标注，显示从给定原点测量出来的点的 *X* 或 *Y* 坐标
半径	DIMRADIUS	测量圆或圆弧的半径
直径	DIMDIAMETER	测量圆或圆弧的直径
角度	DIMANGULAR	测量角度
基线	DIMBASELINE	创建一系列线性、角度或坐标标注，都从相同原点测量尺寸
连续	DIMCONTINUE	创建一系列连续的线性、对齐、角度或坐标标注。每个标注都从前一个或最后一个选定的标注的第二个尺寸界线处创建，共享公共的尺寸线
引线	QLEADER	创建注释和引线，标识文字和相关的对象
公差	TOLERANCE	创建形位公差标注
圆心标记	DIMCENTER	创建圆心和中心线，指出圆或圆弧的圆心
快速标注	QDIM	通过一次选择多个对象，创建标注阵列，如基线、连续和坐标标注

1. 线性标注

线性标注表示当前用户坐标系中的两点之间的距离测量值。可以指定点或选择一个对象。线性标注有三种类型：

水平：测量平行于 *X* 轴的两个点之间的距离。

垂直：测量平行于 *Y* 轴的两个点之间的距离。

旋转：测量当前 UCS 中指定方向上的两个点之间的距离。

当开始创建一个线性标注时，AutoCAD 基于放置标注的位置自动创建一个水平或垂直的测量值。也可以明确地指定线性标注的类型。

创建线性标注的步骤

（1）从“标注”菜单中选择“线性”。

（2）在提示下，指定第一个和第二个标注点，或按 ENTER 键并选择要标注的对象。

（3）在放置标注以前，可以输入下列选项来编辑标注文字或确定其位置。

要使用“多行文字编辑器”编辑标注文字，输入 m。

要在命令行上编辑标注文字，输入 t。

要旋转标注文字，输入 a，然后输入文字旋转角。

要旋转标注，输入 r，然后输入标注旋转角。

要指定水平或垂直标注，输入 h 或 v。

（4）指定尺寸线的位置。

2. 半径和直径标注

使用半径和直径标注来测量圆和圆弧的半径或直径。

测量半径或直径的步骤

（1）从“标注”菜单中选择“半径”或“直径”。

（2）选择一个圆或圆弧。

（3）指定标注位置之前，可以编辑其文字或修改文字角度（输入 m 使用“多行文字编辑器”编辑标注文字，或者输入 t 在命令行中编辑标注文字。输入 a 旋转标注文字的角度）。

（4）指定尺寸线的位置。

3. 角度标注

角度标注测量圆和圆弧的角度，两条直线间的角度，或者三点间的角度。

创建角度标注的步骤

（1）从“标注”菜单中选择“角度”。

（2）指定要标注的对象，执行以下操作之一：

选择圆，然后指定圆上的第二个点。

选择圆弧。

选择直线，然后选择第二条直线。

按 ENTER 键，然后指定角的顶点和两个点。

（3）在设置标注位置之前，可以编辑标注的文字或文字角度（输入 m 用“多行文字编辑器”编辑标注文字，或输入 t 在命令行中编辑标注文字。输入 a 旋转标注文字的角度）。

（4）指定标注的位置。

说明：AutoCAD 根据放置标注的位置显示内角或外角，要想指定其中的一个，将光标移动到尺寸界线的内侧（内角）或外侧（外角）。

4. 坐标标注

坐标标注基于一个原点（称为基准）显示任意图形点的 *X* 或 *Y* 坐标。*X* 基准坐标标注沿 *X* 轴测量一个点与基准点的距离。*Y* 基准坐标标注沿 *Y* 轴测量距离。AutoCAD 将坐标标注文字与坐标引线对齐。

创建坐标标注的步骤

（1）从“标注”菜单中选择“坐标”。

（2）在“指定点坐标”提示下，使用以下方法之一：

指定引线点完成标注。坐标标注基于到原点的相对距离从 *X* 基准改变到 *Y* 基准。

要想明确地指定一个 *X* 或 *Y* 基准坐标，不必关心引线的位置，选择 *X* 或 *Y*，然后放置引线。

输入 m 使用“多行文字编辑器”编辑标注文字，或者输入 t 在命令行中编辑标注文字。

输入 a 旋转标注文字的角度。

附录：菜单

文件

新建　创建新的图形文件：NEW

打开　打开已有的图形文件：OPEN

关闭　关闭图形文件：CLOSE

局部加载　在局部打开的图形中加载几何图形：PARTIALOAD

保存　快速保存当前图形：QSAVE

另存为　指定名称保存未命名的图形或重命名当前图形：SAVEAS

输出　以其他文件格式保存对象：EXPORT

页面设置　显示“页面设置”对话框：PAGESETUP

打印机管理器　提供对“添加打印机”向导和“打印机配置编辑器”的访问：PLOT-TERMANAGER

打印样式管理器　提供对“添加打印样式表”向导和“打印样式表编辑器”的访问：STYLESMANAGER

打印预览　模拟图形的打印效果：PREVIEW

打印　将图形打印到打印设备或文件：PLOT

绘图实用程序　核查　检查图形的完整性：AUDIT

修复　修复毁坏的图形：RECOVER

清理　全部　删除图形数据库中的全部未用对象：PURGE

图层　删除图形数据库中的未用图层：PURGE

线型　删除图形数据库中的未用线型：PURGE

文字样式　删除图形数据库中的未用文字样式：PURGE

标注样式　删除图形数据库中的未用标注样式：PURGE

多线样式　删除图形数据库中的未用多线样式：PURGE

块　删除图形数据库中的未用块：PURGE

打印样式　清理指定名称的打印样式：PURGE

形　删除图形数据库中的未用的形：PURGE

发送　传真或电子邮递当前图形文件

图形属性　设置和显示当前图形的特性：DWGPROPS

绘图历史　列出最近打开的图形文件；选择一个图形可快速打开

退出　退出应用程序；提示保存文档

编辑

放弃　恢复上一次操作：U

重做　恢复上一个用 UNDO 或 U 命令放弃的效果：REDO

剪切　将对象复制到剪贴板并从图形删除对象：CUTCLIP

复制　复制对象到剪贴板：COPYCLIP

带基点复制　带基点将对象复制到剪贴板：COPYBASE

复制链接　复制当前视图到剪贴板以便链接到其他 OLE 应用程序：COPYLINK

粘贴　插入剪贴板数据：PASTECLIP

粘贴为块　从剪贴板将对象粘贴为块：PAS1EBL0CK

粘贴为超级链接　向选定的对象粘贴超级链接：PASTEASHYPERLINK

粘贴到原坐标　粘贴到原图形相同的坐标：PASTEORIG

选择性粘贴　插入剪贴板数据并控制数据格式：PASTESPEC

清除　从图形删除对象：ERASE

OLE 链接　更新、修改和取消现有 OLE 链接：OLELINKS

查找　查找、替换、选择或缩放到指定的文字：FIND

视图

重画　刷新显示所有视口：REDRAWALL

重生成　重生成图形并刷新显示当前视口：REGEN

全部重生成　重生成图形并刷新显示所有视口：REGENALL

缩放　实时　实时缩放：ZOOM

　　上一个　显示上一个缩放视图：ZOOM P

　　窗口　按指定矩形窗口区域缩放：ZOOM W

　　动态　缩放显示图形的生成部分：ZOOM D

　　比例　按指定比例缩放显示：ZOOM S

　　中心点　缩放显示指定中心点及高度的窗口内图形：ZOOM C

　　放大　放大显示当前视口对象的外观尺寸：ZOOM 2X

　　缩小　缩小显示当前视口对象的外观尺寸：ZOOM. 5X

　　全部　缩放显示当前视口中的整个图形：ZOOM ALL

　　范围　缩放显示图形界限：ZOOM E

平移　实时　移动显示在当前视口的图形：PAN

　　定点　按指定距离移动图形视图：－PAN

　　左　向左移动图形：PAN

　　右　向右移动图形：PAN

上　向上移动图形：PAN

下　向下移动图形：PAN

鸟瞰视图　打开“鸟瞰视图”窗口：DSVIEWER

视口　命名视口　显示命名视口的布局选项：+VPORTS 1

新建视口　用指定的名称打开新视口：+VPORTS 0

一个视口　用活动视口中的视图把图形恢复为单视口视图：VPORTS

2 个视口　将当前视口等分成 2 个视口：-VPORTS 2

3 个视口　将当前视口分成 3 个视口：-VPORTS 3

4 个视口　将当前视口等分成 4 个视口：-VPORTS 4

多边形视口　用指定的点创建不规则形状的视口：-VPORTS P

对象　指定闭合的多段线、椭圆、样条曲线、面域或圆，以转换为视口：-VPORTS 0

合并　将两个相邻视口合并成一个较大视口：-VPORTS J

命名视图　创建和恢复视图：VIEW

三维视图

三维动态观察器　控制在三维中交互式查看对象：3DORBIT

消隐　重生成三维模型时不显示隐藏线：HIDE

着色

渲染

显示

工具栏　显示、隐藏和自定义工具栏：TOOLBAR

插入

块　插入块或另一图形：INSERT

外部参照　附着外部参照到当前图形：XATTACH

光栅图像　附着新图像到当前图形：IMAGEATTACH

布局

3D Studio　输入 3D Studio 文件：3DSIN

ACIS 文件　输入 ACIS 文件：ACISIN

图形交换二进制　输入特殊编码二进制文件：DXBIN

Windows 图元文件　输入 Windows 图元文件：WMFIN

封装 PostScript　在当前图形中插入封装 PostScript 文件：PSIN

OLE 对象　插入链接或嵌入对象：INSERTOBJ

外部参照管理器　控制图形文件的外部参照：XREF

图像管理器　将多种格式的图像插入到 AutoCAD 图形文件中：IMAGE

超级链接　向图形对象附着超级链接或修改现有的超级链接：HYPERLINK

格式

图层　管理图层和图层特性：LAYER

颜色　设置新对象的颜色：COLOR

线型　创建、加载和设置线型：LINETYPE
线宽　设置当前线宽、线宽显示选项和线宽单位：LWEIGHT
文字样式　创建或修改命名样式并设置图形中文字的当前样式：STYLE
标注样式　创建并修改标注样式：DMSTYLE
打印样式　设置新图形的当前打印样式，或为选定对象指定打印样式：PLOTSTYLE
点样式　指定点对象的显示模式及大小：DDPTYPE
多线样式　管理多线样式：MLSTYLE
单位　控制坐标和角度显示格式和精度：UNITS
厚度　设置当前三维厚度：THICKNESS
图形界限　设置和控制图形边界：LIMITS
重命名　修改命名对象的名称：RENAME

工具
拼写检查　检查图形中文字的拼写：SPELL
快速选择　按过滤条件快速创建选择集：QSELECT
显示顺序
查询
对象特性管理器　控制现有对象的特性：PROPERTIES
AutoCAD 设计中心　运行 AutoCAD 设计中心：ADCENTER
数据库连接　提供到外部数据库表的 AutoCAD 接口：DBCONNECT

加载应用程序　加载和卸载应用程序，并定义要在启动时加载的应用程序：APPLOAD
运行脚本　从脚本执行一系列命令：SCRIPT
宏
AutoLISP
显示图像
命名 UCS　管理已定义的用户坐标系：+UCSMAN 0
正交 UCS
移动 UCS　移动已定义的 UCS：UCS MOVE
新建 UCS
向导
草图设置　指定捕捉模式、栅格、极轴和对象捕捉追踪等设置：DSETTINGS
数字化仪
自定义菜单　加载部分菜单文件：MENULOAD
选项　自定义 AutoCAD 设置：OPTIONS

绘图
直线　创建直线段：LINE
射线　创建单向无限长线：RAY

构造线　创建无限长的线：XLINE
多线　创建多重平行线：MLINE
多段线　创建二维多段线：PLINE
三维多段线　在三维空间创建由连续线型的直线段组成的多段线：3DPOLY
正多边形　创建等边闭合多段线：POLYGON
矩形　绘制矩形多段线：RECTANG
圆弧
圆
圆环　绘制填充的圆和环：DONUT
样条曲线　创建二次或三次样条曲线（NURBS）：SPLINE
椭圆
图案填充　用图案填充封闭区域或选定对象：BHATCH
边界　用封闭区域创建面域或多段线：BOUNDARY
面域　从现有对象的选择集中创建面域对象：REGION
文字
表面
实体
对象特性　控制现有对象的特性：PROPERTIES
特性匹配　把某一对象的特性复制到其他若干对象：MATCHPROP
对象
剪裁
图案填充　修改现有的图案填充块：HATCHEDIT
多段线　编辑多段线和三维多边形网格：PEDIT
样条曲线　编辑样条曲线对象：SPLINEDIT
多线　编辑多重平行线：MLEDIT
属性
文字　编辑文字和属性定义：DDEDIT
在位编辑外部参照和块

标注
快速标注　快速创建标注参数：QDIM
线性　创建线性标注：DIMLINEAR
对齐　创建对齐的线性标注：DIMALIGNED
坐标　创建坐标标注：DIMORDINATE
半径　创建圆和圆弧的半径标注：DIMRADIUS
直径　创建圆和圆弧的直径标注：DIMDIAMETER
角度　创建角度标注：DIMANGULAR
基线　从上一个或所选标注的基线作连续的线性、角度或坐标标注：DIMBASELINE
连续　从上一个或所选标注的第二条尺寸界线作连续的线性、角度或坐标标注：

DIM-CONTINUE

引线 快速创建引线和引线注释：QLEADER

公差 创建形位公差：TOLERANCE

圆心标记 创建圆和圆弧的圆心标记：DIMCENTER

倾斜 使线性标注的尺寸界线倾斜：DIMEDITO

对齐文字

样式 创建和修改标注样式：DIMSTYLE

替代 替代标注系统变量：DIMOVERRIDE

更新 更新标注使其使用当前标注样式设置：-DIMSTYLEAPPLY

修改

删除 从图形删除对象：ERASE

复制 复制选定的对象：COPY

镜像 创建对象的镜像图像副本：MIRROR

偏移 创建同心圆、平行线和等距曲线：OFFSET

阵列 创建按指定方式排列的多重对象副本：ARRAY

移动 将对象在指定的方向上移动一段距离：MOVE

旋转 绕基点移动对象：ROTATE

比例 在 X、Y 和 Z 方向等长放大或缩小对象：SCALE

拉伸 移动或拉伸对象：STRETCH

拉长 拉长对象：LENGTHEN

修剪 用其他对象定义的剪切边上修剪对象：TRIM

延伸 延伸对象到另一对象：EXTEND

打断 部分删除对象或把对象分解为两部分：BREAK

倒角 给对象加倒角：CHAMFER

圆角 给对象加圆角：FILLET

分解 将组合对象分解为对象组件：EXPLODE

参考文献

1. 中华人民共和国国家标准．技术制图，1999.
2. 中华人民共和国国家标准．技术制图及机械制图，1997.
3. 朱福熙，何斌．建筑制图．北京：高等教育出版社，1995.
4. 石娟．工程制图．北京：人民交通出版社，2002.
5. 丁春静．建筑识图与房屋构造．重庆：重庆大学出版社，2003.
6. 秦树和．管道工程识图与施工工艺．重庆：重庆大学出版社，2002.
7. 教育部高等教育司组．土木工程图读绘基础．北京：高等教育出版社，1999.
8. 齐信民．画法几何及工程制图．北京：北京理工大学出版社，1987.
9. 邓燕．AutoCAD 2004 中文版基础与实例教程．北京：电子工业出版社，2004.
10. 龙马工作室．新编 AutoCAD 2004 入门与提高．北京：人民邮电出版社，2004.